U0739170

普通高等教育创新型人才培养系列教材

辽宁省优秀教材

工业控制网络 第二版

▶ 王 海 主编

GONGYE KONGZHI
WANGLUO

化学工业出版社

·北京·

内容简介

本书着眼于控制网络技术在自动化工程方面的实际应用，并兼顾通信产品开发的初步知识，内容涉及主流现场总线原理、具体的工业控制网络应用实例、控制网络的规划设计等。全书共分6章，包括数字通信与网络技术基础、Modbus网络及其应用、Profibus-DP总线及其应用、CIP网络、工业以太网与OPC技术、HMI/SCADA软件。为方便教学，本书配套了电子课件。

本书可作为普通高等院校、高等职业院校自动化、机电一体化等相关专业的教材，并可供相关工程技术人员使用。

图书在版编目（CIP）数据

工业控制网络 / 王海主编 . —2 版 . —北京：化学工业出版社，2025.1
ISBN 978-7-122-45738-7

Ⅰ．①工… Ⅱ．①王… Ⅲ．①工业控制计算机－计算机网络－教材 Ⅳ.① TP273

中国国家版本馆 CIP 数据核字（2024）第 107633 号

责任编辑：韩庆利　　　　　　　　文字编辑：吴开亮
责任校对：王鹏飞　　　　　　　　装帧设计：史利平

出版发行：化学工业出版社
　　　　　（北京市东城区青年湖南街 13 号　邮政编码 100011）
印　　装：三河市航远印刷有限公司
787mm×1092mm　1/16　印张 13$\frac{1}{2}$　字数 332 千字
2025 年 5 月北京第 2 版第 1 次印刷

购书咨询：010-64518888　　　　　　售后服务：010-64518899
网　　址：http：//www.cip.com.cn
凡购买本书，如有缺损质量问题，本社销售中心负责调换。

定　　价：49.00 元　　　　　　　　　　　　版权所有　违者必究

第二版前言

以各类现场总线、工业以太网、工业无线网络为基础的工业控制网络，其触角延伸到社会生产的各个领域，发展速度惊人，越来越被重视。在 PLC、CNC、机器人控制技术相对成熟之后，控制领域正在由单一的独立技术应用向工业控制网络化、管控一体化、综合自动化方向发展，这些技术的集成成为现代企业信息化建设的典型实现模式。

在工业自动化领域占有主要市场份额的各大生产厂商都力推自己的现场控制总线，包括西门子公司的 Profibus、Profinet，AB 公司的 DeviceNet、ControlNet、EtherNetIP，施耐德公司的 Modbus、MB+、Modbus TCP/IP 等。PLC 控制网络无处不在，大到组成几万点的庞大控制系统，小到简单的 PLC 与变频器、仪表之间的通信。

从控制应用领域看，包括电机驱动与控制、电器 / 变电 / 配电 / 继电保护装置、制造装备、航空航天设备、舰船、装甲车辆均使用各种工业控制网络系统。在机械制造行业中，各种 CNC、PLC、机器人等加工设备与自动化生产线采用各种工业控制网络技术进行集成。

工业控制网络发展的特点还包括：将现有的通用技术应用于控制领域，基于光纤、GPRS/4G/5G、无线数传技术的控制网络，打破了控制系统敷线限制，极大地拓展了控制系统的应用范围。

控制网络协议的开放，使得众多的厂商进入第三方开发市场，涌现出很多能够接入现场总线的智能从站产品。

控制系统网络化，使得系统配置灵活、扩展方便、造价低、性能好，更具开放性。这使得自动化领域发生了深刻变革，控制网络成为自控技术的热点。

工业自动化领域正在经历从传统的控制系统到以网络化为特征的控制系统的转变，掌握好工业控制网络技术，是适应当前科技发展的必然选择。各高校近年都相继开设"工业控制网络"课程以及控制网络向管理网络融合的各种软件技术课程。

本书坚持价值引领，坚持立德树人，弘扬爱国主义精神、工匠精神，注重素质培养。本书着眼于控制网络技术在（机械）自动化工程方面的实际应用，并兼顾通信产品开发的初步知识，内容涉及了主流现场总线原理、具体的工业控制网络应用实例以及控制网络的规划设计等。本书的阅读需要有 PLC 的基础及对计算机网络的初步了解，适用自动化、机电一体化等专业的大学生学习，也可供相关工程技术人员参考。

全书共分 6 章：第 1 章数字通信与网络技术基础，第 2 章 Modbus 网络及其应用，第 3 章

Profibus-DP 总线及其应用，第 4 章 CIP 网络，第 5 章工业以太网与 OPC 技术，第 6 章 HMI/SCADA 软件。本书中的工程实例来自编者的科研项目实践。

本书第 1 ～ 3 章由王海、李艳娟编写，第 4 章由姚旭东、刘禄编写，第 5 ～ 6 章由王海、孙胜兵、马毓姝编写，全书由王海统稿。

尽管编者力求做得更好，但由于编者水平、视野所限，而且工业控制网络技术还在不断发展和完善之中，书中难免有以偏概全、失之偏颇之处，恳请读者批评指正。

编者

目　录

第 1 章

数字通信与网络技术基础

1.1 ■ 数字通信基本原理

1.1.1 工业控制网络中常用术语

　　为给初学者一个关于工业控制网络的基本概念，首先做一个如图 1-1 所示的类比。在漆黑的环境里，每个人（控制器）只能通过唯一的共有通道（信道）去联系别人，通道是共用的，沟通的方式是向通道间歇地通断手电筒（信号，数字信号），每个人（控制器）都在观察从通道传来的信号，这就构成了分布式工业控制网络的基本模型。

图 1-1　工业控制网络的类比

　　在这个系统中，要让每个人的发言都有效，让有效的信息顺畅地在通道内传播，就要求在这个系统中的每个人都必须遵守共同的规则，而如何实现这些规则就是工业控制网络重要工作。

　　在此基础上，引出一些常用的术语：分布式控制（distributed control）、网络结构（network architecture）、主站（master）、分站（或从站，slave）、智能分站（intelligent station）、信道（channel）、传输介质（media）、协议（protocol）、数字通信（digital communication）。

　　以往，针对在分布式环境中的控制系统，所有软硬件产品均采用某一品牌的称为集散控制系统（distributed control system，DCS），对于较为开放的称为现场总线控制系统（field-bus control system，FCS），两者细致的区别这里不作阐述，使用中认识两者的共性比区别更重要。近年来很多无线甚至借用公网的工业控制方式不断出现，本书将这些工业中使用的分布式网络统称为工业控制网络。工业控制网络的网络结构以总线型为多，也有树形分支、环网结构，也可用交换式以太网构建，但相对于管理信息的网络，结构还是简单，所以称作bus，而不是net。

主站是指能够在总线上主动发起通信的设备；从站是指挂接在总线上，不能在总线上主动发起通信，只能对总线信息接收并进行响应的设备。

总线上可以有多个设备，这些设备可以是主站也可以是从站；总线上也可以有多个主站，这些主站都具有主动发起通信的能力。

从站的类型也有多种，对具有较高智能，能够独立完成对所控对象的监控任务，只是向上级主站汇报状态信息，接收主站少量命令的从站，一般称为智能从站，如各种 PLC 作为从站时就是智能从站。如西门子 ET 200M 系列产品，除通信功能外无其他独立的控制功能，相当于本地 I/O 的延伸，这类从站称为远程 I/O。

传输介质是指发送设备与接收设备之间信号传递所需的媒介。它可以是电磁波、红外线等各波段的无线传输介质，也可以是双绞线、电缆、光缆等有线传输介质。

介质访问控制（MAC）总线协议是管理主、从设备使用总线的规则。有效利用传输介质是工业控制网络的重要能力。

协议是总线上设备双方（多方）事先规定好并共同遵守的约定。

1.1.2 通信系统基本概念

数据通信是指依据通信协议、利用数据传输技术在两个（或多个）功能单元之间传递数据的技术，一般不改变数据的内容。数据通信技术主要涉及通信协议、信号编码、通信接口、时间同步、数据交换、通信控制与管理、安全等问题。

（1）数据与信息

数据（data）是携带信息的实体，是信息的载体，是信息的表示形式，可以是数字、字符、符号等。单独的数据并没有实际含义，但如果把数据按一定规则、形式组织起来，就可以传达某种意思。信息（information）是数据的内容或解释。

信号（signal）是数据的物理量编码（通常为电编码），数据以信号的形式传播。信号分为模拟信号和数字信号两种。模拟信号是指在时间和幅值上连续变化的信号，如传感器接收到的温度、压力、流量、液位等信号；数字信号是指在时间上离散、幅值经过量化的信号，它一般是由二进制代码（0，1）组成的数字序列。

（2）数据传输速率

数据传输速率是衡量通信系统有效性的指标之一，其含义为单位时间内传送的数据量，常用比特率 S 和波特率 B 来表示。

在数字信道上，比特率 S 是一种数字信号的传输速率，表示单位时间（1s）内传送的二进制代码的有效位（bit）数，单位有每秒比特数（bit/s）、每秒千比特数（kbit/s）或每秒兆比特数（Mbit/s）等。

波特率 B 是一种调制速率，指数据信号对载波的调制速率，用单位时间内载波调制状态的改变次数来表示，单位为波特（Baud）；或者说，在数据传输过程中线路上每秒传送的波形个数就是波特率，即 $B=1/T$，其中 T 为信号的周期。

比特率和波特率的关系为

$$S=B\log_2 N$$

式中，N 为一个载波调制信号表示的有效状态数。在两相调制时，单个调制状态对应一个二进制位，表示 0 或 1 两种状态；在四相调制时，单个调制状态对应两个二进制位，有 4 种状态；在八相调制时，单个调制状态对应 3 个二进制位，有 8 种状态；依此类推。

例如，单比特信号的传输速率为 9600bit/s，则其波特率为 9600Baud，它意味着每秒可传输 9600 个二进制脉冲。如果信号由 2 个二进制位组成，当传输速率为 9600bit/s 时，则其波特率为 4800Baud。

（3）误码率

误码率是衡量通信系统通信质量的一个重要参数，误码率越低，通信系统的可靠性就越高。它的定义是二进制符号在传输系统中被传错的概率。其近似等于被传错的二进制符号数 N_e 与所传二进制符号总数 N 的比值，即 $P_e=N_e/N$。在计算机网络通信系统中，误码率要求低于 10^{-6}，即平均每传输 1Mbit 数据才允许出现 1bit（或更少）的错误数据。

（4）信道容量

信道是以传输介质为基础的信号通路，是传输数据的物理基础。信道容量是指传输介质传输信息的最大能力，以传输介质每秒能传送的信息比特数来衡量，单位为 bit/s。信道容量的大小由传输介质的带宽、可使用的时间、传输速率及传输介质质量等因素决定。

（5）频带与基带传输方式

根据数据通信类型，网络中常用的通信信道分为两类——模拟通信信道与数字通信信道。相应地，用于数据通信的数据编码方式也分为两类——模拟数据编码和数字数据编码。

模拟数据编码是用模拟信号的不同幅度、不同频率、不同相位来表达数据的 0、1 状态的；数字数据编码是用高低电平的矩形脉冲信号来表达数据的 0、1 状态的。

频带传输中，用数字信号对载波 $S(t)=A\cos(\omega t+\varphi)$ 的不同参量进行调制。$S(t)$ 的参量包括幅度 A、频率 ω、初相位 φ，调制就是使 A、ω 或 φ 随数字基带信号的变化而变化。

调制解调有三种基本形式（图 1-2）：①幅移键控（amplitude shift keying，ASK）编码，用载波的两个不同振幅表示 0 和 1；②相移键控（phase shift keying，PSK）编码，用载波的起始相位的变化表示 0 和 1；③频移键控（frequency shift key-ing，FSK）编码，用载波的两个不同频率表示 0 和 1。

在发送端通过调制将数字信号的数据编码波形调制成一定频率的模拟载波信号，使载波的某些特性按数据波形的某些特性改变，当模拟载波信号传送到目的地后，再将载波进行解调（去掉载波），恢复为原数据波形的过程（图 1-3），称为调制（modulation）与解调（demodulation）。数字信号经过调制解调的传输方式也称为宽带（broad band）传输。

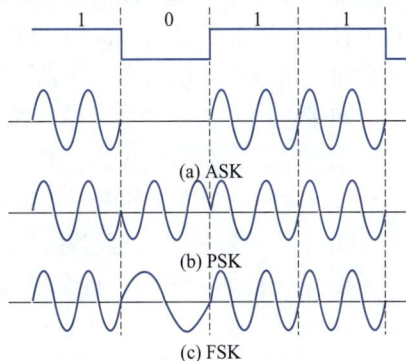

图 1-2 调制解调的三种形式

HART 总线是典型的在低频 4～20mA 模拟线路上使用 FSK（频移键控）技术叠加频

率数字信号，进行双向数字通信的总线，双向互不干扰。数字信号的幅度为 0.5mA，数据传输速率为 1200bit/s，1200Hz 代表逻辑 "1"，2200Hz 代表逻辑 "0"。HART 是最早出现的过渡型总线，现在也广泛使用，尤其在本质安全要求下用于对仪表参数的设置及监控。

基带（base band）传输不需要调制，编码后的数字脉冲信号直接在信道上传送，如图 1-3 所示。用高低电平的矩形脉冲信号来表达数据的 0、1 状态，称为数字数据编码。基带传输可以达到较高的数据传输速率，是

图 1-3　基带传输与宽带传输方式

目前广泛使用的最基本的传输方式，如以太网中的数据传输。

（6）多路复用技术

当多个信息源共享一个公共信道，而信道的传输能力大于每个信源的平均传输需求时，为提高线路利用率所采用的技术，称为多路复用技术。复用类型主要有以下几种。

① 频分复用（frequency division multiplexing，FDM）：整个传输频带被划分为若干个频率通道，每路信号占用一个频率通道进行传输。频率通道之间留有防护频带，以防相互干扰。

② 波分复用（wave division multiplexing，WDM）：实际上是光的频分复用，在光纤传输中被采用，整个波长频带被划分为若干个波长范围，每路信号占用一个波长范围进行传输。

③ 时分复用（time division multiplexing，TDM）：把时间分割成小的时间片，每个时间片分为若干个时隙，每路数据占用一个时隙进行传输。

1.1.3　数字编码技术

在基带传输中，常用的数据编码形式有两类：电平码和曼彻斯特编码。

（1）电平码

归零（return to zero，RZ）码：每一位二进制信息传输之后均返回零电平。

非归零（non-return to zero，NRZ）码：在整个码元时间内维持有效电平。二进制数字 0、1 分别用两种电平表示，常用 -5V 表示 1，+5V 表示 0。非归零编码效率高，缺点是存在直流分量，传输中不能使用变压器，有线缆腐蚀等问题。

单极性码：信号电平为单极性，如逻辑 1 为高电平，逻辑 0 为低电平。

双极性码：信号电平为正负两种极性，如逻辑 1 为正电平，逻辑 0 为负电平。

图 1-4 所示为常见的电平码编码形式。

① 单极性归零码：有归零时间段，如图 1-4（a）所示。

② 单极性非归零码：每个时刻都是有效电平，如图 1-4（b）所示。

③ 双极性归零、双极性非归零码，如图 1-4（c）、（d）所示。

④ 差分码：电平变化代表 "1"，电平不变化代表 "0"。这里又分为两种情形：起始为高电平与起始为低电平。差分码遵循 "为 1 则变" 的原则，如图 1-4（e）所示。

图 1-4　电平码编码方式

　　上述简单的基带信号的最大问题就是当出现一长串的连 1 或 0 时，在接收端无法从收到的比特流中提取位同步信号，接收和发送之间不能保持同步，所以要采用某种措施来保证发送和接收的时钟同步，于是出现了曼彻斯特编码。

　　（2）曼彻斯特编码

　　曼彻斯特编码（Manchester code）用电压的变化表示 0 和 1，规定在每个码元的中间发生跳变：高→低的跳变代表 0，低→高的跳变代表 1。每个码元中间都要发生跳变，接收端可将此变化提取出来作为同步信号。码元本身分为两半，前半个时段所传信号是该时间段传递比特值的反码，而后半个时段传递的是比特值本身。这种编码的典型应用是使用 802.3 协议的基带同轴电缆和 CSMA/CD 机制的双绞线。

　　ControlNet 等现场总线中使用的曼彻斯特编码的定义与上述定义正好相反，其中 {L, H}=0，{H, L}=1。这种编码也称为自同步码（self-synchronizing code）。数据自同步传输，不用另外采取措施对准，无累计误差，但需要双倍的传输带宽，即信号速率是数据传输速率的 2 倍。

　　差分曼彻斯特编码（differential Manchester code）是对曼彻斯特编码的一种改进，保留了曼彻斯特编码是"自含时钟编码"的优点，仍将每比特中间的跳变用作同步，但是每比特的取值则根据其开始处是否出现电平的跳变来决定。差分曼彻斯特编码需要较复杂的技术，但变化少，可以获得较好的抗干扰性能，更适用于高频。这种编码使用在 802.5 令牌环双绞线网络中。

　　差分曼彻斯特编码是普通的差分码和曼彻斯特编码的结合，依然遵循"为 1 则变"原则。图 1-5 为曼彻斯特编码和差分曼彻斯特编码的波形。

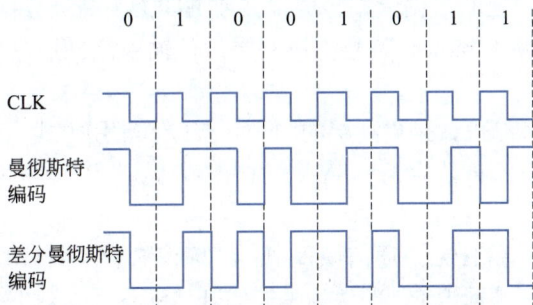

图 1-5　曼彻斯特编码和差分曼彻斯特编码的波形

1.1.4 数据同步方式

在数据传输有同步传输和异步传输之分。

同步传输多用于电路板上元器件之间的数据传输，短距离数据通信（如连接电缆在30～40cm甚至更短）。同步传输适合高速传输，需要一条专线传输时钟信号。长距离数据通信时同步传输的代价较高，容易受到噪声的干扰。

异步传输中各设备之间的时钟同步对通信至关重要。异步传输中每个通信设备都有自己的时钟信号，通信设备之间必须在时钟频率上保持一致，所有时钟之间的误差必须保持在一定范围。传输开始时要求同步各设备的时钟。

异步传输并不要求收发两端在传送每一个数据位时都同步。例如，在传输字符前设置一个起始位，预告传输即将开始，在代码和校验信号结束后，设置终止位，表示该字符结束。

异步传输的特点是易于实现，对线路和收发器的要求较低，但需要额外传输一个或多个同步字符或帧头，从而增加了网络开销。

数据同步的目的是使接收端与发送端在时间基准上一致（包括开始时间、位边界、重复频率等）。异步传输中有三种数据同步方法：位同步、字符同步、帧同步。

（1）位同步

位同步的目的是使接收端接收的每一位信息都与发送端保持同步，有下面两种方式。

外同步：发送端发送数据时同时发送同步时钟信号。既要发送信号，还要发送时钟，在串行通信站中不可用。

自同步：通过特殊编码（如曼彻斯特编码），使数据编码信号包含了同步信号，接收端从中提取同步信号来锁定自己的时钟脉冲频率。

（2）字符同步

字符同步是以字符为边界实现字符的同步接收，也称为起止式或异步制。每个字符的传输需要1个起始位、5～8个数据位、1个（或1.5个或2个）停止位。字符同步方式没有位的时钟，靠一个字节一同步，是基于字节的同步。其中，1.5位是按照时间长度计算的。

在每两个字符之间的间隔时间不固定时，频率的漂移不会积累，每个字符开始时都会重新同步。

字符同步增加了辅助位，降低了传输效率。例如，采用1个起始位、8个数据位、2个停止位时，其传输效率为8/11 < 73%。

（3）帧同步

传输信息时，将线路上的数据流划分成报文或HDLC（高级数据链路控制）规程的帧，以帧的格式进行传送。帧（frame）是数据链路层的传输单位，是包含数据和控制信息的数据块。

识别一个帧的起始和结束，是更高层的同步，有以下常用方式。

面向字符的帧同步：以同步字符（SYN，16H）来标识一个帧的开始，适用于以字符为数据类型的帧。

面向比特的帧同步：在HDLC通信规程中，帧标识F（01111110）用来标识帧的开始和结束。通信时，若检测到帧标识F，即认为是帧的开始；然后在数据传输过程中一旦检测到帧标识F，即表示帧结束。以特殊位序列（7EH，即01111110）来标识一个帧的开始，适用于任意数据类型的帧。

违例编码法：在物理层采用特定的比特编码方法时采用。例如，采用曼彻斯特编码方法时，将数据比特 1 编码成高 - 低电平对，而将数据比特 0 编码成低 - 高电平对。高 - 高电平对或低 - 低电平对在数据比特的编码中都是违例的，可以借用这些违例编码的序列来定界帧的开始和结束。

字节计数法：首先用一个特殊字段来表示一帧的开始，然后使用一个字段来标明本帧内的字节数。当目标机的数据链路层读到字节计数值时，就知道了后面跟随的字节数，从而可确定帧结束的位置（面向字节计数的同步规程）。

1.1.5　差错控制

与语音、图像传输不同，计算机通信要求极低的差错率。产生差错的原因有信号衰减、信号反射、冲击噪声（闪电、大功率电机的启停）等。这些原因会造成信号幅度、频率、相位的畸变，使数据在传输过程中出错。

为了提高通信系统的传输质量，提高数据的可靠程度，应该对通信中的传输错误进行检测和纠正。传输中有误码是必然的，分析错误与纠正错误是必需的。有效地检测与纠正差错也被称为差错控制。目前还不能做到检测和校正所有的错误。

计算机网络中，一般要求误码率低于 10^{-6}，即平均每传输 10^6 位数据仅允许错一位。若误码率达不到这个指标，可以通过差错控制进行检错和纠错。

对于实际的数据传输系统，不能笼统地说误码率越低越好。在数据传输速率确定后，误码率越低，数据传输系统的设备越复杂，造价越高。

数据传输差错的类型一般按照单位数据域内产生差错的数据位个数及其分布划分为单比特错误、多比特错误和突发错误三类。这里的单位数据域一般指一个字符、一个字节或一个数据包。

① 单比特错误：在单位数据域内只有 1 个数据位出错的情况。单比特错误是工业数据通信过程中比较容易发生也容易被检测和纠正的一类错误。

② 多比特错误：在单位数据域内有 1 个以上不连续的数据位出错的情况。多比特错误也被称为离散错误。

③ 突发错误：在单位数据域内有 2 个或 2 个以上连续的数据位出错的情况。发生错误的多个数据位是连续的是区分突发错误与多比特错误的主要特征。

利用差错控制编码来进行差错控制的方式基本上有两类，一类是自动请求重发（automatic repeat request，ARQ），另一类是前向纠错（forword error correction，FEC）。

在 ARQ 方式中，接收端检测出有差错时，就设法通知发送端重发，直到收到正确的码字为止。在 FEC 方式中，接收端不但能发现差错，而且能确定发生错误的位置，从而加以纠正。因此，差错控制编码又可分为检错码和纠错码。检错码是指能自动发现差错的编码，纠错码是指不仅能发现差错而且能自动纠正差错的编码。ARQ 方式只使用检错码，但必须有双向信道才可能将差错信息反馈至发送端。同时，发送端要设置数据缓冲区，用以存放已发出去的数据，以便知道出差错后可以调出数据缓冲区的内容重新发送。

FEC 方式必须用纠错码，但它可以不用反向信道来传递请求重发的信息，发送端也不需要存放以备重发的数据的缓冲区。虽然 FEC 方式有上述优点，但是由于纠错码一般比检错码使用更多的冗余位，也就是说编码效率低，而且纠错设备也比检错设备复杂得多，因而除单向传输或实时要求特别高（FEC 方式由于不需要重发，实时性较好）等场合外，数据通信中使用更多的还是 ARQ 方式。

有些场合也可以将上述两者混合使用，即当码字中的差错个数在纠正能力之内时，直接进行纠正；当码字中的差错个数超出纠正能力时，则检出差错，使用重发方式来纠正差错。

衡量编码性能好坏的一个重要参数是编码效率 R，它是码字中信息位所占总位数的比例。若码字中信息位为 k 位，编码时外加冗余位为 r 位，则编码后得到的码字长度为 $n=k+r$（位），由此编码效率 R 可表示为 $R=k/n=k/(k+r)$。显然，编码效率越高，即 R 越大，信道中用来传送信息码元的有效利用率就越高。

奇偶校验、循环冗余校验、校验和、海明码是几种较常用的差错控制编码方法。

1.1.5.1 奇偶校验

奇偶校验在实际使用时可分为水平奇偶校验（普通奇偶校验）、垂直奇偶校验和水平垂直奇偶校验等几种。

在水平奇偶校验中，一个单一的校验位（奇偶校验位）被加在每个单位数据域（如字符）上，使得包括该校验位在内的各单位数据域中 1 的个数是偶数（偶校验）或者是奇数（奇校验）。在接收端采用同一种校验方式检查收到的数据和校验位，判断该传输过程是否出错。如果规定收发双方采用偶校验，在接收端收到的包括校验位在内的各单位数据域中，如果出现的 1 的个数是偶数，就表明传输过程正确，数据可用；如果某个单位数据城中 1 的个数不是偶数，就表明出现了传输错误。

水平奇偶校验原理简单，能够发现单位数据域中奇数个错误，不能发现单位数据域中偶数个错误。

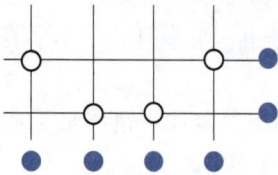

图 1-6　水平垂直奇偶校验的结构

单纯垂直奇偶校验应用较少。水平垂直奇偶校验能够改善水平奇偶校验的不足之处，在少量数据块的传输中较为实用。水平垂直奇偶校验的结构如图 1-6 所示，网格的每个交叉点为数据的一个码元（0、1），水平方向最后为水平奇偶校验码（实心点），垂直方向最下端为垂直奇偶校验码（实心点）。

水平垂直奇偶校验不仅可检错，还可用来纠正部分差错。例如数据块中仅存在 1 个位错误时，能确定错码的位置在某行和某列的交叉处，从而可以予以纠正；如果数据块中存在 2 个位错误，能够发现但不能纠正（不知错在哪儿）；如果存在更多处错误，则无法识别出现错误的位置。

水平垂直奇偶校验"发现"的能力较水平奇偶校验显著提高，2 个位错误中只有"井"字形的错误才不能被发现，即在某个单位数据域内有 2 个数据位出现传输错误，而在另一个单位数据域内相同位置碰巧也有 2 个数据位出现传输错误，水平垂直奇偶校验的结果会认为没有错误。

1.1.5.2 循环冗余校验

循环冗余校验（cyclic redundancy check，CRC）对传输序列进行一次规定的除法操作：双方约定生成一个多项式 $G(x)$，对数据进行模 2 除法，将除法操作的余数附加在传输信息的后边。在接收端，也对收到的数据做相同的除法。如果在接收端做除法得到的余数不是零，就表明产生了错误。

基于除法的 CRC，其计算量大于奇偶检验与求和校验，但其差错检测的有效性也较高，能够检测出大约 99.95% 的错误。

CRC 差错检测的原理比较简单，容易实现，已经得到了广泛应用。其中模 2 除法运算（异或运算）的规则如下。

① 0+0=0，0-0=0，0+1=1，0-1=1，1+0=1，1-0=1，1+1=0，1-1=0。

② 不考虑进位、借位的二进制加减。

举例：数据为 110011，生成多项式为 $G(x)=X^4+X^3+1$（11001），模 2 除法运算产生余数的过程如下：

$$
\begin{array}{r}
100001 \\
11001\ \overline{)\,1100110000} \\
11001 \\
\overline{10000} \\
11001 \\
\overline{1001}
\end{array}
$$

得到的余数 1001 附加在数据的后面，作为校验数据，最后传输的数据为 1100111001。

接收端校验处理可采用下列两种过程之一。

① 1100111001 除以 11001，为 0 则表示传输正确，否则认为传输错误，请求重发。

② 提取信息码，重复发送端的操作，所得余数 $R'=R$（即 1001），则表示传输正确。

CRC 查错能力强，在计算机领域广泛应用，包括文件、数据的完整性校验等。CRC 方法有数学方面的依据，是"发现"错误不是"纠正"错误。

任何校验方法都不能百分之百地发现、纠正错误，但检测的可靠性在概率上是极高的。CRC 能够检测出所有奇数个错误，所有双比特错误，所有小于等于校验位长度的错误。CRC 计算一般是依靠硬件来实现的。

Modbus RTU 网络、CAN 总线中都采用 CRC。

1.1.5.3　校验和

除 CRC 外，校验和（checksum）也被广泛采用，如在 Modbus ACSII 方式、Profibus-DP 总线、TCP/IP 中采用校验和方法。

在发送端将数据分为 k 段，每段均为等长的 n bit。将分段 1 与分段 2 做求和操作，再逐一与分段 3 至分段 k 做求和操作，得到长度为 n bit 的求和结果。将该结果取反后作为校验和放在数据块后面，与数据块一起发送到接收端。在接收端对接收到的包括校验和在内的所有 $k+1$ 段数据求和，如果结果为 0，就认为传输过程没有错误，所传数据正确；如果结果不为 0，则表明产生了错误。

校验和通常只有 1 个字节且多在长报文中使用，不会对通信有明显的影响。利用校验和方法能检测出 95% 的错误，但与奇偶校验方法相比，增加了计算量。

1.1.5.4　海明码

纠正传输错误需要更多的冗余信息，海明码是单比特纠错编码。

在信息编码中，两个合法代码对应位上编码不同的位数称为码距，又称海明距离。

一个有效编码集中，任意两个码字的海明距离的最小值称为该编码集的海明距离。

给定某种构造校验位的算法，就能够造出包含全部合法码字的码字表（编码系统）。该码字表中必存在着两个码字之间的最小距离。海明距离决定了编码系统的检错和纠错能力。

为了检测 d 个错误，需要一个海明距离为 $d+1$ 的编码方案。因为在这样的编码方案中，d 个 1 位错误不可能将一个有效码字改编成另一个有效码字。当接收端看到一个无效码字的时候，就知道已经发生了传输错误。类似地，为了纠正 d 个错误，需要一个距离为 $2d+1$ 的编码方案。因为在这样的编码方案中，合法码字之间的距离足够远，所以即使产生了 d 位变化，则还是原来的码字离它最近（概率原则），从而可以唯一确定原来的码字，达到纠错的目的。

例：用 5 个 0 和 5 个 1 的组合来确定一个编码集 ——{0000000000，0000011111，1111100000，1111111111}，该编码集可纠正 2bit 错。

海明码也利用了奇偶校验位的概念，在信息字段中插入若干位数据，用于监督码字里的某一位数据发生了变化，具有一位纠错能力。海明码求解步骤具体如下。

例如 "H" 的 ASCII 码值为 1001000（7 位）。在码值中分别插入校验位 P1、P2、P4、P8，即

⼀⼀1⼀001⼀000

因为 3=1+2，5=1+4，…，9=1+8…，则可以认为第 1 位（最左侧的校验位）与第 3、5、7、9、11 位有关，1：$\in$（3，5，7，9，11），即 P1=D3+D5+D7+D9+D11（偶校验：偶数个 1 则为 0），对其他三个校验位的值的确定方法以此类推：

2：$\in$（3，6，7，10，11）

4：$\in$（5，6，7）

8：$\in$（9，10，11）

偶校验：1：0，2：0，4：1，8：0。

结果：0̲ 0̲ 1 1 0 0 1 0 0 0 0（11 位）。

如果在接收端收到 0 0 1 1 1 0 1 0 0 0 0（11 位），左起第 5 位错，S1 错，S2 对，S4 错，S8 对，则 S8S4S2S1=0101，即十进制的 5，则说明第 5 位的数据发生单比特传输错误，将其改正。

海明码从左到右的 2^n 位为校验位，使其所负责的集合服从规定的奇偶校验。其传输效率 < 7/11，单个位错误能够纠正，否则不能纠正，只能强制要求重发。当信道条件差时，将数据分割为多个小包发送是一种好方法。

1.1.6 RS-485 串行通信接口

工业控制网络最早在 RS-485 上实现，绝大多数 Modbus 网络、Profibus-DP 现场总线均采用 RS-485 作为物理层。RS-485 对工业控制网络有特殊的意义。

RS-485 由 RS-232、RS-422 转变而来。无论是 RS-485、RS-232 接口还是 RS-422 接口，均可采用串行异步收发数据格式。

在串行端口的异步传输中，接收端一般事先并不知道数据会在什么时候到达。在它检测到数据并作出响应之前，第一个数据位就已经过去了。因此，每次异步传输都应该在发送

数据之前至少设置一个起始位，以通知接收端有数据到达，给接收端一段准备接收数据、缓存数据和作出其他响应的时间。而在传输过程结束时，则应由一个停止位通知接收端本次传输过程已终止，以便接收端正常终止本次通信而转入其他工作程序。串行异步通信数据格式如图1-7所示。

图 1-7　串行异步通信数据格式

若通信线上无数据发送，该线路应处于逻辑1状态（高电平）。当计算机向外发送一个字符数据时，应先送出起始位（逻辑0，低电平），随后紧跟着数据位，这些数据构成要发送的字符信息。有效数据位的个数可以规定为5、6、7或8。

奇偶校验位视需要设定，紧跟其后的是停止位（逻辑1，高电平），其位数可在1、1.5、2中选择其一。

数据通信按数据的流向分为单工、半双工、全双工三种工作方式。

单工通信：信息传输始终朝着一个方向，不进行反向传输。发送端与接收端不变换通信角色，如设A为发送端，B为接收端，数据只能从A传输至B，而不能由B传输至A。单工通信线路一般采用二线制。

半双工通信：信息传输可在两个方向上进行，但同一时刻只限于在一个方向上传输。通信双方都具有发送端和接收端，双方可变换通信角色。

当A站向B站发送信息时，A站将发送端连接在信道上，B站将接收端连接在信道上。当B站向A站发送信息时，B站则将接收端从信道上断开，并把发送端接入信道；A站则反之。半双工通信采用二线制线路，信道可改换传输方向。

全双工通信：信息传输可同时在两个方向上进行，相当于两个相反方向的单工通信的组合，常用于计算机与计算机之间的通信。全双工和半双工通信方式如图1-8所示。

图 1-8　全双工和半双工通信方式

RS-232、RS-422与RS-485都是串行数据接口（图1-9），它们都只对接口的电气特性作出规定，而不涉及接插件、电缆或协议，在此基础上用户可以建立自己的高层通信协议。

(a) RS-232单端驱动单端接收　　(b) RS-422差分平衡全双工　　(c) RS-485差分平衡半双工

图 1-9　三种串行通信方式

RS-232 是 PC 与通信行业中应用较广泛的一种串行接口。RS-232 被定义为是一种在低速率串行通信中增加通信距离的单端标准。RS-232 采取不平衡传输方式，即单端通信，收发端的数据信号是相对于信号地的，其共模抑制能力差，再加上双绞线上的分布电容，其传输距离最长约为 15m，最高传输速率为 20kbit/s。RS-232 是为点对点（即只用一对收发设备）通信而设计的，适合本地设备之间的通信。

RS-422 由 RS-232 发展而来，它是为弥补 RS-232 的不足而提出的。为改进 RS-232 通信距离短、传输速率低的缺点，RS-422 定义了一种平衡通信接口，将传输速率提高到 10Mbit/s，传输距离延长到 1200m（传输速率低于 100kbit/s 时），并允许在一条平衡总线上最多连接 10 个接收器。RS-422 是一种单机发送、多机接收的单向平衡传输规范。为扩展应用范围，电子工业协会（EIA）于 1983 年在 RS-422 标准的基础上制定了 RS-485 标准，增加了多点、双向通信能力，即允许多个发送器连接到同一条总线上，同时提高了发送器的驱动能力，增加了冲突保护特性，扩展了总线共模范围，后命名为 TIA/EIA-485-A 标准。

RS-485 接口采用二线差分平衡传输，其信号定义如下：当采用 +5V 电源供电时，若差分电压信号为 -2500 ～ -200mV，为逻辑"0"；若差分电压信号为 +200 ～ +2500mV，为逻辑"1"；若差分电压信号为 -200 ～ +200mV，为高阻状态。

在 RS-485 的差分平衡电路，其一根导线上的电压值是另一根导线上的电压值取反，接收器的输入电压为这两根导线电压的差值（$V_A - V_B$）。

RS-422 采用两对差分平衡线路，而 RS-485 只用一对差分平衡线路。差分电路的最大优点是抑制噪声，由于在它的两根信号线上传递着大小相同、方向相反的电流，而噪声电压往往在两根导线上同时出现，一根导线上出现的噪声电压会被另一根导线上出现的噪声电压抵消，因而可以极大地削弱噪声对信号的影响。

RS-232、RS-422 和 RS-485 的电气参数如表 1-1 所示。

表 1-1 RS-232、RS-422 和 RS-485 的电气参数

电气参数		RS-232	RS-422	RS-485
工作方式		单端	差分	差分
节点数		1 收、1 发	1 发 10 收	1 发 32 收
最长传输电缆长度 /m		15	1200	1200
最大传输速率 /（kbit/s）		20	10000	10000
最大驱动输出电压 /V		± 25	−0.25 ～ +6	−7 ～ +12
驱动器输出信号电平（负载最小值）/V	负载	± 15	± 2.0	± 1.5
驱动器输出信号电平（空载最大值）/V	空载	± 25	± 6	± 6
驱动器负载阻抗 /Ω		3000 ～ 7000	100	54

差分电路的另一个优点是不受节点间接地电压差异的影响。在非差分（即单端）电路中，多个信号共用一根接地线，长距离传输时，不同节点接地电压的差异会引起信号的误读。差分电路则完全不会受到接地电压差异的影响。

RS-485 价格比较便宜，能够很方便地添加到任何一个系统中，支持比 RS-232 更长的距离、更高的传输速率以及更多的节点。RS-485 更适用于多台计算机或带微控制器的设备之

间的远距离数据通信。

RS-485 网络的终端有终端电阻，当终端电阻等于电缆的特征阻抗时，可以削弱甚至消除信号的反射。特征阻抗是导线的特征参数，它的大小随着导线的直径、在电缆中与其他导线的相对距离以及导线的绝缘类型而变化。特征阻抗值与导线的长度无关，一般双绞线的特征阻抗为 $100 \sim 150\Omega$。

RS-485 的驱动器必须能驱动 32 个单位负载加上一个 60Ω 的并联终端电阻，总的负载包括驱动器、接收器和终端电阻，不低于 54Ω。两个 120Ω 电阻的并联值为 60Ω，32 个单位负载中接收器的输入阻抗会使总负载略微降低，而驱动器的输出阻抗与导线的串联阻抗又会使总负载增大，最终需要满足不低于 54Ω 的要求。

还应该注意的是，在一个半双工连接中，在同一时间内只能有一个驱动器工作。如果发生两个或多个驱动器同时启用，一个企图使总线上呈现逻辑 1，另一个企图使总线上呈现逻辑 0，则会发生总线竞争，在某些元件上就会产生大电流。因此，所有 RS-485 的接口芯片上都必须有限流和过热关闭功能，以便在发生总线竞争时保护芯片。

串行数据通信的另外一种方式 TTY 也称为电流环，是早期用于远程传输的 RS-232 串口的一种电流信号（因为电流信号比电压信号传输更远）。TTY 分为有 / 无，大小大约为 20mA，分别代表信号 0/1 或者 1/0。由于 TTY 没有统一的国际标准，所以各个厂家的 TTY 之间未必可以相互通信。从 RS-232 转换出来的 TTY 分为有源电流环和无源电流环。TTY 是数字信号。

1.2 ▪ 介质访问控制

1.2.1 网络拓扑结构

网络的拓扑结构是指网络中各节点的互连形式。在局域网（local area network，LAN）中，常见的拓扑结构有星形、树形、环形、总线型等，如图 1-10 所示。

① 星形结构。其连接特点是每个节点点对点连接到中心站，节点间的通信必须经过中心站。这样的连接便于系统集中控制，易于维护且方便扩展网络。但这种结构的中心站的任务繁重，而每个节点的通信处理负担很小，要求中心站必须具有极高的可靠性，否则中心站一旦损坏，整个系统便会瘫痪。因此，中心站通常采用双机热备份，以提高系统的可靠性。几台计算机通过集线器（Hub）相互连接的方式就是典型的星形结构。

② 树形结构。其传输介质是不封闭的分支电缆，网络适应性强。可认为其是星形拓扑或总线型拓扑的扩展形式，用多节点并联连接的接线盒取代星形结构的中心站，一个站发送数据，其他站都能接收。因此，树形结构可完成多点广播式通信。

③ 环形结构。通过网络节点的点对点链路连接，构成一个封闭的环路，信号在环路上从一个设备到另一个设备单向传输，直到信号传输到目的地为止。每个设备只与逻辑或空间上与它相连的设备链接，信号只能单向传输。如果 $N+1$ 端需将数据发送到 N 端，则几乎要绕环路一周才能到达 N 端。

这种结构容易安装和重新配置，接入和断开一个节点只需改动两条连接，可以减少初期建网的投资；每个节点只有一个下游节点，不需要路由选择；可以消除端用户通信时对中心系统的依赖，但某一节点一旦失效，整个系统就会瘫痪；由于多个节点共享环路，需要某种访问控制方式。

④ 总线型结构。其在 LAN 中使用得最普遍，连接布线简单、扩充容易、成本低廉，如图 1-10（d）所示。其连接特点是端用户的物理媒体由所有设备共享，各节点地位平等，无中心节点控制。总线上一个节点发送数据，所有其他节点都能接收。总线型结构可以发送广播报文。某个节点失效，不会影响其他节点的通信。其每次只能由一个节点发送信息，要确保各节点发送信息时不出现冲突。

(a) 星形 (b) 树形 (c) 环形

(d) 总线型 (e) 不规则形 (f) 完整形

图 1-10 网络的拓扑结构

1.2.2 传输介质

传输介质也称为传输媒质或通信介质，是指通信双方用于传输信息的物理通道。传输介质通常分为有线传输介质和无线传输介质两大类。有线传输介质使用物理导体，提供从一个设备到另一个设备的通信通道；无线传输介质通常使用超短波、微波，在空间采用广播传输信息。在工业控制网络中常用的有线传输介质为双绞线、同轴电缆和光缆等，其外形如图 1-11 所示。

(a) 双绞线 (b) 同轴电缆 (c) 光缆

图 1-11 常用的有线传输介质

（1）双绞线

双绞线是目前较常见的一种传输介质，用金属导体来接收和传输通信信号。双绞线可分为非屏蔽双绞线（unshielded twisted pair，UTP）和屏蔽双绞线（shielded twisted pair，STP）。

双绞线由绞合在一起的相互绝缘的两根铜线组成。把两根相互绝缘的铜线按一定密度绞合在一起，可降低信号干扰的程度，每一根导线在传输中辐射的电磁波会被另一根导线上发出的电磁波抵消。

屏蔽双绞线有较好的屏蔽性能，所以也具有较好的电气性能，价格较贵。

把多根双绞线放在一根绝缘套管中便成了双绞线电缆，如局域网中常用的 5 类、6 类、7 类双绞线就是由 4 根（非屏蔽）双绞线组成的，其价格较为低廉，所以目前仍是企业局域网中首选的传输介质。

双绞线既可以传输模拟信号，又可以传输数字信号。对于模拟信号，每 5 ～ 6km 需要一个放大器；对于数字信号，每 2 ～ 3km 需要一个中继器。

（2）同轴电缆

如图 1-11 所示，同轴电缆分为四层。内导体是一根铜线，铜线外面包裹着泡沫绝缘层，再外面是由金属或者金属箔制成的导体层，最外面由一个塑料外套将电缆包裹起来。其中铜线用来传输信号；网状金属屏蔽层一方面可以屏蔽噪声，另一方面可以作为信号地；绝缘层通常由陶瓷或塑料制成，它将铜线与金属屏蔽层隔开；塑料外套可使电缆免遭物理性破坏，通常由柔韧性好的防火塑料制成。这样的电缆结构既可以防止自身产生电干扰，也可防止外部干扰。

经常使用的同轴电缆有两种：一种是 50Ω 电缆（由于多用于基带传输，也叫基带同轴电缆），用于数字信号传输；另一种是 75Ω 电缆，多用于模拟信号传输。

常用的同轴电缆连接器是卡销式连接器，将连接器插到插口内，再旋转半圈即可连接，安装十分简便。T 形连接器（细缆以太网使用）常用于分支的连接。

同轴电缆的数据传输速率、传输距离、可支持的节点数、抗干扰性能都优于双绞线，成本高于双绞线但低于光缆，安装相对简单且不易损坏。

（3）光缆

光导纤维是目前最先进、最有效的传输介质，用于以极高速率传输巨量信息的场合。它是一种传输光束的纤细而柔韧的媒介，简称为光纤。光纤在使用前必须由几层保护结构包覆，包覆后的缆线即被称为光缆。在光缆的中心部分有一根或多根玻璃纤维，通过从激光器或发光二极管发出的光波穿过中心纤维来进行数据传输。光纤有以下特点。

① 抗干扰性好。光缆中的信息是以光的形式传播的。由于光不受外界电磁干扰的影响，而且本身也不向外辐射信号，所以光缆具有良好的抗干扰性能，适用于长距离的信息传输以及要求高度安全的场合。

② 具有更宽的带宽和更高的传输速率，且传输能力强。

③ 衰减少，无中继时传输距离远。这样可以减少整个通道的中继器数目，而同轴电缆和双绞线每隔几千米就需要接一个中继器。

④ 光缆本身费用昂贵，对芯材纯度要求高。

在使用光缆互连多个小型机的应用中，必须考虑光纤的单向特性。如果要进行双向通信，就应使用双股光纤（一股用于输入，一股用于输出）。由于要对不同频率的光进行多路传输和多路选择，因此又出现了光学多路转换器。

光缆连接采用光缆连接器，安装要求严格。如果两根光纤间任意一段芯材未能与另一段芯材或光源对正，就会造成信号失真或反射；如果连接过分紧密，就会改变光线发射角度。

1.2.3 介质访问控制标准

不管是采用总线型结构还是环形结构，网络中的设备共享传输介质。在解决在同一时间多个设备同时争用传输介质的问题上，介质访问控制（MAC）起到关键作用。

IEEE 802 系列标准是 IEEE 802 LAN/MAN 标准委员会制定的局域网、城域网技术标准，其组成及相互关系如图 1-12 所示。其中广泛使用的有以太网、令牌环、无线局域网等。

IEEE 802.3：以太网介质访问控制协议（CSMA/CD）及物理层技术规范。

IEEE 802.4：令牌总线（Token-Bus）网的介质访问控制协议及物理层技术规范。

IEEE 802.5：令牌环（Token-Ring）网的介质访问控制协议及物理层技术规范。

802.10 安全和保密	802 概述及体系结构	802.1 网络管理	802.1桥接							网际层
			802.2逻辑链路控制							LLC
			802.3 CSMA/CD	802.4 Token-Bus	802.5 Token-Ring	802.6 MAN	802.9 IVDLAN	802.11 WLAN	802.12 100VG AnyLAN	MAC
			802.3 物理层	802.4 物理层	802.5 物理层	802.6 物理层	802.9 物理层	802.11 物理层	802.12 物理层	物理层

图 1-12　IEEE 802 协议及其内部各标准间的关系

（1）CSMA/CD

载波监听多路访问 / 冲突检测（carrier sense multiple access/collision detection，CSMA/CD）是一种分布式介质访问控制协议，IEEE 802.3 是载波监听多路访问局域网的标准。

以太网传输方式允许网络中的各节点自由发送信息，当两个以上的节点同时发送信息出现线路冲突时，采用 CSMA/CD 方式处理。

每个站在发送数据帧之前，首先要进行载波监听，只有介质空闲时，才允许发送数据帧。如果两个以上的站同时监听到介质空闲并发送帧，则会产生冲突现象，会使发送的帧都成为无效帧，发送随即宣告失败。每个站必须有能力随时检测冲突是否发生，一旦发生冲突，则应停止发送，然后随机延迟一段时间后，重新争用介质，重新发送帧。网络中的各个节点都能独立地决定数据帧的发送与接收，采用点到点或广播式通信。

CSMA/CD 先听后发、边听边发、冲突则停止随机延迟再发，好似在一个无人主持的讨论会上，一群有礼貌的人在讨论问题，没有主持人大家也都能有序发言。又好似在车辆少时的十字路口，只有黄灯闪烁，车辆也能有序通行。

CSMA/CD 控制方式的原理比较简单，技术上容易实现；网络中各工作站处于平等地位，不需集中控制，不提供优先级控制；但在网络负载增大时，冲突概率增加，发送效率急剧下降。因此，CSMA/CD 控制方式常用于总线型网络且通信负荷较轻的场合。

（2）令牌网

这种传输方式对介质访问的控制权是以令牌（token）为标志的。工作站只有得到令牌的节点，才有权控制和使用网络。物理拓扑可以是总线型网络结构，也可以是环形网络结构。IEEE 802.4 是令牌总线网的标准，IEEE 802.5 是令牌环网的标准。

令牌传输实际上是一种按预先的安排让网络中各节点依次轮流占用通信线路的方法，传输的次序由用户根据需要预先确定，而不是按节点在网络中的物理次序传输。

令牌网是一种有规划、有控制、有组织的网络，当出现下列情况时节点必须交出令牌：①本节点已发完要发送的数据；②本节点根本没有数据要发；③令牌持有最大时间限制到。

维护令牌是网络上所有节点的责任，与令牌相关的必不可少的处理包括节点的自由上/下线、令牌传递、令牌丢失处理等。

令牌网与以太网的比较如表 1-2 所示。

表 1-2　令牌网与以太网的比较

项目	令牌网	以太网
实时性	√	×
负载敏感性	低	高
价格通用性	×	√

（3）主/从方式

严格地讲，主/从方式是在网络的更高层定义的，表现在对介质的访问特点时，网络中的主站周期性地轮询各从站节点，被轮询到的从站向主站汇报状态、接受主站控制，从站节点一般不会主动发出信息。这种方式适用于星形网络拓扑结构或具有主站的总线型网络拓扑结构。

Modbus 网络和 Profibus-DP 主/从结构均按照这种方式工作，也按照这种方式对介质访问进行控制。

（4）CSMA/NBA

CAN 总线对 MAC 访问控制采用"优先级仲裁"机制，即带非破坏性逐位仲裁的载波监听多址访问（carrier sense multiple access/nondestructive bit-wise arbitration，CSMA/NBA），这是一种与上述三种方法都截然不同的方法。

CAN 协议和规范定义总线数值为两种互补的逻辑数值之一："显性"（逻辑 0）和"隐性"（逻辑 1）。任何发送设备都可以驱动总线为"显性"，当同时向总线发送"显性"位和"隐性"位时，最后总线上出现的是"显性"位；当且仅当总线空闲或发送"隐性"位时，总线为"隐性"状态。

在总线空闲时，每个节点都可尝试发送，但如果多于两个节点同时开始发送，发送权的竞争需要通过 11bit 标识符的逐位仲裁来解决。

标识符值越小，优先级越高，标识符值小的节点在竞争中为获胜的一方。这种机制不同于以太网，总线上不会发生冲突，竞争中获胜的节点可以继续发送，直到完成为止。

1.3 ■ 网络协议模型

1.3.1　OSI 网络协议模型

要保证复杂网络可靠工作是很难的事情，将各种功能分层处理，明确各层职责任务，能够降低网络系统的开发难度，增加网络的可靠性。基于这样的思想，出现了网络的多层结构模型。

图 1-13 服务、接口、协议的关系

在网络中的三个经常提及的基本概念——服务（service）、接口（interface）、协议（protocol），三者关系如图 1-13 所示。其中，服务是下层提供给上层的功能；接口是上层使用下层功能的入口，调用各种功能时使用；协议则是节点间的同层功能间的约定。

OSI（open system interconnect）是国际标准化组织（International Organization for Standardization，ISO）于 1985 年在网络通信方面定义的开放系统互连模型。有了这个开放的参考模型，各网络设备厂商就可以遵照共同的标准来开发网络产品，最终实现彼此兼容。OSI 结构如下。

（1）物理层（physical layer）

物理层是整个 OSI 参考模型的最底层，是整个网络的基础，它的任务就是提供网络的物理连接。物理层建立在物理介质上（而不是逻辑上的协议和会话），它提供的是机械接口和电气接口。物理层主要包括电缆、物理端口和附属设备，如双绞线、同轴电缆、串口和并口等在网络中都工作在这个层上。

物理层主要提供物理连接、物理服务单元顺序化和数据电路标识等服务。

（2）数据链路层（data link layer）

数据链路层在物理层提供的服务的基础上，以帧为单位传输数据。它的主要任务是进行数据封装和建立数据链接。封装的数据信息中，地址段含有发送节点和接收节点的地址，控制段用来表示数据链接帧的类型，数据段包含实际要传输的数据，差错控制段用来检测传输中帧出现的错误。

（3）网络层（network layer）

网络层解决的是网络与网络之间（即网际）的通信问题，而不是同一网段内部的通信问题。网络层的主要功能是提供路由，即选择到达目标节点的最佳路径，并沿该路径传输数据包。除此之外，网络层还要能够消除网络拥挤，具有流量控制和拥挤控制的能力。网络边界上的路由器就工作在这个层上。现在较高档的交换机可直接工作在这个层上，因此其也提供了路由功能，俗称"第三层交换机"。

IP 地址是网络层的核心，路由器的工作是基于节点的 IP 地址，而不是 MAC 地址。网络层关注的是是否找到目标节点（建立连接路径），而报文是否到达目标节点，是否被对方正确接收，则是上一层（传输层）所关注的。

网络层的功能包括建立和拆除网络连接、路径选择和中继、网络连接多路复用、分段和组块、服务选择和流量控制。

（4）传输层（transport layer）

传输层解决的是数据在网络之间传输的质量问题，它属于较高的层。传输层用于提高网络层服务质量，提供可靠的端到端的数据传输，如常见的 QoS 就是这一层的主要服务。这一层主要涉及的是网络传输协议，它提供了一套网络数据传输标准，如 TCP。

传输层的功能包括映像传输地址到网络地址、多路复用与分割、传输连接的建立与释放、分段与重新组装、组块与分块。

（5）会话层（session layer）

会话层利用传输层来提供会话服务。会话可能是一个用户通过网络登录到一个主站，或一个正在建立的用于传输文件的连接。

会话层的功能主要有会话连接到传输连接的映射、数据传输、会话连接的恢复和释放、会话管理、令牌管理和活动管理。

（6）表示层（presentation layer）

表示层负责将不同的数据格式进行转换，以保证一个系统的应用层发出的数据能被另一个系统的应用层读出，从而实现不同计算机系统间的信息交换。如果通信双方用不同的数据表示方法，它们就不能互相理解，表示层就是用于解决这种不同之处。

表示层的功能主要有数据语法转换、语法表示、表示连接管理、数据加密和数据压缩。

（7）应用层（application layer）

应用层是 OSI 参考模型的最高层，它解决的是程序应用过程中的问题，直接面对用户的具体应用。应用层包含用户应用程序执行通信任务所需要的协议和功能，如电子邮件和文件传输等。在这一层中，TCP/IP 中的 FTP、SMTP、POP 等得到了充分应用。

ISO/OSI 模型是一个理论模型，在实际网络系统中都遵循分层思想，但与之不尽相同。最具影响力和应用最广泛的是 TCP/IP（transmission control protocol/internet protocol，传输控制协议 / 互联网协议）模型。TCP/IP 由四个层次组成：网络接口层、互联网层、传输层、应用层。对于互联网层下面的网络接口层，TCP/IP 并没有给予真正描述，只是指出主机必须使用某种协议与网络连接。TCP/IP 模型与 ISO/OSI 模型的对应关系如图 1-14 所示。

图 1-14　TCP/IP 模型与 ISO/OSI 模型的对应关系

1.3.2　数据链路层与数据封装

数据链路层是 OSI 模型的第 2 层，该层协议用于处理两个由物理通道直接相连的相邻节点之间的通信，保证其点到点（或点到多点）的正确传输。

数据链路层协议提高了数据传输的效率，为其上层提供了透明的无差错的通道服务，让高层协议免于考虑物理介质的可靠性问题，而把通道看作无差错的理想通道。

数据链路层的主要功能有：数据链路的建立、维护和拆除；数据成帧（信息格式、数量、顺序编号）；收发同步、收发确认、收发流量调节；传输差错控制，包括防止信息丢失、重复和失序的方法。检测差错一般采用循环冗余校验（CRC）等方法，纠正差错采用计时器恢复和自动请求重发等技术。

一个报文是由若干个字符组成的完整的信息。直接对冗长的报文进行检错和纠错，不但原理和设备十分复杂，而且效率很低，往往无法实际采用。通常把报文按照一定要求分块，每个块加上一定的头信息，指明该块的源地址和目的地址、属于哪个报文、是该报文的第几个块、是否属于报文的第一个或最后的子块。这样的块称作包或分组（packet）。

在相邻两点间（或主机与节点间）传输这些包时，为了差错控制，还要加上一层"封皮"，就构成了帧（frame）。这层封皮分头尾两部分，把数据包夹在中间。当帧从一个节点传到另一个节点后，帧的头尾被用后取消，数据包的内容原封不动。若收到帧的节点还要把该包传至下一个节点，要另加上新的头尾信息。因此，帧是数据链路层的传输单位。数据链路层协议又称为帧传输协议。

数据链路是在两个网络节点之间保证数据正常交换的通路，相邻节点间传输一个帧可能出现的差错有位出错、帧丢失、帧重复、帧顺序错等。

数据链路层协议要针对上述差错加以解决，保证所传输信息在内容、顺序上都正确。位出错的分布规律及出错位的数量很难限制在预定的简单模式之中，一般采用漏检率极其微小的 CRC 检错码加反馈重传方法解决。帧丢失是由通信线路受较长时间的连续干扰、通信设施瞬间失效或通信双方失去同步造成的。帧重复和帧顺序错则是反馈重传方法带来的副作用。为了发现帧丢失、帧重复及帧顺序错等错误，通常采用给帧编号的方法来解决。

发送端数据链路层的具体工作是接收来自高层的数据，并将数据加工成帧，然后经过物理通道将帧发送给接收端。帧包含头尾、控制信息、数据、校验信息等部分，校验信息、头尾部分一般由发送设备的硬件实现，数据链路层不必考虑其实现方法。当帧到达接收端时，首先检查校验信息。若校验信息错，则向接收计算机发出校验信息错的中断信息；若校验信息正确，确认无传输错误，则向接收计算机发送帧正确到达信息。接收端的数据链路层应检查帧中的控制信息，确认无误后，才将数据部分送往高层。

数据的正确性检查工作主要在第 2 层（数据链路层）完成，针对校验没能发现的错误，在网络的上层也会发现其含义的错误。

另外，物理连接与数据链路连接是有区别的。数据链路连接是建立在物理连接之上的。一个物理连接生存期间允许多个数据链路生存期。数据链路连接释放时，物理连接不一定要释放。

IEEE 802 委员会将 OSI 参考模型中数据链路层细分为介质访问控制（MAC）层、逻辑链路控制（LLC）层两个子层。

MAC 层主要负责总线的"交通"管理、总线占用情况监控、奇偶校验等，CSMA/CD 就是 MAC 功能。

与媒体接入方式无关的功能都放在 LLC 层，如上层数据的成帧、收发帧的差错控制（校验位、自动重复、缓存）、帧的接收、上层服务请求。

在 LLC 层看不到具体的局域网，即局域网对 LLC 层是透明的。只有在 MAC 层才能看见所连接的是采用什么标准的局域网。

LLC 层协议定义了对等 LLC 层的实体之间的数据通信的服务规范，提供了两种服务——不确认无连接服务和面向连接的服务，并且还定义了网络层与 LLC 层的接口和 LLC 层与 MAC 层的接口。

LLC 层帧结构主要包含 DSAP、SSAP、Control、Information 字段，其中 DSAP（destination service access point，目的访问服务点，8 位）字节和 SSAP（source service access point，源服务访问点，8 位）字节用以标示上层协议。有了 SAP，节点就能在 LLC 层只用一个接口同时服务几个高层协议。Control 为 8 位或 16 位的控制字段，Information 为传输的真正内容。

图 1-15 给出数据在网络传输时的封装过程，发送端应用层数据向下层封装，并可能形成分组报文，各个分包加上该层的报文头和报文尾。在接收端的处理是相反的过程，应用程

序会得到对方正确的数据。由此可以看出，LLC 头不是被再次封装在里面，而是根据局域网的具体形式（CSMA/CD、令牌总线等）被翻译为 MAC 头，最后以二进制码发送。

图 1-15 数据在网络传输时的封装过程

1.3.3 各种控制网络与 OSI 对照

对于控制网络而言，单个节点的监控信息量不大，而实时性要求较高，所以很少有完全采用 OSI 七层模型的应用，都在 OSI 的模型基础上进行了简化。而且由于控制网络的结构相对简单，不是真正意义上的不规则网络，多采用总线结构或在总线结构的基础上稍作变形，所以 OSI 中的 3 ～ 6 层一般在控制网络中被省去。图 1-16 是各种常见的控制网络与 OSI 参考模型的对应关系，其中 Modbus 只有应用层的协定，CAN 只提供物理层和数据链路层的功能。

ISO/OSI 模型	Modbus	Profibus-DP	CAN	CIP
		用户接口		
应用层	应用层			应用层
表述层				
会话层				
传输层				
网络层				
数据链路层		数据链路层	数据链路层	数据链路层
物理层		物理层	物理层	物理层

图 1-16 各种常见的控制网络与 OSI 参考模型的对应关系

1.4 ▪ 现场总线与信息化集成技术

1.4.1 现场总线

尽管近年来工业控制网络出现了如无线数传、借助移动公网等多种形式，但是现场总线依然在控制网络中发挥着主要作用。

国际电工委员会制定的国际标准 IEC 61158 对现场总线（fieldbus）的定义是：安装在制造或过程区域的现场装置与控制室内的自动控制装置之间的数字式、串行、多点通信的数据总线称为现场总线。

第 2 版（Ed2.0）IEC 61158-2: 2007 用于工业控制系统中的现场总线标准（第 2 部分）物理层规范（physical layer specification）与服务定义（server definition）又进一步指出：现场总线是一种用于底层工业控制和测量设备，如变送器（transducers）、执行器（actuators）和本地控制器（local controllers）之间的数字式、串行、多点通信的数据总线。

在现场总线控制系统中，总线设备主要分为 6 类：变送器 / 传感器、网桥 / 网关 / 中继器 / 集线器 / 交换机 / 路由器、执行器、控制器、监控 / 监视计算机、其他现场总线设备。

由于涉及各国家、各公司的利益，现场总线领域竞争激烈，某个品牌很难统一全球市场。IEC 61158 是制定时间最长、投票次数最多、意见分歧最大的国际标准之一。

现场总线结构与功能高度分散，现场设备的互操作性与互换性好，协议相对公开，为企业信息系统的构建创造了重要条件。其信息集成的思路主要有：①在硬件上，采用专用网关完成不同通信协议的转换，把控制网段连接到基于以太网的管理网络；②在软件上，采用 OPC 等通用技术，将控制网络的信息传送到管理网络，形成管控一体化网络。各种生产企业的 MES、SIS、数字化企业等都是第二种思路的集成系统。

本书将主要介绍 Modbus、Profibus-DP 和 AB 公司的 CIP 控制网络及基于以太网的相关技术（将在后面详细阐述），这里对另外几种也较具影响力的现场总线进行简单介绍。

（1）基金会现场总线（foundation fieldbus, FF）

基金会现场总线前身是以美国 Fisher-Rosemount 公司为首，联合 Foxbora、横河、ABB、西门子等 80 家公司制定的 ISP，以及以 Honeywell 公司为首，联合欧洲等地的 150 家公司制定的 WorldFIP。届于用户的压力，这两大集团于 1994 年 9 月合并，成立了现场总线基金会，致力于开发出国际上统一的现场总线协议。

FF 以 OSI（开放系统互连）模型为基础，取物理层、数据链路层、应用层为 FF 通信模型的相应层次，并在应用层上增加了用户层。用户层主要针对自动化测控应用的需要，定义了信息存取的统一规则，采用设备描述语言规定了通用的功能块集。

FF 包括 FF 通信协议，OSI 模型中的 2 ～ 7 层通信协议的通栈，用于描述设备特性及操作接口的 DDL 设备描述语言、设备描述字典，用于实现测量、控制、工程量转换的应用功能块，实现系统组态管理功能的系统软件技术，以及构筑集成自动化系统、网络系统的系统集成技术。

FF 分为低速 H1 和高速 H2 两种通信速率：H1 通信速率为 31.25kbit/s，通信距离可达 1900m，支持总线供电；H2 通信速率为 1Mbit/s 和 2.5Mbit/s，通信距离为 750m 和 500m。物理传输介质可支持双绞线、光缆和无线，采用曼彻斯特编码。

WorldFIP 现场总线定义了物理层、数据链路层和应用层三层通信协议，结构相对简单。

在数据链路层，WorldFIP 提供了变量与消息两种传输机制。

① "变量" 是指周期性地在网络上传输的数据包，每一个变量有一个唯一的 16 位数据标识。这种周期性数据包根据预先设定的时间周期性地在网络上传输。在实际应用中这种机制通常被用于传输实时状态及控制信息，如控制现场 I/O 实时状态、各种现场遥测值等。

② "消息" 主要用于传输一些诸如配置信息、诊断信息及事件信息等非周期性数据。

消息只有在应用程序提出传输申请后，才能一次性地在网络上传输。

WorldFIP 中对传输介质的访问控制类似于"令牌网"。"令牌"是对介质的访问权，"令牌"按照预先确定的时间在多个通信子站之间传递。"令牌"的传递由通信控制器自动完成，不需要应用程序的干预。

生产者 / 消费者模式：变量的生产者可以按照固定的时间间隔将变量在网络上广播，变量的消费者同时接收变量内容。在固定的时间内，当所有通信子站生产的变量数据被发送后，"令牌"被传递给提出发送消息请求的通信子站，此时得到"令牌"的通信子站将消息在网络上广播。

因此，WorldFIP 非常适合用于对传输时间有严格要求的场合，同时使某些突发数据能够尽快在网络上传输。

（2）CC-Link

CC-Link（control & communication link）是三菱电机于 1996 年推出的开放式现场总线，其数据容量大，通信速率多级可选择，而且它是一个复合的、开放的、适应性强的网络系统，适用于从较高的管理层网络到较低的传感器层网络的不同范围。CC-Link 是一个以设备层为主的网络，一般情况下，CC-Link 整个一层网络可由 1 个主站和 64 个从站组成。CC-Link 具有高的数据传输速率，最高可达 10Mbit/s，其底层通信协议遵循 RS-485。CC-Link 的数据通信方式可分为两种：循环通信和瞬时传输。

CC-Link 系统是通过专用的通信模块和电缆将分散的 I/O 模块及特殊功能模块等设备连接起来，并通过 PLC 的 CPU 来控制和协调这些模块的工作。

网络中的主站由三菱 FX 系列以上的 PLC 或计算机担当，从站可以是远程 I/O 模块、特殊功能模块、带有 CPU 的 PLC 本地站、人机界面、变频器及各种测量仪表、阀门等现场设备，整个系统通过屏蔽双绞线连接。CC-Link 具有性能卓越、应用广泛、使用简单、成本低廉等突出优点。

① 组态简单　CC-Link 不需要另外购买组态软件即可对每一个站进行编程。只需使用通用的 PLC 编程软件在主站程序中进行简单的参数设置，或者在具有组态功能的编程软件中设置相应的参数，便可以完成系统组态和数据刷新的设定工作。

② 接线简单　仅需使用 3 芯双绞线与设备的 2 根通信线 DA、DB 及接地线 DG 连接，并接好屏蔽线 SLD 和终端电阻，即可完成一般系统的接线。

③ 设置简单　系统需要对每一个站的站号、数据传输速率及相关信息进行设置。CC-Link 的每种兼容设备都有一块 CC-Link 接口卡，通过接口模块上相应的开关就可进行相关内容的设置，操作方便直观。

④ 维护简单、运行可靠　由于 CC-Link 的上述优点和丰富的 RAS（reliability，availability，serviceability）功能，使得 CC-Link 系统的维护更加方便，运行可靠性更高。其监视和自检测功能也使 CC-Link 的维护和故障后的恢复变得方便和简便。

系统具有备用主站功能、故障子站自动下线功能、站号重叠检查功能、在线更换功能、通信自动恢复功能、网络监视功能、网络诊断功能等，是可以信赖的网络系统，帮助用户以最短的时间恢复网络系统工作。

一个 CC-Link 系统必须有一个主站且只能有一个主站，主站负责控制整个网络的运行。但为防止主站出现故障而导致整个系统瘫痪，CC-Link 可以设置备用主站，即当主站出现故障时，系统可自动切换到备用主站上。

CC-Link 提供循环传输和瞬时传输两种通信方式。一般情况下，CC-Link 主要采用循环传输的方式进行通信，即主站按照从站站号依次轮询从站，从站再给予响应。因而无论是主站访问从站还是从站响应主站，都是按照站号进行的，从而可避免由通信冲突造成的系统瘫痪；还可依靠可预见的、不变的 I/O 响应为系统设计者提供稳定的实时控制。对整个网络而言，循环传输每次链接扫描的最大容量是 2048 位和 512 字，在循环传输数据量不够的情况下，CC-Link 还能提供瞬时传输功能，将 960 字节的数据用专用指令传送给智能设备站或本地站，而且瞬时传输不影响循环传输的进行。

三菱常用的网络模块有 CC-Link 通信模块 FX_{2N}-16CCL-M 与 FX_{2N}-32CCL、CC-Link/LT 通信模块 FX_{2N}-64CL-M、CC-Link 远程 I/O 链接模块 FX_{2N}-16Link-M 和 AS-i 网络模块 FX_{2N}-32ASI-M 等。

（3）CANopen

CANopen 是一种架构在控制局域网路（controller area network，CAN）上的高层通信协议，包括通信子协议与设备子协议，常在嵌入式系统中使用，也是工业控制网络常用的一种现场总线。

CANopen 实现了 OSI 模型中的网络层以上（包括网络层）的协议。CANopen 标准包括寻址方案、数个小的通信子协议及由设备子协议定义的应用层。CANopen 支持网络管理、设备监控及节点间的通信，其中包括一个简易的传输层，可处理资料的分段传送及组合。一般而言，数据链路层与物理层会用 CAN 来实现。除了 CANopen 外，也有其他的通信协议（如 EtherCAT）作为 CANopen 的设备子协议。

（4）LonWorks

LonWorks（local operating networks，局部操作网络）由美国 Echelon 公司于 1992 年推出，并由 Motorola、Toshiba 公司共同倡导，最初主要用于楼宇自动化，但很快发展到工业现场控制网。

LonWorks 采用 ISO/OSI 模型的全部 7 层通信协议，并采用面向对象的设计方法，通过网络变量把网络通信设计简化为参数设置，最高通信速率为 1.25Mbit/s，节点总数可达 32000 个。

网络的传输介质可以是双绞线、同轴电缆、光缆、射频、红外线、电力线等多种通信介质，特别是电力线的使用，可将通信数据调制成载波信号或扩频信号，然后通过耦合器耦合到交流 220V 或其他交直流电力线上，甚至耦合到没有电力的双绞线上。电力线收发器提供了一种简单有效的方法，将神经元节点加入电力线中，这样就可以利用已有的电力线进行数据通信，大大减少了通信中布线复杂等问题。这也是 LonWorks 技术在楼宇自动化中得到广泛应用的重要原因。

1.4.2　制造企业信息集成技术

实施制造企业信息化的关键是建立企业的信息化系统。信息化系统包括管理信息系统和控制信息系统两大部分，具体在四个方面：①以 CNC、PLC（DCS）、机器人等为核心的机电液一体化数字化制造装备及工艺过程控制；②以车间作业调度、物流管理等为基础的数字化车间生产过程管理，如 MES 系统；③产品数字化开发、设计及工艺制造，包括 CAD/CAPP/CAM 等；④企业级资源管理、对外商务及营销数字化管理，包括企业资源计划

（ERP）、产品数据管理（PDM）、电子商务、供应链管理等。

生产现场数据的获得和集成是生产组织、决策的重要依据，是企业信息化工作中必不可少的重要组成。上级信息管理系统只有采用工艺系统当前运行的实时数据，而不是使用历史数据，其调整优化结果才能达到最优。

现代化制造装备正向着复杂化、大型化、高速化、自动化、智能化方向发展，实现对其运行状态的远程监控及（设备及工艺）诊断，能够有效组织生产，提高设备的利用率，提高产品质量，降低生产成本，最终提高企业的核心竞争力，使企业在激烈的市场竞争中取得更大的优势。

如 MES（manufacturing execution system，制造执行系统）、SIS、数字化企业等，在很大程度上填补了管理系统与底层控制层之间的鸿沟。MES 最初是 20 世纪 90 年代由美国管理界提出的，MES 国际联合会对 MES 的定义如下：MES 能通过信息传递对从订单下达到产品完成的整个生产过程进行优化管理。当工厂发生实时事件时，MES 能对其及时作出反应、报告，并用当前的准确数据对其进行指导和处理。这种对状态变化的迅速响应使 MES 能够减少企业内部没有附加值的活动，有效地指导工厂的生产运作。

但从实施来看，由于企业生产的差异，不同行业、不同企业的 MES 有很大的差别。企业性质及建模目标的不同，使企业模型可以分为多种不同层次、水平和视角的模型形式，造成了 MES 规范性差；金字塔递阶控制结构层次较多，使数据共享与各功能软件维护的困难大。

所以，目前的实时数据集成系统多摒弃以往的多层次结构而采用"扁平结构"（图 1-17），并提出信息化环境中控制系统对管理系统的统一数据服务的概念，以避免开放的形式将信息化"一网到底"。扁平结构信息流形式清晰，减少纵向数据传输的层次，简化管理的复杂程度，在结构上具备良好的可靠性、开放性，同时增加横向系统间的联系，因而适应现代化制造的发展。

图 1-17　制造系统控制网络及其集成

现场总线 / 工业以太网技术随着 PLC 的广泛应用已经成为现场数据采集网络的首选，控制器、采集装置接入到现场总线控制网络中产生了新的结构形式，如图 1-18 概括了当前基于网络的先进控制系统的结构。这里特别指出，随着基于数字通信的 CNC 系统与基于 iPC 的开放式 CNC 的发展，CNC 系统在基于现场总线的控制网络中结构有所改变。控制器从整个控制核心变成现场总线网络上的节点，与其他部分的通信完全依靠总线网络，作为一类主站，其节点的地位与其他设备可能完全相同，在逻辑功能上还处于核心的地位。

图 1-18 控制系统基于控制网络的集成

思考题

1. 分布式控制网络由哪些设备组成？各起什么作用？

2. 数字信号的编码方式有哪些？各有什么特点？

3. 曼彻斯特编码的波形的跳变作用是什么？有一比特流 10101101011，画出它的曼彻斯特编码与差分曼彻斯特编码的波形。

4. 差错控制的作用是什么？校验方法有哪些？ CRC 校验是如何实现的？

5. 生成多项式为 $G(x)=X^4+X+1$，信息码为 10110，求 Remainder（CRC 码）。

6. 生成多项式为 $G(x)=X^4+X^3+1$，信息码为 1101011011，求 Remainder。

7. 采用海明码传输字符"A"（1000001）时，如果为 00100001001，找出哪个位出现错误？

8. MAC 方法有哪几种？各自的特点有哪些？

9. 比较 OSI 协议与 TCP/IP 的异同？

10. 常用现场总线有哪些？它们各有什么特点？

11. 控制网络的发展趋势是什么？

第**2**章

Modbus 网络及其应用

Modbus 是由 Modicon 公司（现属施耐德电气公司）在 1979 年发明的，是用于工业现场的总线协议。

Modbus 协议是 OSI 模型第 7 层上的应用层报文传输协议，它与底层的基础通信层无关，故可以在 RS-232、RS-422、RS-485 和以太网设备上应用。许多工业设备，包括 PLC、DCS、智能仪表等都在使用 Modbus 协议作为它们之间的通信标准。图 2-1 体现了 Modbus 广泛的使用范围。

Modbus 协议是一个主 / 从通信协议，提供功能码规定的服务。

互联网组织使用 TCP/IP 栈上的保留系统端口 502 访问 Modbus。

Modbus Plus 是一种高速令牌传递网络。

图 2-1　Modbus 网络结构图

2.1 ▪ Modbus 工作过程

Modbus 通信使用主 / 从技术，即主站启动数据传输（称为查询），而其他设备（从站）

返回对查询作出的响应，或处理查询所要求的动作。典型的主站设备应包括主处理器和编程器，典型的从站包括 PLC、远程 I/O。

主站查询

设备地址

功能码

数据起始地址

数据量

冗余校验

设备地址

功能码

数据

冗余校验

从站响应

图 2-2 Modbus 通信工作过程

Modbus 通信工作过程如图 2-2 所示，主站可对各从站寻址，发出广播信息，从站返回信息作为对查询的响应。从站对于主站的广播查询，无响应返回。Modbus 协议根据设备地址、请求功能代码，发送数据、错误校验码，建立了主站查询格式。从站的响应信息也用 Modbus 协议组织，它包括确认动作的代码、返回数据和错误校验码。若在接收信息时出现一个错误或从站不能执行要求的动作，从站会组织一个错误信息，并向主站发送作为响应。

查询中的功能代码为被寻址的从站设备应执行的动作类型。数据字节中包含从站须执行功能的各附加信息，如功能代码 03 将查询从站，读保持寄存器，并用寄存器的内容作为响应。该数据区必须含有告诉从站读取寄存器的起始地址及数量、错误校验区的一些信息，并为从站提供一种校验方法，以保证信息内容的完整性。

从站正常响应时，响应功能码是查询功能码的应答，数据字节包含从站采集的数据，如寄存器值或状态。如出现错误，则修改功能码，指明为错误响应。另外，在数据字节中含有一个代码用来说明错误，错误检查区允许主站确认有效的信息内容。

另外，Modbus 采用主/从方式定时收发数据，在实际使用中如果某 Slave 站点断开后（如故障或关机），Master 端可以诊断出来，而当故障修复后网络又可自动接通。

Modbus 协议包括 ASCⅡ、RTU（remote terminal unit）、TCP 等传送方式，并没有规定物理层。此协议定义了控制器能够认识和使用的消息结构，而不管它们是经过何种网络进行通信的。

Modbus 协议需要对数据进行校验，串行协议中除有奇偶校验外，ASCⅡ方式采用 LRC 校验，RTU 方式采用 16 位 CRC 校验，但 TCP 方式没有额外规定校验（因为 TCP 是一个面向连接的可靠协议）。

RTU 与 ASCⅡ两种方式一般基于 RS-485，两者的选择取决于对通信速率的要求。对通信速率要求高的要用 RTU 方式，而对通信速率要求不高的可用 ASCⅡ方式。在用 ASCⅡ方式时，每组通信字符串要有开始标记和结束标记。表 2-1 给出 RTU 方式与 ASCⅡ方式的比较。

表 2-1 RTU 方式与 ASCⅡ方式的比较

项　目	RTU 方式	ASCⅡ方式
字节长度	8bit（二进制）	7bit（ASCⅡ 0～9，A～F）
奇偶检验	1bit（奇数或偶数时），0bit（无奇偶检验时）	1bit（奇数或偶数时），0bit（无奇偶检验时），与 RTU 方式相同
字节终止	1bit 或 2bit	1bit 或 2bit
开始标记	无	:（冒号）
结束标记	无	CR，LF（复归，改行）
数据间隔	24bit 传送时间以内	1s 以内
检验方式	CRC-16（循环冗余检验）	LRC（纵向冗余检验）

LRC 校验比较简单，它在 ASC Ⅱ 协议中使用，检测消息域中除开始的冒号及结束的回车换行号外的内容。它是把每一个需要传输的数据按字节叠加后取反加 1。

例如，要求 6 号从站向主站传送其保持型模拟量存储器地址 &h006B 后的 3 个数据。在 RTU 方式下该指令字符串的字节如下：

十六进制　　　06　03　00　6B　00　　　03　75（CRC）　A0（CRC）

在 ASC Ⅱ 方式下该指令字符串的字节可参照 ASC Ⅱ 字码表（图 2-3）。例如冒号、0 和 B 的字码分别是十六进制的 3A、30 和 42。

十六进制	3A	30	36	30	33	30	30	36	42	30	30	30	33	38	39	OD	OA
ASC Ⅱ	:	0	6	0	3	0	0	6	B	0	0	0	3	8（LRC）	9（LRC）	CR	LF

图 2-3　ASC Ⅱ 方式的格式

传送同样的指令，RTU 方式只用了 8 个字节，而 ASC Ⅱ 方式却用了 17 个字节。一般 ASC Ⅱ 方式总是需要用 RTU 方式两倍的字节量来传送同样的数据。

双向数据总是以从站地址编号开头的。在同一网络中，每个从站只响应发给自己（即以自己的编号为开头）的指令，而对发给其他从站的指令视而不见。当主站发的通信请求指令字符串以 00 为开头时，这个主站指令不是通信请求指令，而是通知型指令。这个通知型指令将会被所有的从站接收。从站地址一般通过 DIN 拨码开关或配置软件来设定。

2.2 ▪ Modbus 报文格式

Modbus 典型的指令格式如下：

地址域	功能码	数据起始地址	数据	冗余检验
1Byte（B）	1Byte	2Byte		2Byte
（MSB）				（LSB）

（1）Modbus 功能码

一个通信指令的具体内容取决于该指令的功能码。Modbus 功能码的含义如表 2-2 所示。

表 2-2　Modbus 功能码的含义

功能码（十六进制）	定　　义
01	读取内部数字量保持线圈状态
02	读取外部输入数字量线圈、继电器状态
03	读取内部模拟量保持存储器内容
04	读取外部输入模拟量存储器内容
05	设置单一内部数字量保持线圈状态
06	设置单一内部模拟量保持存储器内容
07	读取内部特定线圈状态
08	通信系统自诊测试
0F	设置一组内部数字量保持线圈状态
10	设置一组内部模拟量保持存储器内容

表 2-2 中的功能码使用的是十六进制，有些关于介绍 Modbus 的书中使用十进制，则 0F 为 15，10 为 16。不管使用十进制还是十六进制，实际上在通信监视软件上能看到的只是十六进制的字码。在阅读不同厂家的说明书时，应注意功能码的表达方式。

（2）Modbus 寄存器地址规定

从表 2-2 中可看出，多数功能码是从从站寄存器中读取数据或是往其中写入数据用的。为了理解各种功能码及其所代表的通信字符串的含义，先熟悉一下寄存器地址规定。大多数的 PLC 都采用同样的名称。

这里的"内部数字量保持线圈""外部输入数字量线圈、继电器""内部模拟量保持存储器""外部输入模拟量存储器"等都是通信的寄存器地址类型。这 4 种类型是最普通最常用的，下面详细解释这 4 种类型。

普通的 PLC 都可以安装信号输入 / 输出模块。输入 / 输出信号主要分为开关量信号和模拟量信号两大类。开关量信号是指从现场传送过来的阀门开或关的状态以及电机运行或停止的状态等信号，其示值只有"0"或"1"。模拟量信号是指从现场传送来的温度、压力、流量等信号，其示值是一个整数或实数，如 54.6℃、7.2kPa、45.3m³/h 等。从现场传送来的开关量信号储存在"外部输入数字量线圈、继电器"中。这些信号在经过"与""或""与非""或非"等逻辑运算后，其结果保存在"内部数字量保持线圈"的内部器件中。从现场传送来的温度、压力、流量等信号保存在"外部输入模拟量存储器"中。这些信号在经过计算后其结果保存在"内部模拟量保持存储器"中。大多数采用 Modbus 的厂家都规定用 0、1、3、4 起头来区分以上各内部器件的地址，如表 2-3 所示。

图 2-4 是对常用 Modbus 读写操作的总结。

表 2-3 Modbus 地址

地址（十六进制）	内部器件
0×××	内部数字量保持线圈
1×××	外部输入数字量线圈、继电器
3×××	外部输入模拟量存储器
4×××	内部模拟量保持存储器

图 2-4 Modbus 指令地址的访问关系

不同厂家的 PLC 对每个通信请求能要求的数据量有不同的限制，32 字、64 字、128 字、256 字不等。因此，主站应使其发出的通信请求指令中的数据量小于 PLC 的限制，否则出错。其中，模拟量寄存器的单位为字，1 字（Word）=2 字节（Byte）=16 位（bit）。

Modbus 中负数采用补码发送，例如 -7，因为是负数，则符号位为"1"，其余 7 位为 -7 的绝对值 +7 的原码 0000111 按位取反为 1111000，再加 1，所以 -7 的补码是 11111001。补码方式可以方便将符号位和其他位统一处理。

在 Modbus 中传输实数时，实数的表述是更上层的问题，并不是 Modbus 本身的任务。

Modbus 地址与通常所说的开关量输入（DI）、模拟量输入（AI）、开关量输出（DO）、模拟量输出（AO）是有区别的，在施耐德公司的产品（如昆腾 PLC）中，两者是一致的，但其他品牌 PLC 中，0××××、4×××× 并不对应开关量输出（DO）和模拟量输出（AO）。

在不同的 PLC 中，Modbus 地址可能是 5 位的，也可能是 6 位的。Modbus 的通信协议还规定在通信字报文中的地址比实际地址小"1"，即 Modbus 的地址从 1 开始，如 40001，而此地址在报文中为"内部模拟量保持存储器"的 0 地址，可以理解为报文中的地址为从起始位开始的偏移量。忽略此细节，在解读报文时将造成地址错位。

例如 S7-200 PLC 作为 Modbus 从站时，设置内部模拟量保持存储器地址从 VB0 开始，VW30 则为第 16 个寄存器，Modbus 地址为 40016（Modbus 地址是从 1 开始的），而在用 ModScan 或其他串口通信软件考察报文时，报文中此地址为 0F，查询该值发送：09 03 00 0F 00 01 B5 41。

（3）报文分析实例（十六进制）

功能码 01

格式	地址	功能码	寄存器地址	寄存器数量	CRC 码
主站报文	09	01	0000	0014	3D4D

格式	地址	功能码	返回字节数量	寄存器数据	CRC 码
09 从站	09	01	03	000000	3D06

"返回字节数量"由寄存器数据量的多少决定。

功能码 02

格式	地址	功能码	寄存器地址	寄存器数量	CRC 码
主站报文	09	02	0000	0001	B882

格式	地址	功能码	返回字节数量	寄存器数据	CRC 码
09 从站	09	02	01	00	A3E8

还是以 S7-200 为 9 号从站，当接通 I0.0 后，再次发送同样查询请求。

格式	地址	功能码	寄存器地址	寄存器数量	CRC 码
主站报文	09	02	0000	0001	B882

格式	地址	功能码	返回字节数量	寄存器数据	CRC 码
09 从站	09	02	01	01	6228

单独接通 I0.1 后，发送（H）：09 02 00 00 00 01 B8 82，接收（H）：09 02 01 00 A3 E8，10002（I0.1）的变化并没被返回，因为主站要查询 I0.0 一个位，所以尽管返回一个字节，但是 I0.1 的变化不被汇报。

当请求 4 个位时：

发送（H）：09 02 00 00 00 04 78 81；接收（H）：09 02 <u>01</u> <u>00</u> A3 E8（S7-200 输入全未接通时）。

发送（H）：09 02 00 00 00 04 78 81；接收（H）：09 02 01 <u>02</u> 22 29（I0.1 通时）。

发送（H）：09 02 00 00 00 04 78 81；接收（H）：09 02 01 <u>04</u> A2 2B（I0.2 通时）。

发送（H）：09 02 00 00 00 04 78 81；接收（H）：09 02 01 <u>08</u> A2 2E（I0.3 通时）。

发送（H）：09 02 00 00 00 04 78 81；接收（H）：09 02 01 <u>00</u> A3 E8（I0.4 通时）。没有反映出来 I0.4 的变化。

主站发送返回 9 个位的请求时：

发送（H）：09 02 00 00 00 09 B9 44。

接收（H）：09 02 <u>02</u> 00 00 58 79（访问 9 个位，返回 2 个字节）。

发送（H）：09 02 00 00 00 09 B9 44（主站再次发送请求）。

接收（H）：09 02 02 <u>80 00</u> 39 B9（I0.7 接通时，低字节在前）。

发送（H）：09 02 00 00 00 <u>14</u> 79 4D（主站请求 20 个位，返回 3 个字节）。

接收（H）：09 02 <u>03</u> 00 00 00 79 06。

功能码 03

格式	地址	功能码	寄存器地址	寄存器数量	CRC 码
主站	01	03	0001	0001	D5CA

格式	地址	功能码	返回字节数量	寄存器数据	CRC 码
01 从站	01	03	02	012C	B809

发送（H）：09 03 00 00 00 14 44 8d。

接收（H）：09 03 28…CRC。省略处为 40 字节数据（注意：报文中都是十六进制格式）

功能码 05

发送（H）：09 05 00 00 ff 00 8D 72；接收码相同（对 Q0.0 赋值 1）。

发送（H）：09 05 00 04 ff 00 CC B3；接收码相同（对 Q0.4 赋值 1）。

发送（H）：09 05 00 04 00 00 8D 43；接收（H）：09 05 00 04 00 00 8D 43（对 Q0.4 赋值 0）。

功能码 06

发送（H）：09 06 00 00 12 34 85 F5（向 0001 地址写入 1234H 数据）。

接收（H）：09 06 00 00 12 34 85 F5（接收与发送的相同）。

功能码 10

地址	功能码	寄存器地址	寄存器数量	字节数量	寄存器数据	CRC 码
发送（H）：01	10	0008	0001	02	0003	E719

地址	功能码	寄存器地址	寄存器数量	CRC 码	
接收（H）：01	10	0008	0001	800B	（表示操作正常）

例如：向 3 个寄存器地址连续写 3、4、5 三个数据。

发送（H）：09 10 00 00 <u>00 03</u> 06 <u>00 03</u> <u>00 04</u> <u>00 05</u> 3C 0A。

接收（H）：09 10 00 00 00 03 81 40（表示操作正常）。

（4）出错时从站的回信报文（十六进制）

Modbus 中规定了从站在无法应答主站指令时的回信报文，其格式如下：

从站地址	功能码	出错码	冗余检验
Slave Address	Function Code	Error Code	CRC-16 MSB LSB

例如从站在出错情况下的回信报文：

从站地址	功能码	出错码	冗余检验
1	81	02	C1 91

功能码 81 是由从主站发来的请求指令中的功能码 01 再加 80 组成的。若主站发来的请求指令中的功能码是 02 或 03，则相对于 02 或 03 的出错回信功能码为 82 或 83。紧接功能码之后的字节是出错码，Modbus 规定的标准出错码如表 2-4 所示。

表 2-4　Modbus 规定的标准出错码

出错码	出错内容
01	功能码出错
02	指定的地址出错
03	指定的数据量出错
04	从站自身原因无法应答所请求之数据或执行所要求之指令
05，06	从站无暇处理主站发来的通信请求指令
07	其他原因

01 功能码出错：从站不认识主站发来的通信请求指令中的功能码。有些厂家的 PLC 只使用 Modbus 规定的一部分功能码，当从站不认识主站发来的功能码时，从站就会返回 01 出错码。例如：

从站地址	功能码	出错码	冗余检验
1	81	01	81　90

02 指定的地址出错：主站发来的通信请求指令中的地址，在所请求的内部器件中不存在或者该地址被加密不能获取数据。例如通信请求中要求从站传送地址为 1666（十进制）后的 32 个保持线圈的状态，如果从站保持线圈的地址范围是 0 ～ 1012（十进制），那么从站就会返回 02 出错码。例如：

从站地址	功能码	出错码	冗余检验
1	81	02	C1　91

03 指定的数据量出错：主站发来的通信请求指令中指定的数据量，超出了所指定的存储该类型数据的内部器件的范围。假定从站保持线圈的地址是 0 ～ 1012（十进制），而主站的请求是要求从站传送地址为 996（十进制）后的 32 个保持线圈的状态（主站通信请求：01 01 03 E4 00 20 7D A1）。在这种情况下，996+32=1028＞1012，即超出了从站的范围，从站就会返回 03 出错码。例如：

从站地址	功能码	出错码	冗余检验
1	81	03	00　51

04 从站自身的原因无法应答所请求之数据或执行所要求之指令：作为从站的 PLC 本身有各种故障时，从站就会返回 04 出错码。其他类似 PLC 自身故障的情况，从站也会返回 04 出错码。例如：

从站地址	功能码	出错码	冗余检验
1	81	04	41　93

其他出错：由于其他程序的运行，从站无暇处理主站发来的通信请求指令时，从站就会返回 05 或 06 出错码。

当有上列原因以外的出错时，从站就会返 07 出错码。

无应答情况：

① 当主站发送的通信请求指令字符串为通知型（凡是以 00 起头的都被认为是通知型）

时，从站将不发出应答字符串，但执行该指令。

② 当主站发送的通信请求字符串所指向的从站地址不一致时，从站会认为该指令与己无关而不予理会。

③ 当主站发送的通信请求指令字符串与 Modbus 的规定不一样或者从站的冗余检验结果与所收到的冗余检验不一致时，从站可能不理会该指令。

有些厂家的 PLC 在收到不认识的字符串时自动发回一组规定的字符，以便于工程技术人员进行故障分析。

下面是 Modbus TCP/IP 报文：

000014-Tx：03 6D 00 00 00 06 01 03 00 00 00 0A

Client request：

03 6D：两个字节是主机发出的检验信息，从机只需将这两个字节的内容复制以后再放到 response 的报文的相应位置。

00 00：两个字节表示 TCP/IP 的协议是 Modbus 协议。

00 06：表示该字节以后的长度。

PDU：

· 01：设备地址。

· 03：功能码。

· 00 00：寄存器起始地址。

· 00 0A：寄存器的长度（10）。

000015-Rx：server response：03 6D 00 00 00 17 01 03 14 00 00 00 01 00 00 00 00 00 00 00 00 00 00 00 00 00 00 00 00

03 6D：检验信息。

00 00：表示 TCP/IP 的协议为 Modbus 协议。

00 17：表示该字节后的长度。

PDU：

· 01：设备地址。

· 03：功能码。

· 14：该字节后的字节数（20）。

例：10 功能码解析。

006157-Tx：34 3F 00 00 00 0B 01 10 90 3E 00 02 04 00 00 42 34

34 3F：校验信息。

00 00：TCP/IP。

00 0B：字节数。

01：设备地址。

10：功能码。

90 3E：寄存器地址。

00 02：寄存器数。

04：字节数。

00 00 42 34: float 型数据 4 字节存放

006158-Rx：34 3F 00 00 00 0B 01 10 90 3E 00 02（返回报文）

2.3 ■ **Modbus 测试软件**

Modbus 测试之前一般需要准备 RS-232 转 RS-485 模块，并正确设置串口或 USB 口通信参数。

ModScan 软件是调试 Modbus 项目最为常用的软件，主界面可以方便选择某个从站（Device Id）、起始地址（Address）、数据长度（Length）、地址类型（Modbus Point Type：00、01、03、04），并可以在此界面中对 0、4 地址赋值，如图 2-5 所示。也可切换到通信报文观察界面，如图 2-5（b）所示。

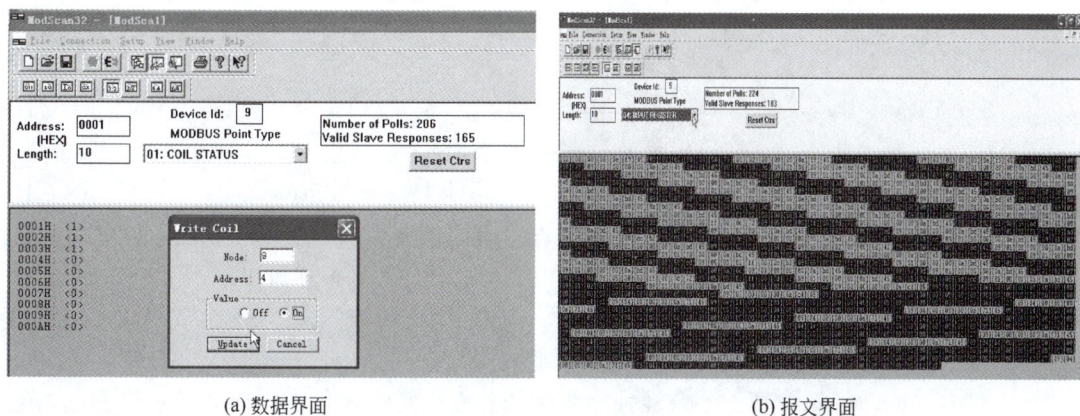

(a) 数据界面　　　　　　　　　　　　　　　(b) 报文界面

图 2-5　ModScan 界面

普通的串口通信调试软件也可以测试 Modbus（图 2-6），注意串口软件是按照字节显示的，0A 省略为 A，00 为 0。如发送（H）：9 2 0 0 0 1 B8 82；接收（H）：9 2 10 A3 E8 这样的表示。

图 2-6　串口通信软件调试 Modbus

普通串口软件需要半自动方式，把计算好的 CRC 校验位两个字节加在正文后，并手动发送，观察分析。

两种软件各有方便之处，注意退出软件时要释放占用的串口，才能改用另一种。

2.4 ▪ Modbus Plus 网络

Modbus Plus（简称 MB+）网［络］是 Schneider 公司推出的一种专为工厂级应用设计的工业局域网（图2-7），主要为其 PLC 产品提供一种网络通信协议，应用层采用 Modbus 协议。

图 2-7 MB+ 网络结构

（1）网络性能与主要技术指标

① 标准 MB+ 网最多可支持 32 个对等节点，通信距离为 450m。一个 MB+ 网可以分成一个或多个段，段与段之间用 RR85 中继器连接。一个 MB+ 网最多可以使用 3 个 RR85，使网络最大扩展到 64 个节点、1.8km 通信距离。当应用中需要访问多于 64 个节点或通信距离大于 1.8km 时，使用 BP85 网桥将多个 MB+ 网络连接在一起。

② 双缆结构，可靠性高，冗余性强。在两条独立电缆上通信，以每条信息检测两条电缆的完好性，一条电缆发生故障，系统自动切换到另一条电缆，同时故障电缆进入到故障统计状态。

③ MB+ 网络的分支接口采用 TAP 连接器，增强网络系统的抗干扰能力。通信电缆受到干扰，不会影响到整个网络，可将损失降低到最小。

④ 安装简单方便，为本地背板即插即用网络。

⑤ 全局数据表和对等数据表使 MB+ 网通信的建立、初始化和实现简便易行。

⑥ 遵循 IEEE 802.4 局域网标准，采用 NETB10S 网络编程接口。

⑦ 通信介质为低成本的双绞线或光缆。

⑧ 为令牌传递通信，通信速率为 1 Mbit/s。

MB+ 网具有高速、对等通信结构简单、安装费用低等特点。

MB+ 网可实现数据采集和远程编程、与操作员接口连接等功能；具有故障自诊断功能，使网络的维护和恢复更容易；网络为模块式结构，可根据实际要求配置成树形、星形、环形；网络具有良好的开放性，有利于管理。

MB+ 网上的节点均为对等逻辑关系，通过获得令牌来传递网络信息。网络中的每一个节点均分配一个唯一的地址，一个节点拥有令牌就可以与所选的目标进行信息传递，或与网络上所有节点交换信息。

MB+ 网的构成部件主要包括 PLC、RR85 中继器、BP85 网桥、BM85 网桥多路器等。

MB+ 网寻址是通过"节点"实现的，每段 MB+ 网最多有 64 个节点，每个节点都有唯一的值（1～64）来表示网络地址，节点地址不能重复，节点间通过一个 5 字节的网络路径来寻址，即通过网桥最多可将 5 个 MB+ 网串接，从 x 节点寻找 y 节点时，依次将从 x 到 y 的路径上所经过的网桥入口地址及 y 节点的网址依次写出，未占满 5 个字节时（即所跨网少于 4

个），后面补 0。最后一个非零值是 PLC 在网络上的节点地址。如图 2-8 所示寻址对象为 04.10.03.00.00，其中 04 为第一个网桥入口地址，10 为第二个网桥入口地址，03 为节点地址。

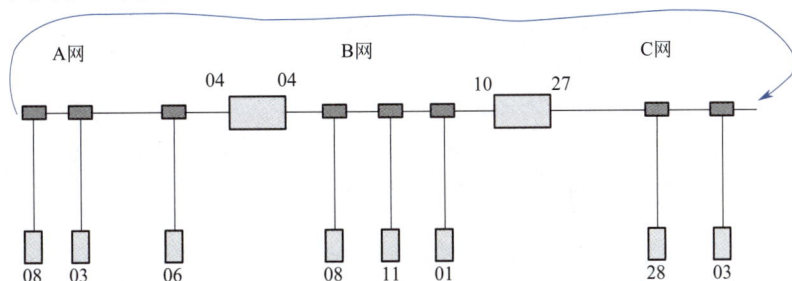

图 2-8　MB+ 寻址方式

（2）MB+ 通信类型

① 分布式 I/O。Quantum DIO 在 MB+ 网络上实现：通过 MB+ 端口，CPU 或 NOM 模块可以充当网络主站。Quantum DIO MB+ 子站适配器通过屏蔽双绞电缆将 Quantum I/O 模块连接到主站。DIO 子站模块还通过 DC 24 V 或 AC 115/230 V 电源为 I/O 供电（最大 3A）。

② 通过 Peer Cop 进行特定数据的多点交换。特定输入模块和输出模块提供使用多点传送协议（多站）的点到点服务。每条消息都包含用于传输数据的一个或多个接收地址。此功能使得无需重复操作，即可将数据转发到若干个工作站。利用 Peer Cop 技术，被访问的内容最多为 32 个字。

③ 在参与交换的所有节点之间广播交换全局数据。当节点传递令牌时，它最多可以向网络上的其他所有节点广播 32 个字（每个字 16 位）的全局信息。这些信息包含在令牌帧中。传送令牌时发送全局数据的过程是由每个节点的应用程序独立控制的。

全局数据可以由同一网络中其他节点上的应用程序访问。每个节点都维护一个表（PLC 可以修改自己的全局数据，并通过广播自动传送出去），其中包含网络上其他每个节点发送的全局数据。虽然只有一个节点接收令牌并传递，但是所有节点都会监听令牌传送并读取其内容。所有节点都会接收全局数据并将这些数据存储到全局数据表中。该表包含若干独立的存储区域，以存储每个节点的全局数据。每个节点的应用程序可以有选择地使用来自特定节点的全局数据，而其他应用程序可以忽略这些数据。每个节点的应用程序决定何时以及如何使用全局数据。

这样可以统一、快速地传送全局数据，而不必组合那些分散的消息，并将其分别传送到各个设备。用户的应用程序可以确定哪些数据项对远程网络上的节点有用，并在必要时转发这些数据项。

全局数据库限用于本地 MB+ 网段，因为令牌不能通过桥接设备传递到其他网络。

④ 根据 Modbus 协议通过消息服务进行点对点交换。

2.5 ■ PLC 的 Modbus 功能

2.5.1　S7-1200 的 Modbus 主 / 从站功能

Modbus 具有两种串行传输模式，分别为 ASC Ⅱ 和 RTU。S7-1200 采用的是 RTU 模式。

Modbus 是一种单主站的主 / 从通信模式，网络上只能有一个主站存在，主站在 Modbus 网络上没有地址，每个从站必须有唯一的地址，其中 0 为广播地址，从站的实际地址范围为 1～247。Modbus RTU 通信以主 / 从方式进行数据传输，在传输过程中，Modbus RTU 主站是主动方，即主站发送数据请求报文到从站，从站返回响应报文。

西门子 S7-1200 紧凑型 PLC 在当前有着广泛的应用，由于其性价比高，所以常被作为小型自动化控制设备的控制器。S7-1200 PLC 既可以作为 Modbus 从站工作，也可以作为主站工作。西门子 S7-1200 支持 Modbus RTU 通信的模块如表 2-5 所示。

表 2-5 西门子 S7-1200 支持 Modbus RTU 通信的模块

通信模块 / 通信板	订货号
CM 1241 RS-232	6ES7 241-1AH32-0XB0
CM 1241 RS-485	6ES7 241-1CH30-0XB0
CM 1241 RS-422/485	6ES7 241-1CH32-0XB0
CB 1241 RS-485	6ES7 241-1CH30-1XB0

使用通信模块 CM 1241 RS-232 作为 Modbus RTU 主站时，只能与一个从站通信。使用通信模块 CM 1241 RS-485 作为 Modbus RTU 主站时，允许最多与 32 个从站通信。报文以字节为单位进行传输，采用 CRC 校验，报文最长为 256B。

（1）组态 Modbus RTU 通信模块

在硬件目录里找到"通信模块"→"点到点"→"CM 1241（RS485）"，双击或拖拽此模块至 CPU 左侧 101 槽即可，如图 2-9 所示。

图 2-9 Modbus 模块的硬件组态

接下来，在"设备数据"中用鼠标选中 CM 1241（RS485）模块，在"属性"的"端口组态"中配置此模块硬件接口参数及操作模式：半双工（RS485）两线制，"波特率"为 9.6kbit/s，"奇偶校验"为无奇偶校验，"数据位"为 8 位字符，"停止位"为 1，其他保持默认设置，如图 2-10 所示。最后在"硬件标识符"里确认为 270。以下内容以此设置为例。

图 2-10　端口设置

（2）S7-1200 Modbus RTU 从站指令

随着 TIA Portal 软件和西门子 S7-1200 CPU 固件的不断更新，西门子 S7-1200 Modbus RTU 指令也出现了不同的版本。用户需要根据使用的软件和硬件，正确地选择符合要求的西门子 S7-1200 Modbus RTU 指令来实现 Modbus RTU 通信。

无论在从站方式时使用"MB_SLAVE"指令，还是在主站方式时使用"MB_MASTER"指令，与端口进行通信前，必须执行"MB_COMM_LOAD"指令对该端口进行组态。

① MB_COMM_LOAD 指令　MB_COMM_LOAD 指令如图 2-11 所示，下面给出各参数具体含义。

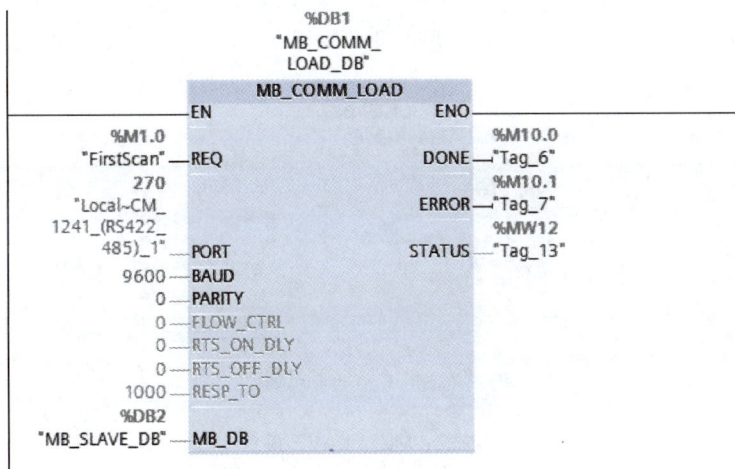

图 2-11　MB_COMM_LOAD 指令

a. REQ 上升沿执行指令。本例以开机脉冲 FirstScan 启动此功能。

b. PORT 通信端口的 ID。设备组态时插入通信模块后，端口 ID 就会显示在 PORT 框连接的下拉列表中。也可以在变量表的"常数"（Constants）选项卡中引用该常数。

c. BAUD 波特率选择：300、600、1200、2400、4800、9600、19200、38400、57600、76800、115200，其他值均无效。

d. PARITY 奇偶校验选择：0—无；1—奇校验；2—偶校验。

e. FLOW_CTRL 流控制选择：0—无流控制（默认值）；1—通过 RTS 实现的硬件流控制始终开启（不适用于 RS-485 端口）；2—通过 RTS 切换实现硬件流控制。

f. RTS_ON_DLY RTS 激活延时选择：0—到传送消息的第一个字符之前激活 RTS 无延时（默认值）；1 ～ 65535—在传送该消息的第一个字符前 RTS 激活的延时时间（单位为 ms）（不适用于 RS-485 端口）。根据所选的 FLOW_CTRL 使用 RTS 延时。

g. RTS_OFF_DLY RTS 关断延时选择：0—传送最后一个字符到"取消激活 RTS"之间没有延时（默认值）；1 ～ 65535—从发送消息的最后一个字符到"RTS 未激活"之间的延时时间（单位为 ms）（不适用于 RS-485 端口）。必须使用 RTS 延时，与 FLOW_CTRL 的选择无关。

h. RESP_TO 响应超时："MB_MASTER"允许等待从站响应的时间（单位为 ms）。如果从站在此时间内没有响应，则"MB_MASTER"将重复该请求，或者在发送了指定数目的重试后终止请求并返回错误。范围为 5 ～ 65535ms（默认值 =1000ms）。

i. MB_DB 为"MB_MASTER"或"MB_SLAVE"指令的背景数据块的引用。在程序中插入"MB_SLAVE"或"MB_MASTER"之后，数据块标识符会显示在"MB_DB"框连接的下拉列表中。

j. DONE 表示指令的执行已完成且未出错。

k. ERROR：0—未检测到错误；1—检测到错误，在参数 STATUS 中输出错误代码。

l. STATUS 端口组态错误代码。

在调试程序时，由于 MB 功能错误不是语法错误，所以编译时很难发现，当通信无法建立时，一定要看功能块本身提供的错误代码信息。具体含义在 TIA Portal 软件的电子版"帮助"中讲述得很详细，这里不再赘述。

② MB_SLAVE 指令　MB_SLAVE 指令如图 2-12 所示，下面给出各参数具体含义。

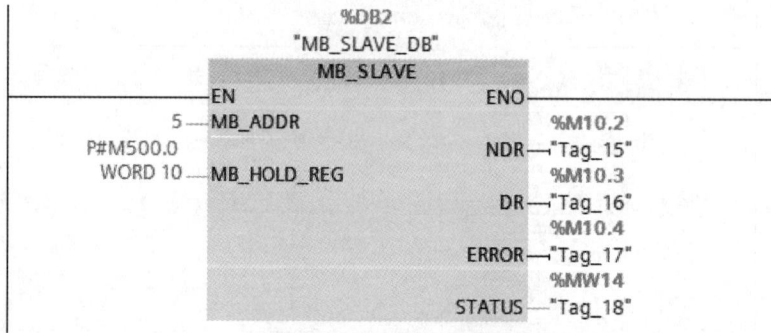

图 2-12　MB_SLAVE 指令

a. MB_ADDR：V1.0 版为 USINT 类型；V2.0 版为 UINT 类型；Modbus 从站地址范围为 0 ～ 255。

b. MB_HOLD_REG：指向 Modbus 保持寄存器数据块的指针。必须使用"标准 - 与 S7-300/400 兼容"访问类型创建该数据块。

c. NDR 新数据就绪：0—无新数据；1—表明 Modbus 主站已写入新数据。

d. DR 读取数据：0—未读取数据；1—表明 Modbus 主站已读取数据。

e. ERROR：0—未检测到错误；1—检测到错误，相应的错误代码在 STATUS 中输出。

f. STATUS 错误代码。

在程序中插入"MB_SLAVE"指令时，必须分配唯一的背景数据块。当在"MB_COMM_LOAD"指令的"MB_DB"参数中指定背景数据块时，将使用该背景数据块。

Modbus 通信功能代码 01、02、04、05 和 15 可以在目标系统的过程映像输入和过程映像输出中直接读写位和字。表 2-6 显示了 Modbus 地址到 S7-1200 CPU 中过程映像的映射。

表 2-6　Modbus 地址到 S7-1200 CPU 中过程映像的映射

代码	功能	数据区	地址范围	数据区	CPU 地址
01	读取位	输出	1 ~ 8192	过程映像输出	Q0.0 ~ Q1023.7
02	读取位	输入	10001 ~ 18192	过程映像输入	I0.0 ~ I1023.7
04	读取字	输入	30001 ~ 30512	过程映像输入	IW0 ~ IW32
05	写入位	输出	1 ~ 8192	过程映像输出	Q0.0 ~ Q1023.7
15	写入位	输出	1 ~ 8192	过程映像输出	Q0.0 ~ Q1023.7

Modbus 通信功能代码 03、06 和 16 使用单独的保持寄存器（4××××）。为此，可以使用位存储器或访问类型为"标准 - 与 S7-300/400 兼容"的数据块（非优化）。

使用"MB_SLAVE"指令的"MB_HOLD_REG"参数指定该保持寄存器的类型。表 2-7 显示了保持寄存器到目标系统中的 MB_HOLD_REG 数据块地址的映射。表 2-8 显示了受支持的 Modbus 诊断功能。

表 2-7　MB_HOLD_REG 数据块地址的映射

代码	功能	数据区	地址范围（字数）	数据块中的地址（字节数）	位存储器地址（字节数）
03	读取字	保持寄存器	40001 ~ 49999 或者 400001 ~ 465535	DB0 ~ DB19998 或者 DB0 ~ DB131068	
06	写入多字	保持寄存器	40001 ~ 49999 或者 400001 ~ 465535	DB0 ~ DB19998 或者 DB0 ~ DB131068	MB0 至 CPU 限值
16	写入字	保持寄存器	40001 ~ 49999 或者 400001 ~ 465535	DB0 ~ DB19998 或者 DB0 ~ DB131068	

表 2-8　S7-1200 "MB_SLAVE" Modbus 诊断功能

代码	子功能	说　明
08	0000H	返回查询数据回送测试："MB_SLAVE"指令将接收数据字的回送返回到 Modbus 主站
08	000AH	将通信事件计数器清零："MB_SLAVE"指令用于将 Modbus 功能代码 11 使用的通信事件计数器清零
11	—	获取通信事件计数器："MB_SLAVE"指令使用一个内部通信事件计数器记录发送到 Modbus 从站的成功 Modbus 读写请求的次数。对于任何功能 08、功能 11 或广播请求，该计数器不会递增。对于任何导致通信错误（例如奇偶校验或 CRC 错误）的请求，该计数器也不会递增

"MB_SLAVE"指令支持来自 Modbus 主站的广播写请求，前提是这些请求具有有效地址的访问权。

不论请求的有效性如何，"MB_SLAVE"都不会对 Modbus 主站的广播请求进行响应。

③ Modbus 从站通信规则　在"MB_SLAVE"指令与端口进行通信前，必须执行"MB_COMM_LOAD"对该端口进行组态。如果端口作为从站响应 Modbus 主站，则"MB_MASTER"不能使用该端口。只能有一个"MB_SLAVE"实例与给定端口一起使用。

Modbus 指令不使用通信中断事件来控制通信过程。程序必须通过针对已完成的发送和接收操作轮询"MB_SLAVE"指令，以控制通信过程。

"MB_SLAVE"指令必须以某个频率周期性执行，以便能够及时响应来自 Modbus 主站的入站请求。因此，建议在循环程序 OB 中调用该指令。虽然可以在中断 OB 中调用"MB_SLAVE"指令，但是不建议如此操作，因为该操作将延长执行的延时时间。

④ "MB_SLAVE"的执行频率 "MB_SLAVE"指令必须周期性执行，以接收来自 Modbus 主站的每个请求并根据需要进行响应。"MB_SLAVE"的执行频率取决于为 Modbus 主站指定的响应超时时间。

响应超时时间是指 Modbus 主站等待 Modbus 从站开始响应的时间量。此时间不是由 Modbus 协议定义，而是由每个 Modbus 主站的一个参数来定义。"MB_SLAVE"的执行频率（一次执行与下一次执行之间的时间）必须基于 Modbus 主站的特定参数。在 Modbus 主站的响应超时时间内，应至少执行"MB_SLAVE"两次。

（3）Modbus 主站命令

无论在从站方式时使用"MB_SLAVE"指令，还是在主站方式时使用"MB_MASTER"指令，与端口进行通信前，必须执行"MB_COMM_LOAD"对该端口进行组态。具体内容参见前面，此处略。Modbus 主站指令如图 2-13 所示。下面给出各参数具体含义。

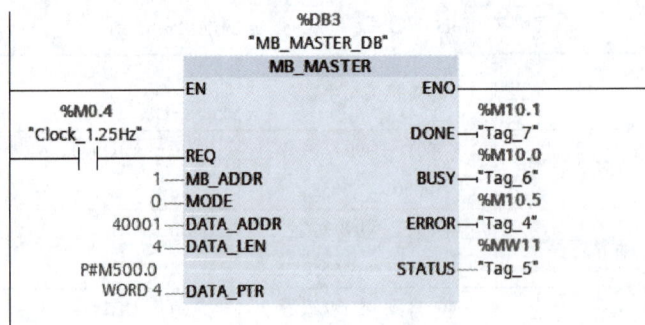

图 2-13 Modbus 主站指令

a. REQ 请求输入：0—无请求；1—请求将数据发送到 Modbus 从站。

b. MB_ADDR 为 Modbus RTU 站地址：默认地址范围为 0 ~ 247；扩展地址范围为 0 ~ 65535；值"0"已预留，用于将消息广播到所有 Modbus 从站。只有 Modbus 功能代码 05、06、15 和 16 支持广播。

c. MODE 模式选择：0—读；1—写。

d. DATA_ADDR 从站中的起始地址：指定 Modbus 从站中将供访问的数据的起始地址。可在 Modbus 功能表中找到有效地址。

e. DATA_LEN 数据长度。

f. DATA_PTR 指向 CPU 的数据块或位存储器地址，从该位置读取数据或向其写入数据。对于数据块，必须使用"标准 - 与 S7-300/400 兼容"访问类型（未优化）进行创建。

g. DONE：0—事务未完成；1—事务完成，且无任何错误，处理结束保持一个扫描周期的接通。

h. BUSY：0—当前没有"MB_MASTER"事务正在处理；1—"MB_MASTER"事务正在处理中。

i. ERROR：0—无错误；1—出错，错误代码由参数 STATUS 来指示。

j. STATUS：故障代码。

2.5.2　S7-1200 的 Modbus 应用实例

本例展示了 S7-1200 通过 Modbus 通信方便地获得伺服系统的位置信息，避免复杂回零操作的过程。某压装生产设备使用 S7-1200 作为控制器，控制三轴的位置伺服，图 2-14 给出其中一路（轴）的系统结构图。伺服系统选用松下 A6。A6 伺服驱动器除正常的控制功能外，具备 Modbus 功能，作为 MB 从站，接受主站（PLC）的访问，向其返回位置信息。

图 2-14　S7-1200 与伺服驱动器的关系

该设备采用读取编码器当前值方式回零，不用动作设备机械回零，使得在断电或过载等情况时回零非常方便，极大地提高了生产效率，也成为设备的优势所在。

如图 2-15 所示，A6 系列伺服电机采用 23 位高精度的绝对式编码器，单圈范围为 $2^{23}-1= 8388607$（7FFFFFH），有相应地址分别保存单圈和多圈的数据。其中，多圈数据由锂电池支持保持。

图 2-15　编码器脉冲数记录方式

根据手册，其 MB 通信的地址分别是单圈地址为 4202H，多圈地址为 4204H（Modbus 指令访问时，地址需要加 1）。伺服系统相关数据地址如表 2-9 所示。

表 2-9　伺服系统的相关数据地址

地址	寄存器名称	单位	范围	寄存器数	属性	内容
4200H	Encoder ID-L	—	0～255	1		编码器 ID-L
	Encoder ID-H	—	0～255			编码器 ID-H
4201H	Encoder status-L	—	0～255	1		编码器状态 -L
	Encoder status-H	—	0～255			编码器状态 -H
4202H	Encoder single turn data-L	—	0～255	2	Read-Only（只读）	编码器单圈数据 -L
	Encoder single turn data-M	—	0～255			编码器单圈数据 -M
	Encoder single turn data-H	—	0～255			编码器单圈数据 -H
4204H	Encoder Multi turn data-L	—	0～255	1		编码器多圈数据 -L
	Encoder Multi turn data-H	—	0～255			编码器多圈数据 -H

通过驱动器的面板，设置伺服驱动器的 Modbus 地址，*X*、*Y*、*Z* 三个轴的站地址分别为 2、3、4，通信速率为 9600kbit/s，8 位，偶校验。在开机脉冲"FirstScan"触发下一次性初始化。在 PLC 中初始化程序如图 2-16 所示。

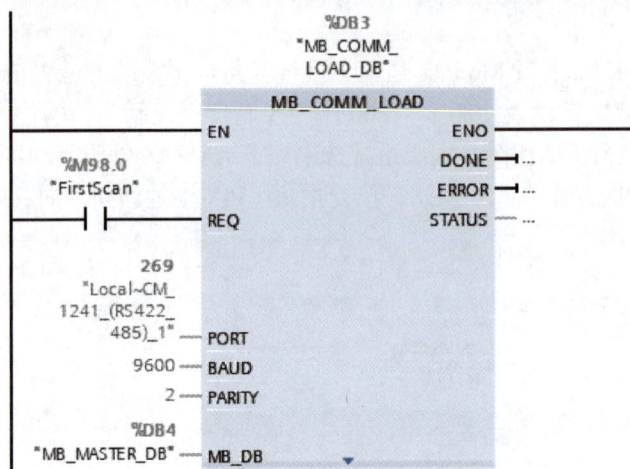

图 2-16 主站初始化功能

初始化完成且没有出错后，DONE 将保持为 TRUE 一个扫描周期。主站轮询各从站，使用"MB_MASTER"指令，如图 2-17 所示。MB_ADDR 是 Modbus 站地址，4202H 是十进制 16898，为单圈数据，根据表 2-9 中单圈多圈数据地址，将单圈数据连续 3 个 Word 读到 MW500、MW502、MW504 中。

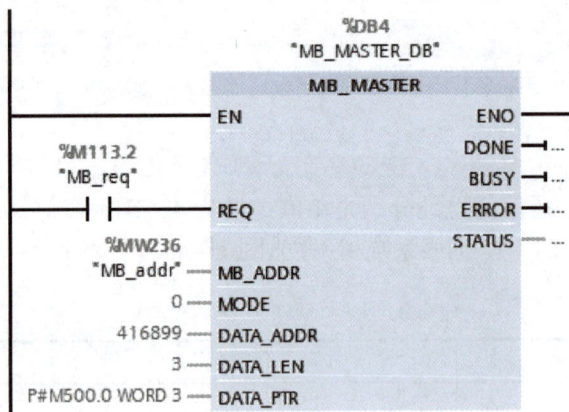

图 2-17 主站轮询功能

MC_Home 为各轴的回零指令，图 2-18 只给出其中 *X* 轴的指令格式，*Y* 轴和 *Z* 轴同此。其回零的功能具体如下。

Axis：工艺轴的名称。

Execute：上升沿执行。

Position：位置值。

Mode：回原点模式值。

• Mode=0：绝对式直接回零点，回零完成后，轴的位置值为参数"Position"的值。

图 2-18　"MC_Home" 回零指令

Mode=1：相对式直接回零点，轴的位置值等于当前轴位置 + 参数 "Position" 的值。

Mode=2：被动回零点，轴的位置值为参数 "Position" 的值。

Mode=3：主动回零点，轴的位置值为参数 "Position" 的值。

下面详细介绍 Mode（模式）=0 和 Mode（模式）=1。

Mode=0 绝对式直接回原点。该模式下的 "MC_Home" 指令触发后轴并不运行，也不会去寻找原点开关。指令执行后的结果是：轴的坐标值更新成新坐标，新坐标值就是 "MC_Home" 指令的 "Position" 引脚的数值。本例中，Position=0.0mm，则轴的当前坐标值也就更新成 0.0mm。该坐标值属于 "绝对" 坐标值，也就是相当于轴已经建立了绝对坐标系，可以进行绝对运动。MC_Home 的该模式可以让用户在没有原点开关的情况下进行绝对运动操作。

Mode=1 相对式直接回原点。与 Mode=0 相同，以该模式触发 "MC_Home" 指令后轴并不运行，只是更新轴的当前位置值。更新的方式与 Mode=0 不同，而是以在轴原来坐标值的基础上加上 "Position" 数值后得到的坐标值作为轴当前位置的新值。

Mode=2，3 时需要运动后回零，Mode=3 较为常用，具体回零的规则需要详查《STEP S7-1200 运动控制功能手册》，本书略。

用户可以通过对变量 "轴名称".StatusBits.HomingDone=TRUE 与运动控制指令 "MC_Home" 的输出参数 Done=TRUE 进行与运算来检查轴是否已回原点。

回零过程的顺序功能图如图 2-19 所示。置位 "MB_req"（即 M113.2）后，"MB_MASTER" 指令执行一次轮询，并复位 "MB_req"，等待下次启动，此处程序略。MC_Home 由 HMI 发出各轴回零指令。MC_Home_DB_X 为 X 轴回零背景 DB 块，每个轴的回零都完成后，返回初始步等待（跳转到正常工作循环）。为保证每步顺畅，加相应延时 1s。

图 2-20 程序给出其中 MBS6 步的内容，"whSclae" 为位置换算功能，将读取到的编码器的值转换为实际的坐标。具体如下：丝杠的螺距为 10mm，精度为 10/8388607=1.192 × 10^{-6}mm；读取单圈数据（SingleL，SingleH）换算为距离，再读取多圈数据 Mult，乘以螺距，相加即为当前位置。

上述即为通过 Modbus 快速回零的原理。在实际生产设备中，很多设备的再回零都需要这样的功能，该功能也成了设备发展的方向和设备的优势所在。

图 2-19 回零过程的顺序功能图（SFC）

图 2-20 编码器数值的转换过程

2.5.3 S7-200 的 Modbus 主 / 从站功能

2.5.3.1 S7-200 的从站功能

S7-200 CPU 上的通信口 Port0 可以支持 Modbus RTU 协议，成为 Modbus RTU 从站。要

实现 Modbus RTU 通信，需要 STEP7-Micro/WIN32 V3.2 以上版本的编程软件，而且须安装
STEP7-Micro/WIN32 V3.2 Instruction Library（指令库）。Modbus RTU 功能是通过指令库中预
先编好的程序功能块实现的。此功能通过 S7-200 的自由口通信协议模式实现，占用自由口
资源。正确添加完库指令后，在编辑环境中出现如图 2-21 所示的 Modbus Slave Port0 目录，
并包含 MBUS_INIT、MBUS_SLAVE 功能（子程序）。

如图 2-22 所示，编程时使用 SM0.1 调用子程序 MBUS_INIT 进行初始化，使用 SM0.0
在每个周期中调用 MBUS_SLAVE，并指定相应参数。关于参数的详细说明，可在子程序的
局部变量表的注释中找到。

图 2-21 添加 Port0 从站功能和 Port0/1
主站功能的 STEP7-Micro/WIN32 界面

图 2-22 S7-200 从站功能

MBUS_INIT 功能参数含义如下。

Mode 模式选择：启动 / 停止 Modbus，1—启动，0—停止。

Addr 从站地址：Modbus 从站地址，取值 1 ~ 247。

Baud 波特率：可选 1200、2400、4800、9600、19200、38400、57600、115200。

Parity 奇偶校验：0—无校验；1—奇校验；2—偶校验。

Delay 延迟时间：附加字符间延时，默认值为 0。

MaxIQ 最大 I/Q 位：参与通信的最大 I/O 点数，S7-200 的 I/O 映像区为 128/128，默认
值为 128。

MaxAI 最大 AI 字数：参与通信的最大 AI 通道数，可为 16 或 32。

MaxHold 最大保持寄存器区：参与通信的 V 存储区字（VW）。

HoldStart 保持寄存器区起始地址：以 &VB× 指定（间接寻址方式）。

Done 初始化完成标志：成功初始化后置 1。

Error 初始化错误代码。

MBUS_SLAVE 功能参数含义如下。

Done：Modbus 通信中时置 1，无 Modbus 通信活动时为 0。

Error 错误代码：0—无错误。

在 CPU 的 V 存储区中分配库指令数据区（library memory），相当于实例的私有数据区，此段地址不能用于其他用途。

由子程序参数 HoldStart 和 MaxHold 指定的保持寄存器区，是在 S7-200 CPU 的 V 存储区中分配的，此数据区也不能与其他用途有任何重叠，否则在运行时会产生错误，以致不能正常通信。注意，Modbus 中的保持寄存器区按"字"寻址，即 MaxHold 规定的是 VW 而不是 VB 的个数。

Modbus 地址对应关系如表 2-10 所示，其中 T 为 S7-200 中的缓冲区起始地址，即 HoldStart。如果已知 S7-200 中的 V 存储区地址，推算 Modbus 地址的公式为：Modbus 地址 $=40000+(T/2+1)$，其中 T 为偶数。

表 2-10　Modbus 地址对应关系表

Modbus 地址	S7-200 数据区
00001 ～ 00128	Q0.0 ～ Q15.7
10001 ～ 10128	I0.0 ～ I15.7
30001 ～ 30032	AIW0 ～ AIW1
40001 ～ 4××××	$T \sim T+2×(××××-1)$

2.5.3.2　S7-200 的主站功能

西门子在 STEP7-Micro/WIN V4.0SP5 中正式推出 Modbus RTU 主站指令库（西门子标准库指令）。安装 Toolbox_V32-STEP7-Micro-WIN32-Instruction-Library（西门子网站下载）后指令树中出现 Modbus RTU 主站指令库功能，如图 2-21 所示。

Modbus RTU 主站指令库功能是通过在用户程序中调用预先编好的程序功能块实现的，该库对 Port0 和 Port1 有效。

与从站功能一样，该指令库将设置通信口工作在自由口模式下，利用自由口协议编程，占用的资源不能被其他目的使用。Modbus RTU 主站指令库使用了一些用户中断功能，编其他程序时不能在用户程序中禁止中断。

Modbus RTU 主站指令库对 CPU 的版本有要求：CPU 的版本必须为 2.00 或者 2.01（即订货号为 6ES721*-***23-0BA*），1.22 版本之前（包括 1.22 版本）的 S7-200 CPU 不支持。

（1）MBUS_CTRL 初始化 Modbus 主站通信功能（图 2-23）

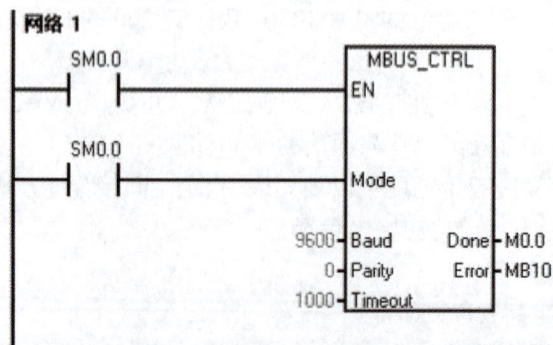

图 2-23　MBUS_CTRL 初始化 Modbus 主站通信功能

EN 使能：必须保证每一扫描周期都被使能（使用 SM0.0）。

Mode 模式：为 1 使能 Modbus 协议功能；为 0 时恢复为系统 PPI 协议。

Timeout 超时：主站等待从站响应的时间（以 ms 为单位），典型的设置值为 1000。该值的设置应保证从站有时间响应。

Done 完成位：初始化完成，此位会自动置 1。可以用该位启动 MBUS_MSG 读写操作。

Error 初始化错误代码：只在 Done 位为 1 时有效。0 为无错误；1 为校验选择非法；2 为波特率选择非法；3 为模式选择非法。

（2）MBUS_MSG 读写从站保持寄存器数据（图 2-24）

图 2-24　MBUS_MSG 读写从站指令

EN 使能：同一时刻只能有一个 MBUS_MSG 读写功能。每一个 MBUS_MSG 读写功能都用上一个 MBUS_MSG 指令的 Done 完成位来激活，以保证所有读写指令循环进行。

First 读写请求位：每一个新的读写请求必须使用脉冲触发。

Slave 从站地址：可选择的范围为 1～247。

RW 读写操作：0 表示读，1 表示写。

Addr 读写从站的数据地址：000001～000×× 为开关量输出，100001～100×× 为开关量输入，300001～300×× 为模拟量输入，400001～400×× 为保持寄存器。

Count 通信的数据个数（位或字的个数）：Modbus 主站可读写的最大数据量为 120 个字（是指每一条 MBUS_MSG 指令）。

DataPtr 数据指针：如果是读指令，读出的数据放到这个数据区中；如果是写指令，要写入的数据放到这个数据区中。

Done 读写功能完成位。

Error 错误代码：只有在 Done 位为 1 时，错误代码才有效。常见的错误及其错误代码如下。

如果多个 MBUS_MSG 指令同时使能，会造成 6 号错误；从站 delay 参数设置时间过长，会造成 3 号错误；从站掉电或不运行、网络故障，都会造成 3 号错误。

0—无错误。

1—响应校验错误。

2—未用。

3—接收超时（从站无响应）。

4—请求参数错误（从站地址、Modbus 地址、访问数量、读写等）。

5—Modbus/ 自由口未使能。

6—Modbus 正在忙于其他请求。

7—响应错误（响应不是请求的操作）。

8—响应 CRC 校验和错误。

图 2-25 库存储区分配地址

101—从站不支持请求的功能。

102—从站不支持数据地址。

103—从站不支持此种数据类型。

104—从站设备故障。

105—从站接收了信息，但是响应被延迟。

106—从站忙，拒绝了该信息。

107—从站拒绝了信息。

108—从站存储器奇偶错误。

由于 Modbus 库运行时需要一定数量的 V 寄存器，必须为其明确分配，否则会出现编译错误。库存储区分配地址界面如图 2-25 所示，该段地址一定不能被其他功能占用。向程序中添加功能块时，必须从库中双击调用，复制其他工程编译时也会出现编译错误。

2.5.4 Modbus 无线网络实例

Modbus 协议是实际的工业标准，广泛应用于各种工业控制领域，从 PLC 控制器到各种（智能）分站、远程 I/O、总线仪表，很多设备都提供对 Modbus 协议的支持，各种控制设备组成各种基于 RS-485 的控制网络。在受地域分散、工作环境特殊、气象条件复杂等因素限制而难以进行直接的有线通信的地方，Modbus 还可以采用无线数传方式或 GPRS/4G/5G 等方式构成控制网络。基于 PLC 的大范围、实时工业无线控制网络，可满足工矿企业自动化系统的发展需求。

（1）项目情况：组网方案

某自来水公司自动化项目，完成了对生产过程的监控，控制车间的分布如图 2-26 所示。项目对 1.5km 外分散的深井泵的无线控制，给施工和运行操作都带来了极大的方便。

图 2-26 控制车间的分布图

监控对象及其功能如下。

① 电力仪表：监视电气柜、电机的运行参数（三相电压、电流、有用功率等数据）。

② 压力、流量、液位等变送器。

③ 远程 I/O：PLC 的远程分站，现场设备，如泵的启停、调速以及状态监视等。

上述设备全部采用 Modbus 通信，只要设备间遵循 Modbus 协议，就可以简单方便地互连。国产的远程 I/O 模块、Modbus 仪表等 Modbus 从站设备大量涌现，这里均采用国产品牌。

通过 Modbus 网络采集来自传感器的信息，各变送器均通过 Modbus 上传实时数据而不是传统的 4～20mA 信号。

控制系统的结构如图 2-27 所示。

图 2-27　控制系统的结构

PLC 为西门子 S7-200 CPU 226，触摸屏为昆仑通态 12in（1in=25.4mm）彩屏。工控机安装 SCADA/HMI 监控软件。工控机、触摸屏与 PLC 之间采用以太网通信，采用工业 4 口以太网交换机进行数据交换。PLC 通过以太网模块 CP2413-1 完成以太网通信。

厂区内部配电室 45kW 变频柜、水处理车间空压机配电柜、加氯车间漏氯报警仪都作为从站与 PLC 通信。这些设备相对集中，彼此间距离近，采用 RS-485 有线方式通信。此通信段占用 PLC 的通信口 0。

深井泵房由于距水厂距离较远，并且需要实时回传流量信号，所以采用无线数传方案，无线数传产品为美国 GE MDS。此通信段占用 PLC 的通信口 1。

无线数传电台 MDS 工作在无线电的超短波段，采用数字信号处理和数字调制解调，具有前向纠错、均衡软判决等功能。它提供透明的数据传输，支持几乎所有的监控和数据采集协议和 EFM 协议，包括 Modbus 协议。它广泛应用于无人机通信控制、工业自动化、油田数据采集、铁路无线通信、煤矿安全监控系统、管网监控、水文监测系统、污水处理监控等领域。

无线数传电台提供标准的 RS-232 数据口，可直接与 PLC 控制器连接，传输速率为 19200bit/s，误码率低于 10^{-6}（-110dBm 时），发射功率为 0.5～25W 可调节。任何型号的无线数传电台可设置为主站或远程从站使用，无中转通信距离达 80km，能适应室内或室外恶劣的工作环境。无线数传电台可工作于单工、半双工、全双工方式，采用收发同频或异频中转组网，并具有远程诊断、测试、监控功能，能满足监控系统数据采集和控制需求。

（2）关键技术实现

PC Access 是西门子专门为 S7-200 开发的 OPC 服务器软件，兼容 OPC DA V2.05 标准，支持各种 S7-200 的通信协议。SCADA/HMI 上位机作为客户端来访问 S7-200 的数据。

S7-200 通过 CP2413-1 以太网模块连接到工业以太网中，也可与其他 S7-200、S7-300 或 S7-400 控制器进行通信；另外，也可以通过工业以太网和 STEP7-Micro/WIN，实现 S7-200

系统的远程编程、配置和诊断。CP2413-1 以太网模块还可提供与 S7-OPC 的连接。CP2413-1 既可以作为客户端，也可以作为服务器。以太网模块使用存储在 S7-200 V 内存中的配置信息生成以太网通信所需的连接。

STEP7-Micro/WIN 中以太网向导生成 ETH × _CTRL（图 2-28），每次扫描时调用。客户端以自己应用的具体上位机软件（例如 WinCC、组态王等）来连接 S7-200 Server 端。

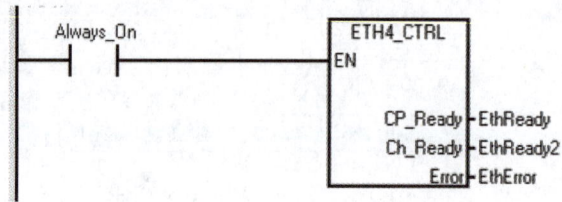

图 2-28　ETH × _CTRL 以太网指令

ETH × _CTRL 指令功能块中，EN 为指令使能；CP_Ready 为 Word 型，当以太网模块准备从其他指令接收命令时，CP_Ready 变为现用；Ch_Ready 为布尔型，Ch_Ready 有指定给每个通道的位，以显示该特定通道的连接状态，例如当通道 0 建立连接后，位 0 打开；Error 为 Word 型，包含模块状态。

（3）S7-200 Modbus 主站功能的实现过程

首先根据表 2-11 中各站的读写情况规划出对从站的轮询要求，对于通过 Port0 的网络，Modbus 从站共计需要 13 个 Modbus 操作，即标识 B0OP1 ～ B0OP13；对于通过 Port1 的网络，规划出 12 个操作，即标识 B1OP1 ～ B1OP12。

表 2-11　各站映射地址分配及从站规划

Port0 Modbus 从站及其相关操作				
分站（站号）	监控信号类型和数量	主站映射地址	操作定义	地点
供水控制器	AI 1Word	VB3052	B0OP1	配电室
	AO 1Word	VB3054	B0OP2	
电力仪表	Holding 41（29H）6 Word	VB3000	B0OP3	
远程 I/O	InputDI 1Word	VB3036	B0OP4	
	Coil 1Byte	VB3038	B0OP5	
电力仪表	Holding 41（29H）6 Word	VB3012	B0OP6	水处理车间
	Holding 41（29H）6 Word	VB3024	B0OP7	
压力变送器	InputAI 2Word	VB3048	B0OP8	
远程 I/O	InputDI 1Word	VB3040	B0OP9	
	Coil 1Byte	VB3042	B0OP10	
远程 I/O	InputDI 1Word	VB3044	B0OP11	机泵间
	Coil 1Byte	VB3046	B0OP12	
电磁流量计	InputAI 2Word	VB3050	B0OP13	

续表

Port1 Modbus 从站及其相关操作				
分站（站号）	监控信号类型和数量	主站映射地址	操作定义	地点
电力仪表	Holding 41（29H）6 Word	VW3100 ～ VW3110	B1OP1	深井泵房 1
远程 I/O	InputDI 1 Word	VW3124	B1OP2	
	Coil 1 Byte	VB3126	B1OP3	
电磁流量计	InputAI 2 Word	VW3128	B1OP4	
压力变送器	InputAI 2 Word	VW3132	B1OP5	
液位变送器	InputAI 2 Word	VW3134	B1OP6	
电力仪表	Holding 41（29H）6 Word	VW3112 ～ VW3122	B1OP7	深井泵房 2
远程 I/O	InputDI 1 Word	VW3136	B1OP8	
	Coil 1 Byte	VW3138	B1OP9	
电磁流量计	InputAI 2 Word	VW3140	B1OP10	
压力变送器	InputAI 2 Word	VW3144	B1OP11	
液位变送器	InputAI 2 Word	VW3146	B1OP12	

在 S7-200 Modbus 主站中，这些访问操作不能通过配置或组态设置完成，只能通过编写用户程序实现轮询功能。

程序可以通过指针方式循环完成批量访问操作，程序简练，但编制复杂，维护时的可读性差。反之，罗列出每个操作过程则编程思路简单，程序可读性强，易于修改。本例采用后一种方式编写。

① 初始化：按照前述格式用开机脉冲 SM0.1 调用 MBUS_CTRL 初始化功能。

② 对从站的读写操作：以 B0OP2 操作为例，如图 2-29 所示的网络 5 中，在 B0OP1 执行完成（B0MD1）并且 B0OP2 操作没有错误时（B0opErr 为错误标志），启动 B0OP2 的 MBUS_MSG 功能，即读取 5 号站 40041 开始的 6 个字放于 VB3012 起始的连续 6 个字中。

网络 6 中，在 B0OP2 操作结束之前如果有错误，则认为此操作完成（B0MD2），跳过错误站号。

网络 7 中，如果操作结束时出现错误的次数大于 0，则认为此站故障，下一次轮询时跳过此站，以免造成过大延迟而影响对其他从站的操控，并立即发出声光报警等待确认（GJ）。

网络 8 将上一次操作的完成标志复位。

注意：对每次操作的处理方法相同。

由于对现场数据的实时性程度要求不同，可以分配不同的访问频率；对于长时间不访问的从站，应采用通信心跳功能等处理，以及时监视从站在线情况；对于介质传输能力差的环境，可以考虑采用数据包拆分等处理。

图 2-29　主站访问某一个从站的功能实现

2.5.5　基于 GPRS/4G/5G 的控制网络

2.5.5.1　GPRS/4G/5G 网络工作原理

GPRS/4G/5G 广泛应用于地域分布广、难以敷设线缆的各种监控领域。GPRS/4G/5G 通信是基于移动通信 GPRS/4G/5G 网络的互联网通信，运营商（如中国移动、中国联通）的 GPRS/4G/5G 网络是互联网的一部分。

如果从互联网接入的角度看，中心站点和分站都是互联网的终端。中心站点负责通信管理和连接的部分用 DSC（data service center，数据业务中心）表示，分站负责通信管理和连接的部分用 DTU（data terminal unit，数据终端单元）表示。图 2-30 是一个点对多点使用 GPRS/4G/5G 通信的网络的示意图。在图中，主站和分站都分成了应用功能和与互联网连接的通信功能。为方便描述，用 DSC 和 DTU 与网络的关系代替中心站点和分站与网络的关系。通常所说的 GPRS/4G/5G 模块就是分站中的 DTU 部分。

IP 地址和 Socket 端口是互联网通信的基础。目标 IP 地址表达的是将数据送到哪里，端口号表达的是将数据送给哪个应用程序。

IPv4 地址所能表示的地址数量有限，为了使这个地址系统能够容纳更多的互联网终端，实际应用中往往采用给有些终端固定 IP 地址、给有些终端非固定 IP 地址的方式扩大 IP 地址的容量。一个固定 IP 地址的终端占用一个 IP 地址号码资源。一个非固定 IP 地址的终端只有在与网络连接后才由网络分配一个 IP 地址，当这个终端与网络断开连接后这个刚才分配的 IP 地址由网络收回。如果有其他非固定 IP 地址终端申

图 2-30　基于 GPRS/4G/5G 的控制网络结构

请使用，系统再将这些 IP 地址号分配给其他非固定 IP 地址终端使用。这种非固定、动态分配的 IP 地址称为动态 IP 地址。现实中的很多互联网终端都是动态 IP 地址终端，比如在家中上网的 ADSL 用户，使用 GPRS/4G/5G 上网的手机用户。

分站（DTU）采用什么样的 IP 接入方式，中心站点（DSC）采用什么样的 IP 接入方式，是建立 GPRS/4G/5G 网络所要介绍的重点。

分站（DTU）通过 SIM 卡成为移动运营商的用户，就像手机插上 SIM 卡才能通信一样。SIM 卡有两种 IP 地址方式，一种是动态 IP 地址方式，一种是固定 IP 地址方式。固定 IP 地址方式的 SIM 卡费用昂贵，大部分的 DTU 使用 GPRS/4G/5G 上网都是使用动态 IP 地址方式的 SIM 卡。

中心站点（DSC）往往处在上网条件好并且比较固定的位置。中心站点（DSC）的上网方式多种多样，既有动态 IP 地址方式（如 ADSL、4G/5G、无线上网等），也有固定 IP 地址的专线上网方式。

要通信就要知道对方的 IP 地址，如果对方的 IP 地址是动态的，就要有办法知道对方的动态 IP 地址，并能够将数据送达对方，这个过程就是 GPRS/4G/5G 模块的通信建立过程。根据 DSC 的 IP 地址是否固定，通信建立过程各不相同，主要有如下几种方式。

（1）DSC 是固定 IP 地址的网络形式

DSC 是固定 IP 地址的通信过程比较简单，对应关系明确。DTU 上线后，系统分配一个动态 IP 地址给这个 DTU。DTU 根据中心站点（DSC）的 IP 地址，将分配的动态 IP 地址和自己的站点号报告给 DSC，DSC 在自己的存储区中建立一个站点号和动态 IP 地址的对照表，这个表格叫注册表，完成的这个过程叫注册。

如果 DSC 要发起一次通信，DSC 首先要查找注册表，根据要通信的站点号找到相应DTU 的动态 IP 地址，根据这个动态 IP 地址发起通信。如果是 DTU 向 DSC 发起一次通信，由于 DSC 的 IP 地址是已知的，根据 DSC 的 IP 地址直接发起通信就可以了，数据到达 DSC后，DSC 查找注册表就能判断是哪个 DTU 发起的通信。

DTU 下线前要向 DSC 发送注销指令，DSC 收到注销指令后将注册表中关于这个站点的记录删除。

如果系统的 DSC 的 IP 地址是固定的，在 DTU 端需要设置 DSC 的 IP 地址和使用端口。在 DSC 端需要设置 IP 地址方式为固定 IP 地址。

（2）解析方式

IP 地址是每个上网终端的唯一地址，但 IP 地址很不容易记忆和联想。为了记忆和传播

方便，采用了给 IP 地址起一个容易记忆的名字的方法，给 IP 地址起的名字就叫域名。互联网上的地址是以 IP 地址的方式表达的，这就需要互联网上有一个将域名转换成 IP 地址的服务设备，这个设备就是域名系统（Domain Name System，DNS）。

域名系统中存储有大量域名与 IP 地址对应的表格，当终端向某域名传送数据时，终端首先将域名传给 DNS，DNS 将这个域名对应的 IP 地址传送给终端，终端获得 IP 地址后再将目标 IP 地址和数据一同传送给网络，网络将数据发送到对应 IP 地址的网络终端。

使用域名传输数据还有一个非常大的好处：如果终端的 IP 地址发生了变化，系统只需改变域名系统的表格内容。

使用动态域名解析方式组建图 2-30 中的网络，首先要申请一个域名并选择一个提供动态域名解析服务的网络服务商。

当无固定 IP 地址的 DSC 上网获得动态 IP 地址后，首先向 DNS 发送一个注册信息，将 DSC 自身的域名和动态 IP 地址在 DNS 注册。DTU 上网后要向网络发送域名解析申请，网络将 DSC 的动态 IP 地址传送给 DTU，这样就完成了动态域名解析的过程。DTU 在 DNS 上获得 DSC 的 IP 地址，之后的通信过程与 DSC 是固定 IP 地址的通信过程相同。

当 DSC 因某种原因下线后重新上线并重新获得新的 IP 地址时，DSC 要重新在 DNS 上注册。DTU 也会使用一种方法（通过 TCP/IP 的连接和 UDP 的心跳超时）感受到 DSC 下线。如果 DTU 感受到 DSC 下线，DTU 会重新向网络发送动态域名解析申请，获得 DSC 新的动态 IP 地址。

一般来说，DNS 由互联网运营商提供，比较著名的有"花生壳"等。

如果系统的 DSC 的 IP 地址是动态的，在 DTU 端需要设置 DSC 的动态域名和使用端口。

（3）中转方式

采用这种方式，无论是 DSC 还是 DTU 上网，都向数据中转服务器发送注册信息，注册信息说明了自己的站点号与动态 IP 地址。数据中转服务器在存储区中建立一个站点号和动态 IP 地址的对照表。

当站点要发送数据给另一个站点时，在发送数据中标明发送的目的站点和源站点，数据中转服务器根据目的站点查表找到目的站点的动态 IP 地址，将数据发送给目的站点。

数据中转服务器一般由 GPRS/4G/5G 模块的生产商提供，生产商的目的是为用户提供免费方便的连接服务，原理与 DNS 类似。

2.5.5.2 中心站点 IP 地址固定的控制网络

（1）项目要求与网络规划

某企业生产生活供水管网，12 个一次深水井分散在中央控制室周围，距离 500 ~ 1500m。供水系统采用计算机集中监控的控制方式，实现了泵房的无人值班、节能降耗和安全经济运行。

随生产用水量的变化，企业对一次水的需求量大幅变化，要求形成分布式控制系统，完成对 12 个一次深井泵的群控和优化控制，自动调整泵组的运行台数，并通过变频器调节，实现供水压力的闭环控制，在管网流量变化时达到稳定供水压力和节约电能的目的。

设备控制方式分为就地手动、集控手动、集控自动 3 种方式。集控自动方式下，在水位低于设定范围时，根据各深井泵的累计工作时间和各自的水位情况，自动找累计工作时间最短的泵将其启动，泵的启动间隔为 5min；在水位高于设定范围时，自动找工作时间最长的泵将其停止，间隔为 5min，直到液位恢复到设定的范围。

　　系统采用 GPRS 通信方式构建，主站采用固定 IP 地址接入 Internet；12 个分布式泵站的控制器（从站）选用 S7-200 PLC，控制系统结构如图 2-31 所示。生产生活供水系统、水处理系统、消防供水、原水池液位通过 DP 网络接入到 S7-300 中。

图 2-31　泵群控制系统结构

　　泵站的通信功能由 SINAUT MD720-3 GPRS 调制解调器、天线和 GPRS 通信管理软件 SINAUT Micro SC（集成 OPC 服务器）等实现。

　　SINAUT Micro SC 软件是一种带有特殊通信功能的 OPC 路由软件，能够建立与远程 S7-200 的连接与通信。SINAUT Micro SC OPC 开启专门的进程接收数据，开启另外线程对数据进行 OPC 接口封装。经过封装后的中心服务器形成 OPC 服务器。SCADA/HMI 作为 OPC 的客户端采集 OPC 服务器变量。

　　（2）重要的实现步骤

　　① 服务器端设置。由于 SINAUT MD720-3 默认的访问端口为 26862，在 SCADA 计算机的防火墙中定义一个 26862 端口的例外，以防止其被拦截。

　　在服务器端的路由器中，将 26862 端口数据设置为转发到 SCADA 计算机的 IP 地址。

　　SINAUT Micro SC OPC 服务器名为 M2MOPC.OPC.1，在计算机上可以访问，有的组态软件能够自动发现。

　　② PLC 端。对 SINAUT MD720-3 的访问是以调用库功能的形式完成的。SINAUT MD720-3 提供了如下功能块：WDC_INIT、WDC_SEND、WDC_RECEIVE、WDC_CONTROL、WDC_ONSENDCOMPLETE、WDC_ONCHAR。

　　在 S7-200 中要为功能块分出单独的存储区，这是 S7-200 通用的功能调用的方法。

　　S7-200 通过串口对 MD720-3 进行初始化，包括波特率、网关、终端类别的设置以及拨号工作都由初始化完成。中国移动在 GPRS 与 Internet 中间建立了许多相当于 ISP 的网关支持节点（GGSN），以连接 GPRS 与外部的 Internet。初始化工作完成之后，MD720-3 将获得一个动态 IP 地址，MD720-3 也就连入了互联网。

这样，在 S7-200 中根据提供的库函数，编写接收和发送程序就可以和控制中心进行远程通信了。这时，中心站点是 TCP 通信的服务器，MD720-3 作为 TCP 通信的客户端，客户端主动发送数据给服务器，而不是服务器轮询客户端。中心站点可以同时和多台 MD720-3 进行通信，除了接收数据外，也可以发送数据给 MD720-3，从而进行远程控制。

MD720-3 也可以实现类似 TC35 的接收和发送短信息的功能，但使用短信息功能时，GPRS 功能将会中断。

另外，通过 MD720-3 可以使用 STEP7 Micro/WIN 远程下载程序的功能。

OPC 更新速度的问题：更新速度一般在 OPC 中都可设置，过于频繁更新，则流量大费用高；过于缓慢更新，则不能反映现场的实时变化。更新可根据条件触发，或结合定时更新，或采用实时时钟同步、心跳等手段更新。

采用工控机作为系统的人机界面，运行组态软件与 PLC 进行通信，可对整个供水系统深井泵的工作情况进行实时监控，显示泵的运行状态和累计工作时间；可修改设定的参数；具有报警、自动记录和打印日报表、保存关键数据的历史记录、显示各种参数的历史曲线等功能。如图 2-32 所示。

图 2-32 一次水监控系统 SCADA/HMI

（3）应用：移动装备的远程监控

很多移动装备制造出厂后，都有跟踪使用情况的需求，这是很有意义的：可以监控指导生产过程，可以进行及时的故障诊断等。此时，固定 IP 地址太贵，ADSL+ 动态 DNS（固定域名）方式是一种经济实惠的方案。

各种国产组态软件提供了 GPRS 的配置与使用，如在组态王中建立虚拟串口设备，通过

GPRS/4G/5G 远程监控 PLC。使用虚拟串口应注意以下基本原则。

① 在一个虚拟串口上只能定义一个虚拟设备。

② 每个虚拟设备可以关联多个实际设备（设备的协议必须相同）。

③ 与每个虚拟设备关联的实际设备地址不能重复。

数传电台具有数据传输实时性好、有专用数据传输通道、一次建设投资、没有使用费用、组网结构灵活、适用于恶劣环境、稳定性好等优点。不足之处是由于在同一频点上同时只能有一个设备发送数据，以及覆盖范围因素，决定了网络的容量有限，而点对多点需要采用轮询方式，使实时性降低；数传电台的建设成本（发射塔、天线、基站投入与发射功率相关）较高，而城市建设对已建网络有很大影响，需要随时对网络进行调整，因此后期运行成本高。

GPRS/4G/5G 以全球移动通信系统（GSM）为基础，以其永久在线、通信速率高、支持 Internet 数据分组业务、通信费用低等特点，被广泛应用于各种无线网络遥控系统中。通过 GPRS/4G/5G 方式对 PLC 进行控制，就是充分利用既有的公用无线电话网络，无需建设网络，只需安装设备，建设成本低；基本没有通信距离的限制，支持短信传递，设备功率消耗小。不足之处是受制于公网覆盖范围与通信质量，网络安全性不高。

思考题

1. 在 Modbus 系统中有哪两种传输模式？各有什么特点？

2. 写出 Modbus 主 / 从设备查询 / 响应的过程。

3. Modbus 协议中功能码含义各是什么？

4. Modbus 协议中地址含义各是什么？

5. 总结 S7-200 PLC Modbus 通信的要点。

6. Modbus 通信中，主站向地址为 2 的从站发出读内部模拟量寄存器起始地址为 4 的 3 个字的请求，假设 CRC 校验码为 ABCDH，写出主从站的 Modbus 报文。

7. S7-1200 的功能块有哪些？其中 DB 又分为哪些？

8. 写出 DB1 的第 6 个字节、第 6 个字、第 6 个位的地址访问格式。

9. 在西门子 S7-1500 中，OB、FB、FC 都可以彼此调用吗？

10. 简述 S7-1200 做主站的完整实现过程？做从站的完整实现过程。

11. 指出西门子 PLC 中的 P#M500.0 WORD 10，P#DB3.DBX0.0 WORD 16 指针型数据的含义。

第3章

Profibus-DP 总线及其应用

3.1 ▪ Profibus 协议

Profibus 是 process field bus 的缩写，是面向工厂自动化和流程自动化的一种国际性现场总线标准。它已被广泛应用于制造业自动化、过程自动化等相关领域，在 PLC、传感器、执行器、低压电器开关等设备之间传递数据信息，承担着控制网络的各项任务。在欧洲市场中，Profibus 在开放性工业现场总线系统的市场占有率超过 40%。Profibus 有国际著名自动化技术装备的生产厂商支持，这些厂商都具有各自的技术优势并能提供广泛的优质新产品和技术服务。在全世界范围内，已安装的 Profibus 节点数以千万计。

Profibus 提供了三种通信协议类型，即 Profibus-DP、Profibus-PA 和 Profibus-FMS。图3-1 给出了 Profibus 的通信参考模型及子集间的关系。从图中可以看出，Profibus 通信参考模型参照了 ISO/OSI 参考模型的第 1 层（物理层）和第 2 层（数据链路层），FMS 还采用了第7 层（应用层），另外，增加了用户层。Profibus-DP 和 Profibus-FMS 的第 1 层和第 2 层相同，Profibus-FMS 有第 7 层，Profibus-DP 无第 7 层。Profibus-PA 有第 1 层和第 2 层，但与 DP/FMS 有区别，无第 7 层。在用户层，DP 与 PA 采用相同的用户接口（DDLM），DDLM 包

图 3-1　Profibus 协议结构

括 DP 基本功能和扩展功能。

　　Profibus 在现场与车间级数字通信中的布局如图 3-2 所示。这里要特别指出的是，最早出现的 FMS 规约并没有被纳入到国际标准 IEC 61158 中，它仍保留在 EN50170 中。FMS 目前的市场份额非常小，已经被基于工业以太网的 Profinet 所替代而逐渐退出了竞争。只有 DP（H2）和 PA（H1）被选入 IEC 61158。另外，在 Profibus 的应用中，绝大部分是基于 Profibus-DP 的，少量是基于 Profibus-PA 的。本书所讲的 Profibus 主要是指 Profibus-DP。

图 3-2　Profibus 的布局

（1）Profibus-DP

　　Profibus-DP 使用了第 1 层、第 2 层和用户层，第 3 层～第 7 层未使用，这种精简的结构确保了数据高速传输。直接数据链路映像程序（DDLM）提供对第 2 层的访问，在用户接口中规定了 DP 设备的应用功能以及各种类型的系统和设备的行为特性。

　　这种为高速传输用户数据而优化的 Profibus 协议，特别适用于可编程序控制器与现场级分散的 I/O 设备之间的通信。

　　第 2 层即现场总线数据链路层（FDL），采用基于 Token-Passing 的主 / 从分时轮询协议完成总线访问控制和数据正确传输。Profibus-DP 是本章的主要内容，稍后将详细讲解。

（2）Profibus-PA

　　Profibus-PA 使用扩展的 Profibus-DP 协议进行数据传输，同样采用 Token-Passing 的主 / 从分时轮询协议。此外，它执行规定现场设备特性的 PA 设备行规。传输技术依据 IEC 61158-2 标准，确保本质安全，通过总线对现场设备进行供电和传输数据。第 2 层和第 1 层之间的接口在 DIN19245 系列标准的第 4 部分作出了规定。通信速率固定为 31.25kbit/s，主要用于防爆安全要求高、通信速率低的过程控制场合，如石化企业的过程控制等。

　　DP 采用 NRZ 编码，波特率可变；而 PA 采用同步曼彻斯特编码，波特率固定。用曼彻斯特编码传输数据时，信号沿从 0 变到 1 时发送二进制"0"，信号沿从 1 变到 0 时发送二进制"1"。

　　数据的发送采用对总线系统的基本电流 I_B 调节 ±9mA 的方法来实现（图 3-3），传输介质是屏蔽 / 非屏蔽双绞线。总线段的两端用一个无源的 RC 线终端器来终止（图 3-4）。在一个 PA 总线段上最多可连接 32 个站。最大的总线段长度在很大程度上取决于供电装置、导线类型和所连接的站的电流消耗。

使用 Profibus-PA 协议，可以实现线形、树形和星形总线结构或它们的组合型结构。为了增加系统的可靠性，总线段可以用冗余总线段作备份。

图 3-3 Profibus-PA 的曼彻斯特编码

图 3-4 Profibus-PA 总线段的结构

使用段耦合器可将 Profibus-PA 设备很容易地集成到 Profibus-DP 网络之中，并使之实现两段间的透明通信。图 3-5 为 Profibus-PA 的典型应用。

图 3-5 Profibus-PA 的典型应用（带 DP/PA 段耦合器的总线配置）

事实上，PA=DP 通信协议 + 扩展的非周期性服务 + 作为物理层的 IEC 1158，称为 H1。PA 采用 DP 的基本功能来传送测量值和状态，并用扩展的 DP 功能来设定现场设备的参数和进行设备操作。PA 行规保证了不同厂商所生产的现场设备的互换性和互操作性，它是 PA 的一个组成部分。

目前，PA 行规已对所有通用的测量变送器和其他已选择的设备作了具体规定，这些设备包括：①测压力、液位、温度和流量的变送器；②数字量输入和输出；③模拟量输入和输出；④阀门；⑤定位器。

在 STEP7 中进行系统组态后，DP/PA 耦合器是可见的，可以通过 PLC 或自动化系统直接访问或分配地址给所连接的现场设备。

耦合器作为控制系统可见的网关，一方面作为 Profibus-DP 网络段的从站，另一方面作为 Profibus-PA 网络段的主站，耦合网络上所有的数据通信。这意味着在不影响 Profibus-DP 性能的情况下，将 Profibus-DP 与 Profibus-PA 结合起来。由于每个链路设备可以连接多个现场设备，而链路设备只占用 Profibus-DP 的一个地址，因此，整个网络所能容纳的设备数目大大增加。

3.2 ■ DP 的传输技术

3.2.1 传输编码

DP 传输中采用屏蔽双绞电缆和光纤两种介质，前者应用为多，传输符合 EIA RS-485 标准（也称为 H2）。

RS-485 和光纤通常使用 UART（异步收发器）的编码格式。在 UART 编码中，数据采用 NRZ（不归零）编码，每个字符由 UART 结构的 11 位构成，具体如下：

Start	D0	D1	D2	D3	D4	D5	D6	D7	Parity	Stop
"0"	0	1	2	3	4	5	6	7	even	"1"
	LSB	←	←	←	←	←		MSB		

其中，Start=0；Parity= 偶校验位；Stop=1。

为了保证数据准确传输，必须知道起始位和结束位。判断起始和结束的条件时要知道 DP 的数据传输速率。

两条 Profibus 数据线也常称为 A 线和 B 线。A 线对应于 RXD/TXD-N 信号，而 B 线则对应于 RXD/TXD-P 信号。在传输期间，二进制 "1" 对应于 RXD/TXD-P 信号的正电位，而对 RXD/TXD-N 信号则相反，如图 3-6 所示。

图 3-6 DP 用 NRZ 编码传输数据电平波形

3.2.2 总线段结构

DP 的 RS-485 总线段的结构如图 3-7 所示。数据传输速率从 9.6kbit/s 到 12Mbit/s 可选，所选用的数据传输速率应适用于连接到总线（段）上的设备。

根据 EIA RS-485 标准，在 A 线和 B 线的两端均加接总线终端器。Profibus 的总线终端器包含一个下拉电阻（与数据基准电位 DGND 相连接）和一个上拉电阻（与供电正电压 VP 相连接）。当在总线上没有站发送数据时，也就是说在两个报文之间总线处于空闲状态时，

图 3-7　DP 的 RS-485 总线段的结构

这两个电阻确保在总线上有一个确定的空闲电位。几乎在所有标准的 Profibus 总线连接器上都组合了所需要的总线终端器，而且可以由跳接器或开关来启动。

当总线系统的数据传输速率大于 1500kbit/s 时，由于所连接的站的电容性负载会引起导线反射，因此必须使用附加有轴向电感的总线连接插头。

3.2.3　电缆与连接器

对于 DP 的 RS-485 传输而言，最大允许的总线长度（亦称为段长度）取决于所选用的数据传输速率（表 3-1）。在一个总线段中最多可以运行 32 个站。

表 3-1　基于数据传输速率的最大段长度

数据传输速率 /（kbit/s）	9.6 ～ 187.5	500	1500	12000
段长度 /m	1000	400	200	100

表 3-1 中指出的最大段长度系指 Profibus 标准中电缆类型 A 的规定。在表 3-2 中列出了 A 型电缆的有关特性，B 型电缆已不再使用。

表 3-2　Profibus RS-485 A 型电缆的特性

浪涌阻抗	$135 \sim 165\,\Omega$，测量频率为 3 ～ 20MHz 时
电缆电容	$< 30\mu F/m$
缆芯截面积	$> 0.34\mu F/mm^2$，依据 AWG22
电缆类型	双绞线，1×2 或 2×2 或 1×4 导线
回路电阻	$< 110\,\Omega/km$
信号衰减	在电缆区段的整个长度内最大 9dB
屏蔽	铜网屏蔽或箔网屏蔽

国际性的 Profibus 标准 EN50170 推荐使用 9 针 D 型连接器（表 3-3），用于总线站与总线的相互连接。D 型连接器的插座与总线站相连接，而 D 型连接器的插头与总线电缆相连接。用黑体字标出的信号是强制性的，它们必须可供使用。

表 3-3　9 针 D 型连接器针脚分配

外形	针脚号	信号名称	设计含义
	1	SHIELD	屏蔽或功能地
	2	M24	24V 输出电压的地（辅助电源）
	3	RXD/TXD-P	接收 / 发送数据 - 正，B 线
	4	CNTR-P	方向控制信号 P
	5	DGND	数据基准电位（地）
	6	VP	供电电压 - 正
	7	P24	正 24V 输出电压（辅助电源）
	8	RXD/TXD-N	接收 / 发送数据 - 负，A 线
	9	CMTR-N	方向控制信号 N

Profibus-DP 电缆和连接器如图 3-8 所示。

(a) A型屏蔽双绞线电缆　　(b) 9针D型插头(编程型连接器)　　(c) 普通9针D型插头

图 3-8　Profibus-DP 电缆和连接器

3.2.4　RS-485 中继器

Profibus 系统是一个两端有有源终端器的线性总线结构，亦称为 RS-485 总线段。根据 RS-485 标准，在一个总线段上最多可连接 32 个 RS-485 站。与总线连接的每一个站，无论是主站还是从站，都表现为一个 RS-485 电流负载。

在一个 Profibus 系统中需要连接的站多于 32 个时，必须将它分成若干个总线段（segment），在各总线段上最多有 32 个站，每个总线段彼此由中继器（也称线路放大器）相连接，中继器起放大传输信号的电平的作用。按照 EN 50170 标准，在中继器传输信号时不提供位相的时间再生（信号再生）。由于存在位信号的失真和延迟，因此 EN 50170 标准限定串接的中继器数为 3 个。这些中继器单纯起线路放大器的作用。但实际上，在中继器线路上已实现了信号再生，因此可以串接的中继器数与所采用的中继器型号和制造厂家有关。例如，由西门子生产的采购型号为 6ES7 972-0AA00-0XA0 的中继器，最多可串接 9 个。

两个总线站之间的最大距离与波特率有关，规定了适用于中继器 6ES7 972-0AA00-0XA0 的值，两个总线站之间的最大距离与波特率关系参见表 3-1。

图 3-9 所示的原理框图描述了 RS-485 中继器的以下特性。

① 总线段 1、PG/OP- 插座和总线段 2 彼此是电气隔离的。

② 总线段 1、PG/OP- 插座和总线段 2 之间的信号被放大和再生。

③ 对于总线段 1 和 2，中继器具有可连接的终端电阻。

④ 去掉跨接桥 M/PE 后，中继器可以浮地运行。

图 3-9 RS-485 中继器原理框图

图 3-10 基于 RS-485 的总线结构

在 Profibus 配置中，只有使用中继器才能实现可能的最大站数。此外，中继器还可以用来实现"树形"和"星形"总线结构。另外，还可以是浮地的结构，在这种类型的总线结构中，总线段是彼此隔离的，且必须使用一个中继器和一个不接地的 24V 电源。

对于 RS-485 接口而言，中继器是一个附加的负载，因此在一个总线段内，每使用一个 RS-485 中继器，可运行的最大总线站数就必须减少 1。这样，如果此总线段包含一个中继器，则在此总线段上可运行的总线站数为 31，主从均可。由于中继器不占用逻辑的总线地址，因此在整个总线配置中的中继器数对最大总线站数无影响。

基于 RS-485 的总线结构如图 3-10 所示。

3.2.5 光纤网络

Profibus 第 1 层的另一种类型是以 PNO（Profibus 用户组织）的规则——"用于 Profibus 的光纤传输技术"为基础的，它通过光纤中光的传输来传输数据。光纤允许 Profibus 系统站之间的最大距离为 15km，同时光纤对电磁干扰不敏感，并能确保总线站之间的电隔离。近年来，由于光纤的连接技术已大大简化，因此这种传输技术已经普遍地用于现场设备的数据通信，特别是采用塑料光纤的简单单工连接器成为重要发展方向。

用于数据传输的光纤技术已经为新型的总线结构的发展铺平了道路（如环形、线形、树形或星形结构）。光链路模块（OLM）可以用来实现单光纤环和冗余的双光纤环（图

3-11）。在单光纤环中，OLM 通过单工光缆相互连接，如果光缆断了或 OLM 出现了故障，则整个环路将崩溃。在冗余的双光纤环中，OLM 通过两条双工光纤电缆相互连接，如果两条光缆中的一条出现故障，OLM 将作出反应并自动切换总线系统为线形结构。适当的连接信号指示传输线的故障并传送出这种信息以便进一步处理。一旦光纤中的故障排除，总线系统即返回到正常的冗余双光纤环状态。

图 3-11　冗余的双光纤环网

（1）总线光纤

用玻璃或塑料纤维制成的光缆可用作传输介质。目前玻璃光纤单模能处理的连接距离达到 15km，多模达到 2 ～ 3km，塑料光纤可达到 80m。

（2）总线连接

为了把总线站连接到光纤上，有如下连接技术可以使用。

① OLM（optical link module）技术。类似于 RS-485 的中继器，OLM（光链路模块）有两个功能隔离的电气通道，并根据不同的模型占有一个或两个光通道。OLM 通过一条 RS-485 导线与各总线站或总线段相连接（图 3-12）。

图 3-12　使用 OLM 技术的总线型网络

OLM 有 G11 模块、G12 模块两种，前一个数字 1 代表 1 个 RS-485 电气接口，后一个数字代表 1 个或 2 个光纤接口。在一条光链路上，两端用 G11 模块，光链路的中间可以用

G12 模块，这样比较节约成本。

② OLP（optical link plug）技术。OLP（光链路插头）可以用在一条光链路的两段或者用来连接成单光纤环。如图 3-13 所示，OLP 直接插入总线从站的 9 针 D 型连接器。OLP 由总线站供电而不需要自备电源。但总线站的 RS-485 接口的 +5V 电源必须保证能提供至少 80mA 的电流。

主动总线站（主站）与 OLP 环连接总需要一个 OLM。

图 3-13　使用 OLP 技术的单光纤环路

③ 集成的光缆连接。使用集成在设备中的光纤接口，将 Profibus 节点与光缆直接连接。

3.3 ▪ DP 总线存取控制

DP 的总线存取控制满足了现场总线技术在两个主要应用领域的重要需求，这两个领域就是制造自动化和过程自动化。一方面，同一级的可编程序控制器或 PC 之间的通信必须使每一个总线站（节点）在确定的时间范围内能获得足够的机会来处理它自己的通信任务。另一方面，复杂的 PLC 或 PC 与简单的分散的过程 I/O、外围设备之间的数据交换必须是快速的且要尽可能使协议开销少。

为此，DP 使用混合的总线存取控制机制来实现上述目标。它包括用于主动节点（主站）间通信的分散的令牌传递机制和用于主动站（主站）与被动站（从站）间通信的集中的主/从机制。

当一个主动节点获得令牌时，它就接手了主站功能并在总线上与其他从站和主站节点进行通信。在总线上的报文交换是用节点编址的方法来组织的。每个 DP 节点有一个地址，而且此地址在整个总线上必须是唯一的。在一条总线内，最大可使用的站地址范围是 0～126。这就是说，一个总线系统最多可以有 127 个节点。

DP 总线存取控制方式允许有如下的系统配置。

① 纯主/主系统（令牌传递机制）。

② 纯主/从系统（主/从机制）。

③ 两种结构的组合。

DP 总线存取控制机制与所使用的传输介质无关，不论网络使用的是铜质电缆还是光纤，效果一样。DP 总线存取控制机制符合欧洲标准 EN 50170V.2 中规定的令牌总线机制和主/从机制。

3.3.1　DP 中的设备类型

每个 DP 系统包括 3 种类型的设备：1 类 DP 主站（DPM1）、2 类 DP 主站（DPM2）和 DP 从站。

① 1 类 DP 主站（DPM1）：DPM1 是中央控制器，它在预定的周期内，循环地与分散的站（如 DP 从站）交换信息。DPM1 实现总线通信控制与管理。通常 1 类 DP 主站为 PLC、NC 或 PC 控制系统中的 PC。

② 2 类 DP 主站（DPM2）：DPM2 是编程器、组态设备或操作面板，在 DP 系统组态操作时使用，实现对系统的操作和监视的目的，具体为各站点的数据读取、系统组态、监视、故障诊断等。一般同一总线上只有一个 2 类 DP 主站。

1 类 DP 主站和 2 类 DP 主站的区别在于：1 类 DP 主站可以主动地、周期性地与其所组态的从站进行数据交换，同时也可以被动地与 2 类 DP 主站进行通信；2 类 DP 主站作为"监控"主站，可以非周期性地与其他主站、它们的从站或自己的从站进行组态、诊断、参数设置或数据交换。

③ DP 从站：是进行输入信息采集和输出信息发送的外围设备，是带数字量或模拟量输入输出的 I/O 设备、驱动器、阀门等。具体包括以下多种设备。

a. PLC（智能型 I/O）：PLC 可作为 DP 主站的一个从站。PLC 自身存储有程序，PLC 的 CPU 部分执行程序并按程序驱动 I/O。作为 DP 主站的一个从站，在 PLC 的存储器中有一段特定区域作为与 DP 主站通信的共享数据区。DP 主站可通过通信间接控制 PLC 的 I/O。

b. 分散式 I/O（非智能型 I/O）：通常由电源部分、通信适配器部分及接线端子部分组成。分散式 I/O 不具有程序存储和程序执行功能，通信适配器部分接收主站指令，按主站指令驱动 I/O，并将 I/O 输入及故障诊断等返回给主站。通常分散式 I/O 由主站统一编址，这样在主站编程时使用分散式 I/O 与使用主站的 I/O 没有什么区别。

驱动器、传感器、执行机构等现场设备（即带 Profibus-DP 接口的现场设备），可由主站在线完成系统配置、参数修改、数据交换等操作。至于哪些参数可进行通信，以及参数格式，由 Profibus-DP 行规决定。

3.3.2　令牌总线机制

连接到 Profibus 网络的主动节点（主站）按其总线地址的升序组成一个逻辑令牌环，如图 3-14 所示。在逻辑令牌环中，主动节点是一个接一个地排列的，控制令牌总按这个顺序从一个站传递到下一个站。令牌提供访问传输介质的权力，并用特殊的令牌帧在主动节点间传递。具有总线地址 HAS（最高站地址）的主动节点例外，它只传递令牌给具有最低站地址的主动节点，以此使逻辑令牌环闭合。

令牌经过所有主动节点轮转一次所需的时间叫做令牌轮转时间。用可调整的令牌时间 T_{TR}（目标令牌循环时间）来规定现场总线系统中令牌轮转一次所允许的最大时间。在多主站网络中，令牌调度必须保证每个主站有足够的时间完成其通信任务。

逻辑令牌环

图 3-14 DP 多主站的令牌机制

站点的令牌持有时间为 T_{TH}（接收令牌后可用于完成通信任务的时间），令牌实际循环时间为 T_{RR}。

在总线初始化和启动阶段，总线访问控制（也称 MAC，即介质访问控制）通过辨认主动节点来建立令牌环。为了管理和控制令牌，MAC 程序首先自动地判定总线上所有主动节点的地址，并将这些节点及它们的节点地址都记录在 LAS（主动站表）中。对于令牌管理而言，有两个地址概念特别重要：PS 节点（前一站）的地址（即下一站是从此站接收到令牌的）和 NS 节点（下一站）的地址（即令牌传递给此站）。在运行期间，为了从令牌环中去掉有故障的主动节点或增加新的主动节点到令牌环中而不影响总线上的数据通信，也需要 LAS。

在总线系统初建时，主站 MAC 的任务是制定总线上的站点分配规则并建立逻辑令牌环。在总线运行期间，断电或损坏的主站必须从逻辑令牌环中排除，新上电的主站必须加入逻辑令牌环。

多主站系统中主站与各自从站构成相互独立的子系统。每个子系统包括一个 DPM1、指定的若干从站及可能的 DPM2 设备。任何一个主站均可读取 DP 从站的输入 / 输出映像，但只有一个 DP 主站允许对 DP 从站写入数据。图中两个主站访问同一从站的功能在 MS2 通信中实现。

3.3.3 DP 设备间的通信关系

2 类 DP 主站是编程装置，是能够诊断和管理设备的主站。除了已经描述的 1 类 DP 主站的功能外，2 类 DP 主站通常还支持下列特殊功能。

① RD_Inp 和 RD_Outp。在与 1 类 DP 主站进行数据通信的同时，用这些功能可读取 DP 从站的输入和输出数据。

② Get_Cfg。用此功能读取 DP 从站的当前组态数据。

③ Set_Slave_Add。此功能允许 DPM2 分配一个新的总线地址给一个 DP 从站。当然，此从站是支持这种地址定义方法的。

此外，2 类 DP 主站还提供了一些功能用于与 1 类 DP 主站的通信。

可以将 1 类 DP 主站、2 类 DP 主站和 DP 从站组合在一个硬件模块中形成一个 DP 组合设备。实际上，这样的设备是很常见的。一些典型的组合设备如下。

①1 类 DP 主站与 2 类 DP 主站的组合。

②DP 从站与 1 类 DP 主站的组合。

图 3-15 和表 3-4 列出了各类 DP 设备的基本功能及设备间通信关系，包括调用时所使用的 SAP 号及在数据链路层所使用的服务形式。

图 3-15　DP 中各类设备间通信关系

表 3-4　DP 设备的基本功能及设备间通信关系一览表

功能 / 服务 依据 EN 50170	DP 从站 Requ/Resp	DP 主站（1 类） Requ/Resp	DP 主站（2 类） Requ/Resp	使用的 SAP 点	使用的第 2 层服务
Data_Exchange	M	M	0	默认 SAP	SRD
RD_Inp	M		0	56	SRD
RD_Outp	M		0	57	SRD
Slave_Diag	M	M	0	60	SRD
Set_Prm	M	M	0	61	SRD
Chk_Cfg	M	M	0	62	SRD
Get_Cfg	M		0	59	SRD
Global_Control	M	M	0	58	SDN
Set_Slave_Add	0		0	55	SRD
M_M_Communication		0	0	54	SRD/SDN
DPVIServices	0	0	0	51/50	SRD

注：Requ—请求方；Resp—响应方；M—强制性功能；0—可选功能。

3.3.4　主 / 从通信机制

一个网络中有若干个被动节点（从站），而它的逻辑令牌环只含一个主动节点（主站），这样的网络称为纯主 / 从系统（图 3-16）。典型的 Profibus-DP 总线配置是以此种总线存取控制机制为基础的，一个主动节点循环地与被动节点交换数据。

图 3-16 DP 单主站结构

图 3-17 在 DP 主站上处理轮询表的情况

在主/从结构中，DP 主站可以主动发送信息给 DP 从站或从 DP 从站获取信息。DP 从站是被动节点，在没有接收 DP 主站的请求时，绝对不能主动发出信息占据总线，只有当 DP 主站请求时总线上的 DP 从站才可能活动。DP 从站被 DP 主站按轮询表依次访问，DP 主站与 DP 从站间的用户数据可以连续地交换而不需考虑用户数据的内容。图 3-17 指出在 DP 主站上是怎样处理轮询表的，DP 主站与 DP 从站间的一个报文循环由 DP 主站发出的请求帧（轮询报文）和由 DP 从站返回的有关应答或响应帧组成。DP 从站只与装载此从站的参数并组态它的 DP 主站交换用户数据。DP 从站可以向此主站报告本地诊断中断和过程中断。

在 DP 主站与 DP 从站交换用户数据之前，DP 主站必须定义 DP 从站的参数并组态此 DP 从站。为此，DP 主站首先检查 DP 从站是否在总线上，如果是，则 DP 主站通过请求 DP 从站的诊断数据来检查 DP 从站的准备情况。当 DP 从站报告其已准备好参数定义时，则 DP 主站装载参数集和组态数据。DP 主站再请求 DP 从站的诊断数据以查明 DP 从站是否准备就绪。只有在这些工作完成后，DP 主站才开始循环地与 DP 从站交换用户数据。主/从通信主要包括下列参数。

（1）参数数据（Set_Prm）

参数集包括预定给 DP 从站的重要的本地和全局参数、特征和功能。通常使用装有组态工具的 DP 主站来规定和组态从站参数，如图 3-18 所示。使用直接组态方法，则需填写由组态软件的图形用户接口提供的对话框。使用间接组态方法，则要用组态工具存取当前的参数和有关 DP 从站的 GSD（设备基本数据）。参数报文的结构包括 EN 50170 标准规定的部分，必要时还包括 DP 从站和制造商特指的部分。参数报文的长度不能超过 244 字节。以下列出了重要的参数报文的内容。

① Station Status。Station Status 包括与 DP 从站有关的功能和设定。例如，它规定定时监视器（Watchdog）是否要被激活。它还规定了启用不启用由其他 DP 主站存取此 DP 从站，

如果在组态时规定有，那么 Sync 或 Freeze 控制命令是否与此 DP 从站一起被使用。

图 3-18　DP 从站初始化阶段的主要顺序

② Watchdog。Watchdog（定时监视器，俗称"看门狗"）用于检查 DP 主站的故障。如果定时监视器被启用，且 DP 从站检查出 DP 主站有故障，则本地输出数据被删除或进入规定的安全状态（替代值被传送给输出）。在总线上运行的 DP 从站，可以带定时监视器，也可以不带定时监视器。

根据总线配置和所选择的数据传输速率，由组态工具建议此总线配置可以使用定时监视器的时间（可参阅"总线参数"）。

③ Ident_Number。DP 从站的标识号（Ident_Number）是由 PNO 在认证时指定的。DP 从站的标识号存放在此设备的主要文件中。只有当参数报文中的标识号与此 DP 从站本身的标识号相一致时，此 DP 从站才接收此参数报文。这样就防止了偶尔出现的从站设备参数定义错误。

④ Group_Ident。Group_Ident 可将 DP 从站分组组合，以便使用 Sync 和 Freeze 控制命令。最多可允许组合成 8 组。

⑤ User_Prm_Data。DP 从站参数数据（User_Prm_Data）为 DP 从站规定了有关应用数据（例如，可能包括默认设定或控制器参数）。

（2）组态数据（Chk_Cfg）

在组态数据报文时，DP 主站发送标识符格式给 DP 从站，这些标识符格式告知 DP 从站要被交换的输入 / 输出区域的范围和结构。这些区域（也称"模块"）是按 DP 主站和 DP 从站约定的字节或字结构（标识符格式）形式定义的。标识符格式允许指定 DP 主站和 DP 从站的输入或输出区域以及各模块的输入和输出区域。这些数据区域最多可以有 16 个字节或字。当定义组态数据报文时，必须依据 DP 从站设备类型考虑下列特性。

① DP 从站有固定的输入 / 输出区域（如 I/O ET 200B）。

② 依据配置，DP 从站有动态的输入 / 输出区域（如模块化 I/O ET 200M）。

③ DP 从站的输入 / 输出区域由此 DP 从站及其制造商特指的标识符格式来规定（如 S7DP 从站、ET 200B、DP/AS-I 链接器和 ET 200M）。

那些包括连续的信息而又不能按字节或字结构安排的输入和输出数据区域，被称为"连续的"数据（例如它们包含用于闭环控制器的参数区域或用于驱动控制的参数集）。使用特殊的标识符格式（与 DP 从站和制造商有关的）可以规定最多 64 个字节或字的输入和输出数据区域（模块）。DP 从站可使用的输入、输出区域（模块）存放在设备主要文件（如 GSD 文件）中，在组态此 DP 从站时它们将由组态工具推荐给用户。

（3）诊断数据（Slave_Diag）

在启动阶段，DP 主站使用请求诊断数据来检查 DP 从站是否存在和是否准备好接收参数信息。由 DP 从站提交的诊断数据包括符合 EN 50170 标准的诊断部分（如果有的话，还包括此 DP 从站专用的诊断信息）。DP 从站发送诊断信息告知 DP 主站它的运行状态以及发生出错事件时出错的原因。DP 从站可以使用第 2 层中的"High_Priority"（高优先权）的 Data_Exchang。响应报文发送一个本地诊断中断给 DP 主站的第 2 层，在响应时 DP 主站请求评估此诊断数据。如果不存在当前的诊断中断，则 Data_Exchange 响应报文具有"Low_Priority"（低优先权）标识符。然而，即使没有诊断中断的特殊报告存在，DP 主站也随时可以请求 DP 从站的诊断数据。

（4）用户数据（Data_Exchange）

DP 从站检查从 DP 主站接收到的参数和组态信息，如果没有错误而且允许由 DP 主站请求的设定，则 DP 从站发送诊断数据报告它已为循环地交换用户数据准备就绪。从此时起，DP 主站与 DP 从站交换所组态的用户数据，如图 3-19 所示。在交换用户数据期间，DP 从站只对由定义它的参数并组态它的 1 类 DP 主站发来的 Data_Exchange 请求帧报文作出反应，其他的用户数据报文均被此 DP 从站拒绝。这就是说，只传输有用的数据。

图 3-19　DP 主站与 DP 从站循环交换用户数据

如图 3-20 所示，DP 从站可以使用将应答时的报文服务级别从"Low_Priority"（低优先权）改变为"High_Priority"（高优先权）来告知 DP 主站其当前的诊断中断或现有的状态信息。然后，DP 主站在诊断报文中作出一个由 DP 从站发来实际诊断或状态信息的请求。在获取诊断数据之后，DP 从站和 DP 主站返回到交换用户数据状态。使用请求 / 响应报文，DP 主站与 DP 从站可以双向交换最多 244 字节的用户数据。

图 3-20　DP 从站报告当前的诊断中断

（5）全局控制（Global_Control）

DP 主站使用此控制命令将它的运行状态告知各 DP 从站。此外，还可以将控制命令发送给个别从站或规定的 DP 从站组，以实现系统行为的确定、输出数据和输入数据的同步（Sync 和 Freeze 命令）。

在 EN 50170 Vol.2 中定义了 DP 主站和 DP 从站的系统行为。系统行为主要由 DP 主站（1 类）的系统行为来确定。DP 主站（1 类）要区别下列状态（模式）。

①停止（STOP）：在 DP 主站和 DP 从站之间无数据传输。

②清除（CLEAR）：DP 主站读 DP 从站的输入数据并保持输出在失效安全状态。

③运行（OPERATE）：DP 主站处在数据传输阶段，在后继的周期中，DP 从站的输入数据被读，且输出数据被写入 DP 从站。

（6）从站的状态机

从从站的行为看，从站接收总线上的每条报文，如果与自己无关，则忽略不处理；如果是发给自己的，则按照图 3-21 所示状态机进行响应。该状态机中有以下四个状态。

图 3-21　从站状态机

① Power_On（上电）状态。在上电后，DP 从站进入 Power_On 状态，在这个状态下 DP 从站首先需要进行初始化，以设置各项参数（如站地址和报文缓冲区等）。在此状态下，DP 从站能从 2 类 DP 主站接收 Set_Slave_Add 报文，以改变自身的地址。

② Wait_Prm（等待参数化）状态。初始化完毕后，DP 从站进入 Wait_Prm 状态，等待来自 DP 主站的 Set_Prm 报文。

③ Wait_Cfg（等待组态）状态。在进行正确的参数化后，DP 从站进入 Wait_Cfg 状态，等待 Chk_Cfg 报文。

④ Date_Exchange（数据交换）状态。正确的参数化和组态后，DP 从站进入 Data_Exchange 状态，这时 DP 从站才可以和 DP 主站进行正常的数据交换。

3.3.5　固定的 DP 循环

（1）Profibus-DP 循环的结构

图 3-22 展示出单主系统中 DP 循环的基本结构，一个 DP 循环包括固定部分和可变部分。固定部分由循环报文构成，它包括总线存取控制（令牌管理和站状态）和与 DP 从站的数据通信（Data_Exchange）；DP 循环的可变部分由被控事件的非循环报文构成。报文的非循环部分包括下列内容。

图 3-22　DP 循环的基本结构

① DP 从站初始化阶段的数据通信。

② DP 从站诊断功能。

③ 2 类 DP 主站通信。

④ DP 主站与 DP 主站通信。

⑤ 非正常情况下（Retry），第 2 层控制的报文重复。

⑥ 与 DPV1 对应的非循环数据通信。

⑦ PG 在线功能。

⑧ HMI 功能。

（2）固定的 Profibus-DP 循环的结构

对于自动化领域的某些应用来说，固定的 DP 循环时间和固定的 I/O 数据交换是有好处的，这特别适用于现场驱动控制。例如，若干个驱动的同步就需要固定的总线循环时间。固定的总线循环常常称为"等距"总线循环。

与正常的 DP 循环相比较，在 DP 主站的一个固定的 DP 循环期间，保留了一定的时间用于非循环通信。如图 3-23 所示，DP 主站确保这个保留时间不超时，这个保留时间只允许一定数量的非循环报文事件。如果此保留时间未用完，则通过多次给自己发报文的方法达到所选定的固定总线循环时间，这样就产生了一个暂停时间。这样确保了所保留的固定总线循环时间精确到微秒。

固定的 DP 总线循环的时间用 STEP 7 组态软件来指定，STEP 7 根据所组态的系统并结合考虑某些典型的非循环服务部分推荐一个默认时间值。当然，也可以修改 STEP 7 推荐的固定的总线循环时间值。直至目前，固定的 DP 循环时间只能在单主系统中设定。

图 3-23　固定的 DP 循环结构

（3）采用交叉通信的数据交换

交叉通信（也称"直接通信"）是在 SIMATIC S7 应用中使用 Profibus-DP 的另一种数据通信方法。在交叉通信期间，DP 从站不用 1 对 1 的报文响应 DP 主站，而用特殊的一对多的报文响应。这就是说，包含在响应报文中的 DP 从站的输入数据不仅对相关的 DP 主站可使用，而且对总线上支持这种功能的所有 DP 节点都可使用。

采用交叉通信，通信关系为"主 / 从"和"从 / 从"是可能的，但它们并不被所有类型的 SIMATIC S7 DP 主站和 DP 从站的模块所支持。使用 STEP 7 软件来确定关系类型，允许以下两种方式的组合。

① 采用交叉通信的主 / 从关系　图 3-24 展示出建立在一个包含 3 个 DP 主站、4 个 DP从站的多主系统中的主 / 从关系。图中所示的所有 DP 从站均用 1 对多的报文发送它们的输入数据。对 DP 主站 A 而言，DP 从站 5 和 DP 从站 6 是指定给它的，但它也利用这种报文

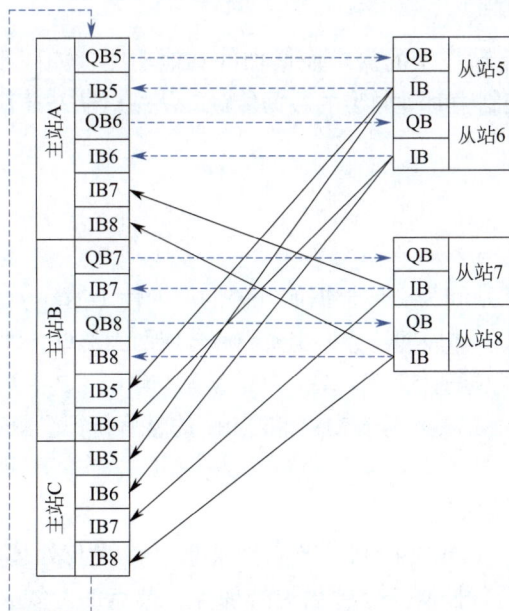

图 3-24　交叉通信期间的主 / 从关系

图 3-25 交叉通信期间的从 / 从关系

接收 DP 从站 7 和 DP 从站 8 的输入数据。类似地，DP 从站 7 和 DP 从站 8 是分配给 DP 主站 B 的，但它也接收 DP 从站 5 和 DP 从站 6 的输入数据。尽管没有从站分配给 DP 主站 C，但它接收运行在此总线系统上的所有 DP 从站的输入数据（即 DP 从站 5 ～ DP 从站 8 的输入数据）。但 DPC 主站只能读取输入数据，不能改变输出数据。

② 采用交叉通信的从 / 从关系 图 3-25 所示的从 / 从关系是使用交叉通信的另一种数据交换类型。在这种通信方式中，DP 从站可以接收其他 DP 从站的输入数据。

3.4 ▪ DP 的三个版本

DP 发展过程中出现过 3 个版本。现从版本发展的角度，对 DP 总线的基本功能和扩展功能作补充阐述。

DP-V0 规定了周期性数据交换所需的基本通信功能，提供了对 Profibus 的数据链路层（FDL）的基本技术描述以及站诊断、模块诊断和通道诊断三级诊断功能。

DP-V1 包括有依据过程自动化的需求而增加的功能，特别是用于参数赋值、操作、智能现场设备的可视化和报警处理等（类似于循环的用户数据通信）的非周期性数据通信以及更复杂数据类型的传输。DP-V1 有 3 种附加的报警类型，即状态报警、刷新报警和制造商专用的报警。

DP-V2 包括有根据驱动技术的需求而增加的其他功能，如同步从站模式（isochronous slave mode）、实现运动控制中时钟同步的数据传输、从站对从站通信、驱动器设定值的标准化配置等。

3.4.1 DP-V0

1 类 DP 主站与 DP 从站间为交换数据而开展的周期性（循环）通信，是 Profibus 最基本的任务，常称为 MS0 模式。非周期性数据交换服务分成两大类型，即 DP 从站与 1 类 DP 主站间的非周期性（非循环）数据通信称作 MS1，DP 从站与 2 类 DP 主站间的通信则称作 MS2。

周期性地重复通信是 MS0 区别于 MS1 和 MS2 的显著特征。MS1、MS2 与 MS0 通信在总线上是分时进行的。

DP-V0 涵盖的功能主要如下。

① 总线数据链路层（FDL）控制：节点地址重复检测与处理；总线令牌的维护，包括令牌时间控制、令牌轮转控制、令牌丢失处理等；节点的上线 / 下线处理；主站间数据交换。

各主站间为令牌传送，主站与从站间为主 / 从循环传送，支持单主或多主系统，总线上最多可有 126 个站。可以采用点对点用户数据通信、广播（控制指令）方式和循环主 / 从用户数据通信。

② 基本的 MS0 工作：可以实现中央处理器与分布式 I/O 之间的快速循环数据交换。传输字节＜ 224B，广播功能地址是 127。

③ 除主 / 从 MS0 功能外，DP 允许主 / 主之间的数据通信，即 DPM1 和 DPM2 之间的数据交换。此功能使组态和诊断设备可以通过总线对系统进行组态，对 DPM1 进行操作，动态地允许或禁止 DPM1 与某些从站之间交换数据。

④ 站、模块、通道三级诊断：除了在对系统和从站进行初始化时从站能给出诊断信息外，在从站的任何状态，如进入正常的数据周期交换阶段后，若从站或外设出现错误，从站也可以主动向主站发出"示意"，表示目前有一个诊断信息数据已等在发送队列中，主站则在下一个周期的操作中发出诊断请求，以"取走"此诊断信息数据。

一般来说，从站的诊断信息数据收集和向主站的传输，是在智能型从站的支持下进行的。对简单型从站来说，只有适当地配置硬件后，才能实现各种诊断功能。

扩展的 DP 诊断功能能对故障进行快速定位。诊断信息在总线上传输并由主站采集。诊断信息分为三级：本站诊断操作，即本站设备的一般故障，如温度过高、压力过低；模块诊断操作，即一个站点的某具体 I/O 模块故障；通道诊断操作，即一个单独输入 / 输出位的故障。

⑤ 保护功能：对 DP 主站 DPM1 使用数据监控定时器，对 DP 从站的数据传输进行监视。每个从站都采用独立的监控定时器（即看门狗定时器 Watchdog Timer），在规定的监视间隔时间中，如数据传输发生差错，定时器就会超时。一旦发生超时，用户就会得到这个信息。如果错误自动反应功能 Auto_Clear 使能，DPM1 将脱离操作状态，并将所有关联 DP 从站的输出置于故障安全状态，并进入清除状态。

系统行为主要取决于 DPM1 的操作状态，这些状态由本地或总线的配置设备所控制。主要有三种操作状态：停止、清除、运行。

⑥ 动态激活 / 关闭从站同步、锁定（冻结）功能，强制控制 I/O 等特殊功能。

除 DPM1 设备自动执行的用户数据循环传输外，DP 主站设备也可向单独的 DP 从站、一组 DP 从站或全部 DP 从站同时发送控制命令，这些命令通过有选择的广播发送。使用这一功能将打开 DP 从站的同级锁定模式，用于 DP 从站的事件控制的同步。

DP 主站发送同步命令后，所选的 DP 从站进入同步模式。在这种模式中，所编址的 DP 从站的输出数据锁定在当前状态下。在这之后的用户数据传输周期中，从站存储接收到的主站输出的数据，但它的输出状态保持不变；当接收到下一条同步命令时，所存储的输出数据才发送到外围设备上。用户可通过非同步命令（Unsync）退出同步模式，这样 DP 从站又可以参与与 DP 主站的循环数据传输。于是，用 Data_Exchang 报文接收到的输出数据，就被立刻转发到 DP 从站的输出上。

Freeze 控制命令冻结 DP 从站的输入。当 DP 从站运行在 Freeze 模式下并接收到来自 DP 主站的 Freeze 命令时，当前排队等候的 DP 从站的输入数据被存放在 DP 从站的转移缓存器中，即被冻结。然后，DP 主站发送一个 Data_Exchang 报文从 DP 从站的转移缓存器中读这个被冻结的输入数据。当前排队等候在 DP 从站输入上的数据仅当接收到另一个 Freeze 命令时才被读取，此数据被冻结在 DP 从站的转移缓存器中，DP 主站可以接连不断地读这个被冻结的数据直到接收到下一个 Freeze 命令为止。这个控制命令允许同时（同步）传输排队等候在 DP 从站上的输入数据。

Unfreeze 控制命令取消所寻址的 DP 从站的 Freeze 模式，这样 DP 从站又可以参与 DP 主站的循环数据传输，DP 从站的输入数据不再暂时存放在缓存器中，而可以立刻被 DP 主站读取。

3.4.2 DP-V1

随着 Profibus 的进一步推广，尤其是在过程控制中的应用使得从站的规模增大，结构更为复杂。如从站更多地采用了模块化结构，需要主站控制器才能对从站中的某一个模块单独进行数据的读写操作，而不是像在 DP-V0 中那样一次执行对一个从站整体（所有模块）的读写操作。因此，在进行初始化组态时，从站需要配置更多的参数。

过程控制中常常要求对单个模块的参数进行修改，如对某个模拟输入量的测量范围进行在线修改以更精确地反映外部测量值。同时，过程控制也要求有更可靠更迅速的报警功能，能突破令牌循环大周期的限制（报警具有更高的优先级），更快地将从站收集到的报警信号上传到控制主站，无需等待令牌在多个主站间转回后才占有总线而传递报警信息。

除了 DP-V0 的功能外，DP-V1 最主要的特征是具有主站与从站之间进行非循环数据交换的功能，可以用来进行参数设置、诊断和报警处理。非循环数据交换与循环数据交换是并行执行的，但非循环数据交换的优先级低。

DPM1 可以通过非循环数据通信读写 DP 从站的数据块，数据传输在 DPM1 建立的 MS1 连接上进行，可以用 DP 主站来组态 DP 从站以及设置 DP 从站的参数。

对数据寻址时，Profibus 假设 DP 从站的物理结构是模块化的，即 DP 从站由称为"模块"的逻辑功能单元构成。在基本 DP 功能中这种模块也用于数据的循环传送。每一模块的输入 / 输出字节数为常数，在用户数据报文中以固定的位置传送。寻址过程基于标识符，用它来标识模块的类型，包括输入、输出或两者的结合，所有标识符的集合产生了 DP 从站的配置。在系统启动时由 DPM1 对标识符进行检查。

与 MS0 通信相似，MS1 通信建立之前需要对参数赋值，也使用 Set_Prm 指令。

MS1 非周期性数据交换包括下列服务。

① 非周期性数据读取（DS_Read）：SAP51 DS_Read_REQ、DS_Read_RES。

② 非周期性数据写入（DS_Write）：SAP51 DS_Write_REQ、DS_Write_RES。

③ 报警响应（Alarm_Ack）：DP 从站增加了 SAP50（0x32）报警类功能。

DP-V1 中还定义了 DP 从站与 DPM2 间直接进行的非周期性数据交换，这种数据交换称为 MS2，是不需要"绕经"DPM1 的。

在启动非循环数据通信之前，DPM2 用初始化服务建立 MS2 连接通道。MS2 用于读写和数据传输服务。一个从站可以同时保持几个激活的 MS2 连接通道，但是连接的数量受到 DP 从站的资源的限制。DPM2 可以与 DP 从站建立或中止非循环数据通信连接，读写 DP 从站的数据块。数据传输功能向 DP 从站非循环地写指定的数据，如果需要，可以在同一周期读数据。

在开始 MS2 通信前，DPM2 也需要与 DP 从站间有一个初始化过程，然后才能开始 MS2 非周期性数据交换。

MS2 的通信可同时与不同的 DP 从站并行地建立多个通信连接。其中，"Initiate"用于建立连接通道，"Abort"用于连接通道的中止。另外，一个 DP 从站也可以与不同的多个 DPM2 建立连接通道，对于 DP 从站来说，连接的数量只受限于自身的存储空间。

目前，MS2 中定义的服务有 Initiate［建立链接（通道）］、DS_Read（读非周期性数据）、DS_Write（写非周期性数据）、Data_Transport（数据传输）、Abort（连接通道的中止）。其中，DS_Read、DS_Write 与 MS1 通道中相同。

3.4.3 DP-V2

DP-V2 可以实现循环通信、非循环通信、时间同步以及从站之间的直接通信；同时，建立了等时间间隔的总线循环周期，其时间偏差小于 1μs，适用于高精度定位控制、运动控制和联锁保护；另外，实现了支持增强型的 SR 系统冗余技术。DP-V2 可根据不同的应用需要开发专用行规（Profile），如用于运动控制的 PROFIdrive 和用于联锁保护的 PROFIsafe 等。

① 数据交换广播发送（data exchange broadcast，DXB）。DP-V0 中只是定义了标准的数据交换。DPM1 拿到令牌向所属各从站发出轮询请求，从站将数据返回给主站，从站之间是不能发起数据通信的，只能经主站中转，一般要等到下一个系统周期之后才能执行。

DP-V2 中扩展了这一功能，从站之间的直接数据通信通过 Publisher/ Subscriber 模式执行。从站被默认为 Publisher，使其输入数据 / 实际值和测量值可供其他从站使用（供 Subscriber 读取）。直接数据通信通过向主站发送作为报告的响应信息来执行。直接数据通信也具有周期性。

网络上可以有多个 Publisher 和 Subscriber，一个从站既可以是 Publisher，也可以是 Subscriber。

② 等时同步模式（isochrone mode，IsoM）。IsoM 快速确定性的通信归因于在总线系统中的时钟同步，一个周期性且严格等距的时钟脉冲被从主站传送到所有总线节点，所有应用间的同步精度＜ 1μs。等时同步模式下，当前的所有自由运行的单个循环均实现同步，包括 CPU 中的用户程序、Profibus 子网上的 DP 循环、从站中的循环、从站的 I/O 模块中的循环。对于一般应用是无所谓的，对于需要精确控制的高速运动闭环控制，等时线非常重要。

IsoM 通过全局控制（global control，GC）广播报文使所有参加设备与总线的主循环同步，实现同步协调各环节的主循环同步，实现同步协调各环节的等时同步。

IsoM 有如下特点：用户应用程序与 I/O 设备的处理同步，即输入输出数据与系统循环同步，本周期中输入的数据能够保证在下一个同步周期中被处理，且在第 3 个周期中能输出到终端；I/O 数据以相同的间隔输入输出，相继传输的数据彼此间有逻辑和时间上的内在关系。

③ 时间标记（Time-Stamp）。此功能的实现是由（实时）主站通过新定义的 MS3 类服务（无连接型）向所有从站广播发送一个 Time-Stamp 时间标签，使一个系统中的所有站点与系统保持时间同步。Time-Stamp 可以使得两个主设备间的时间误差小于 1ms，以便精确地跟踪事件。对分据在两个总线段中的站点，即两个站点设备间有 Repeater、Coupler 或 Linker 互联设备时，其时间误差小于 10ms。

④ HART 转 DP。继续增强了"HART 转 DP"技术，可以在 DP 总线上更好地连接 HART 仪表。

⑤ 上传、下载（upload and download）。上传和下载功能允许用少量命令在现场设备中装载任意大小的数据区，即利用简单的指令控制大量数据在主站（DPM1、DPM2）和从站间传递。此时的数据以块划分，且使用 Slot_Index 作为寻址机制。

⑥ 从站冗余（slave dundancy）。Profibus 冗余的概念中有 3 种冗余技术，即主站冗余、介质冗余（总线电缆）、从站冗余。从站冗余：每个从站有 Primary Slave（主从站，当前激活状态）和 Backup Slave（处于 Standby，备用状态）两部分模块。

⑦ 通过程序对从站进行启、停控制，功能调用。

3.4.4 GSD 文件

为了将不同厂家生产的 Profibus 产品集成在一起，生产厂商必须以 GSD 文件方式描述这些产品的功能参数（如 I/O 点数、诊断信息、传输速率、时间监视等）。标准的 GSD 将通信扩大到操作员控制级。使用 GSD 文件的组态工具，可将不同生产厂商生产的设备集成在同一总线系统中（图 3-26）。GSD 文件可分为以下 3 个部分。

图 3-26　GSD 文件作用

① 总规范。包括生产厂商和设备名称、硬件和软件版本、传输速率、监视时间间隔、总线插头指定信号。

② 与 DP 有关的规范。包括适用于 DP 主站的各项参数，如允许 DP 从站的个数、上传/下载能力。

③ 与 DP 从站有关的规范。包括与 DP 从站有关的一切规范，如输入/输出通道数、类型、诊断数据等。

从站的参数化过程跟 GSD 文件密切相关。

为实现 Profibus 简单的即插即用配置，GSD 文件是 Profibus-DP 产品的驱动文件，是不同生产厂商之间为了互相集成使用所建立的标准通信接口。一般当从站模块的生产厂商与主站 PLC 的生产厂商不同时，需要在主站组态时安装从站模块的 GSD 文件。例如，主站 PLC 为西门子 CPU 315-2DP，从站为 GE 公司的 VerseMax PLC，此时需要在 STEP7

"HWConfig"里安装 GE 公司 VerseMax PLC 的 GSD 文件（该 GSD 文件由 GE 公司免费提供）。

GSD 文件由若干行组成，每行都以一个关键字开头，包括关键字与参数（无符号数或字符串）两部分。借助于关键字，组态工具从 GSD 文件中读取用于设备组态的设备标识、可调整的参数、相应的数据类型和所允许的界限值。GSD 文件中的关键字有些是强制性的，如 VendorName；有些关键字是可选的，如 SyncModeSupp。GSD 文件中代替了传统的手册并在组态期间支持对输入错误及数据一致性的自动检查。

下面是一个 GSD 文件的例子。

#PROFIBUS DP	//DP 设备的 GSD 文件均以此关键词开始
GSD_Revision=1	//GSD 文件版本
VendorName="Meglev"	// 设备制造商
ModelName="DPSlave"	// 从站模块
Revision="Version01"	// 产品名称，产品版本
RevisionNumber=01	// 产品版本号（可选）
IdentNumber =0x01	// 产品识别号
ProtocolIdent=0	// 协议类型（表示 DP）
StationType=0	// 站类型（0 表示从站）
FMSSupp=0	// 不支持 FMS，纯 DP 从站
HardwareRealease="HW1.0"	// 硬件版本
SoftwareRealease="SW1.0"	// 软件版本
9.6supp=1	// 支持 9.6kbit/s
19.2supp=l	// 支持 19.2kbit/s
MaxTsdr9.6=60	//9.6kbit/s 时最大延迟时间
MaxTsdr19.2=60	//19.2kbit/s 时最大延迟时间
RepeaterCtrl sig=0	// 不提供 RTS 信号
24VPins=0	// 不提供 24V 电压
ImplementationType= "SPC3"	// 采用的解决方案
FreezeModeSupp=0	// 不支持锁定模式
SyncModeSupp=0	// 不支持同步模式
AutoBaudSupp=1	// 支持自动波特率检测
SetSlaveAddSupp=0	// 不支持改变从站地址
FailSafe=0	// 故障安全模式类型
MaxUserPrmDataLen=0	// 最大用户参数数据长度（0 ～ 237）
UserPrmDataLen=0	// 用户参数长度
MinSlaveImervall=22	// 最小从站响应循环间隔
ModularStation=1	// 是否为模块站
MaxModule=l	// 从站最大模块数
MaxInputLen=8	// 最大输入数据长度
MaxOutputLen=8	// 最大输出数据长度
MaxDataLen=16	// 最大数据的长度（输入输出之和）

MaxDiagDataLen=6 　　　　　　　// 最大诊断数据长度（6～244）

EndModule

通过读 GSD 到组态程序中，用户可以获得最适合使用的设备专用通信特性。为了支持设备商，Profibus 网站上有专用的 GSD 编辑 / 检查程序可供下载，便于用户创建和检查 GSD 文件，也有专用的 GSD 文件库供相关设备的用户下载使用。

3.5 ▪ DP 数据链路层

根据 OSI 参考模型，第 2 层规定了总线存取控制、数据安全性、传输协议和报文的处理。在 Profibus 中，第 2 层称为 FDL 层（现场总线数据链路层）。

第 2 层报文格式提供了高等级的传输安全，所有报文均具有海明距离 HD=4。HD=4 的含义是指在数据报文中，可以检查出最多 3 个同时出错的位。这一要求是通过使用国际标准 IEC 870-5 的规定、选择特殊的报文起始和终止标识符、使用无间隙同步以及使用奇偶校验位和控制字节来实现的。可以检查出以下类型的出错。

① 字符格式出错（奇偶校验、溢出、帧出错）；

② 协议出错；

③ 起始和终止定界符出错；

④ 帧检查字节出错；

⑤ 报文长度出错。

出错的报文至少要被自动地重发一次。在第 2 层中，报文的重发次数最多可设定为 8（"retry" 总线参数）。除逻辑的点对点的数据传输外，第 2 层还允许进行广播和群播通信的多点传输。

在广播通信中，一个主站发送信息给所有其他站（主站和从站），数据的接收不需应答。在群播通信中，一个主站发送信息给一组站（主站和从站），数据的接收也不需应答。

3.5.1　SAP 功能

SAP 是服务存取点，上层 DP 协议通过服务存取点完成与第 2 层的接口工作。Profibus-DP 和 Profibus-PA 使用第 2 层服务的子集。

上一层通过第 2 层的 SAP 调用服务。在 Profibus-DP 和 Profibus-PA 中，每一个 SAP 分配一个确定的功能。所有主站和从站允许同时使用若干个 SPA。

SAP 的作用是给各种不同的数据传输任务一个标识，其作用类似于 TCP/IP 中的 IP 端口号。每一个 SAP 对应一种类型的传输任务，当携有 SAP 的数据进入 FDL 接口时，会有相应软件进程进行处理。

有两类服务存取点：SSAP（源服务存取点）和 DSAP（目的服务存取点）。SSAP 指示传输来的数据将由哪个进程处理。DSAP 指本地站的服务存取点。

DP 使用的服务存取点如表 3-5 所示。

表 3-5　DP 使用的服务存取点

SAP	服务
Default SAP=0	Cyclical Data Exchange（Write_Read_Data） 周期性地传送输入、输出数据（默认）
SAP54	Master-to-Master SAP（M_M_Communication）主 / 主通信
SAP55	Change Station Address（Set_Slave_Add）设定从站地址（只有从站支持此功能时才可用）
SAP56	Read Inputs（Rd_Inp）读输入
SAP57	Read Outputs（Rd_Outp）读输出
SAP58	Control Commands to a DP Slave（Global_Control）全局控制
SAP59	Read Configuration Data（Get_Cfg）读组态
SAP60	Read Diagnostic Data（Slave_Diag）读从站诊断
SAP61	Send Parameterization Data（Set_Prm）发送参数化数据；初始化设置之一
SAP62	Check Configuration Data（Chk_Cfg）检查组态

在目的地址（DA，目标地址、目的地地址）和源地址（SA）中，如最高位 MSB=1，则报头中紧跟的是 DSAP 和 SSAP；如这一位为 0，则对应于默认值 SAP，用于数据通信，报文头中没有 DSAP 和 SSAP。

除了 SAP55 之外的其他服务点都是必备的，若设备中没有非挥发性内存，可以不支援更改从站地址的 SAP55 服务。用于启动 DP 通信的主站 SAP 为 3EH（62），从站的 SAP 为 3DH（61）。主 / 主之间的通信服务点较特殊，均为 36H（54）。

3.5.2　DP 报文格式

Profibus 的数据链路层向上层提供服务功能（表 3-6）：① SDN 发送不需要确认的数据；② SDA 发送需要确认的数据；③ SRD 发送和请求数据；④ CSRD 周期性发送和请求数据；⑤ MSRD 发送和请求数据多播；⑥ CS 时钟同步。

表 3-6　Profibus 数据链路层的基本功能集

基本功能	服务内容	DP-V0	DP-V1	DP-V2	FMS	PA
SDN	Send Data with No Acknowledge	●	●	●		●
SDA	Send Data with Acknowledge				●	
SRD	Send and Request Data	●	●	●	●	●
CSRD	Cyclic Send and Request Data				●	
MSRD	Send and Request Data with Multicast			●		
CS	Clock Synchronization		●	●		

DP 只使用 SRD 和 SDN 服务，其报文分类格式如下（格式均为十六进制）。

SD1 帧：FDL 状态请求报文。无数据域，只用作查询总线上的站点是否激活。DA、SA、FC 各 1B（Length=3，固定）。

SYN	SD1	DA	SA	FC	FCS	ED
	10					16

SD3 帧：带数据域，是字节长度固定的帧，DU 为 8B。

SYN	SD3	DA	SA	FC	DATA-UNIT（DU）	FCS	ED
	A2						16

SD4 令牌帧：用于主站间的令牌传递。

SYN	SD4	DA	SA
	DC		

SC：短应答（短确认报文），格式为 SC=E5。

SC
E5

SD2 帧：带长度可变的数据域的报文。DU 为 1 ～ 246B；SD2 的参数多且功能强大，是 Profibus 应用最多的帧结构，也是结构最复杂的。

SYN	SD2	LE	LEr	SD2	DA	SA	FC	DATA-UNIT（DU/PDU）	FCS	ED
	68			68				1 ～ 246B 变长		16
	1B	1B	1B	1B	1B	1B	1B		1B	1B

在 DP 应用层行规中，PDU（protocol data unit）协议数据单元为 1 ～ 244B（减去 DSAP、SSAP 各 1B）。

SYN	SD2	LE	LEr	SD2	DA	SA	FC	DSAP	SSAP	PDU	FCS	ED
	68			68								16

各字母符号含义如下：

SC（single character）为单字符，仅用于应答。

SD1 ～ SD4（start delimiter）为起始字节，用于区别不同的报文格式（起始定界符）。

LE/LEr（length/repeated length）为长度字节，指出可变长报文中信息字段的长度。

DA（destination address）为目的地址字节，指出将接收此信息的站。

SA（source address）为源地址字节，指出将发送此信息的站。

FC（frame control）为帧控制字节，包含用于此信息的服务和此信息的优先权的详细说明。

DU（data unit）为数据单元，包含报文的有用信息，必要时还包含扩展地址的详细说明。

FCS（frame check sequence）为校验字节，包含报文校验和（不进位地加所有报文元素的和）。

ED（end delimiter）为终止定界符，指出此报文终止。

DSAP（destination service access point）为目的服务存取点。

SSAP（source service access point）为源服务存取点。

LE（LEr）仅出现在 SD2 帧中，标示 DA、SA、FC 及 DU 四个数据域的长度，代表着一个可变长帧中数据信息的长度。因为 Profibus 规定了最长报文帧的长度是 255B，所以 LE 的最大值应为最长报文帧长度减去六个控制域的长度，即 255B-6B=249B，最小为 4B，因此 4B ≤ LE ≤ 249B。

3.5.3　FC 的含义

帧控制字节的含义如表 3-7 所示。

表 3-7　帧控制字节的含义

位序	bit7	bit6		bit5	bit4	bit3 ~ 0
含义	Res	Frame Type	1	FCB	FCV	Function
			0	Stn-Type		

bit7 为预留位。

bit6 为帧类型，bit6=1 表示发送 / 请求帧，bit6=0 表示响应帧。

bit6=0 时，bit5bit4 表示 Stn 类型，即表示站类型及 FDL 状态，如 bit5bit4=00 表示从站，bit5bit4=01 表示主站未准备好，bit5bit4=10 表示主站准备进入逻辑环，bit5bit4=11 表示该站已是逻辑环上的主站。

当 bit6=1 时，bit5bit4 表示 FCB（frame counter bit）与 FCV（frame count valid），FCB 位为帧计数位，0/1 交错。FCV=1 表示帧计数位有效。FCB 位与 FCV 位联合使用，以防帧丢失或帧重叠。

主动帧与响应帧的功能码定义分别如表 3-8、表 3-9 所示。

表 3-8　主动帧的功能码

功能号	功能（bit6=1 时，主动帧）
4	SDN low 低优先级无应答要求的数据发送
6	SDN high 具有高优先级的无应答要求的数据发送
7	Reserved/Request diagnostic data 保留 / 请求诊断数据
9	Request FDL status with reply 有回应要求的 FDL 状态请求
12	SRD low 低优先级的发送并请求数据
13	SRD high 高优先级的发送并请求数据
14	Request ID with reply 请求用户标示，要求回应
15	Request LSAP status with reply 请求 LSAP 状态，要求回应

注：LSAP 指链路服务存取点。

表 3-9　响应帧的功能码

功能号	功能（bit6=0，响应帧）
0	ACK positive（OK） 应答肯定

续表

功能号	功能（bit6=0，响应帧）
1	ACK negative［FDL/FMA1/2 user error（UE）, interface error］ 应答否定，FDL/FMA1/2 用户错误 / 接口错误
2	ACK negative［No resource/memory space for send data（RR）］ 应答否定，无资源空间处理数据发送
3	ACK negative［No service activated（RS）, SAP not activated］ 应答否定，无服务被激活
8	Response FDL/FMA 1/2 data low（& send data OK） 低优先级处理 FDL/FMA 1/2 数据（且发送数据 OK）
9	ACK negative no response FDL/FMA1/2 data（& send data OK） 应答否定，无应答 FDL/FMA1/2 数据（且发送数据 OK）
10	Response FDL data high and send data OK 高优先级回应 FDL 数据
12	Response FDL data low, no resource for send data 低优先级应答 FDL 数据，对于请求无资源
13	Response FDL data high, no resource for send data 高优先级应答 FDL 数据，对于请求无资源

3.5.4 报文分析

（1）主 / 从通信报文分析

主站站号为 1，从站站号为 3，组态信息下载到 1 号站。下面是监听的报文（信息为十六进制）。

主站：10 03 01 49 4D 16（该报文为主站 1 发给从站 3 的请求帧，查询从站 3 的 FDL 状态，即从站 3 是否激活。被主站组态的从站总要被主站查询）。Request FDL（Fieldbus datalink layer）status with reply，有回应要求的 FDL 状态请求。

从站：10 01 03 00 04 16（该报文为从站 3 对主站 1 的应答帧，回应主站 1 "我已在线"。主站必须有地址）。Acknowledgement positive，此处也可以验证 FCS 校验和（模 255）。

主站：68 05 05 68 | 83 81 6D 3C 3E | EB 16（该报文为主站 1 发给从站 3 的请求帧，读取查询从站 3 的诊断报文，以进一步获取从站 3 的信息。源 SAP60、目标 SAP62）。

从站：68 0B 0B 68 | 81 83 08 3E 3C *02 05 00 FF 00 08* | 94 16（该报文为从站 3 对主站 1 的应答帧，其中包含 6 个字节的诊断数据 02 05 00 FF 00 08，具体含义可参阅协议。其中第四字节为 FF，表明从站 3 尚未被任何主站参数化）。

主站：68 11 11 68 83 81 5D 3D 3E *88 02 FD 0B 00 08 00 00 00 00 00 00 00* 76 16（该报文为主站 1 发给从站 3 的参数化报文帧，包含 12 个字节的参数化数据：88 02 FD 0B 00 08 00 00 00 00 00 00）。

从站：E5（该报文为从站 3 对主站 1 的短应答帧，告诉主站 1 参数化成功）。

主站：68 07 07 68 83 81 7D 3E 3E *11 21* 2F 16（该报文为主站 1 发给从站 3 的组态报文帧，包含 2 个字节的组态数据 11 21，表明从站 3 应有 2 个字节输入和 2 个字节输出。其中 3E 为 SAP62）。

从站：E5（该报文为从站 3 对主站 1 的短应答帧，告诉主站 1 组态成功）。

主站：68 05 05 68 83 81 5D 3C 3E DB 16（该报文为主站 1 发给从站 3 的请求帧，读取查

询从站 3 的诊断报文。其中 3C 为 SAP60)。

从站：68 0B 0B 68 81 83 08 3E 3C *00 0C 00 01 00 08* 9B 16（该报文为从站 3 对主站 1 的应答帧，其中包含 6 个字节的诊断数据 00 0C 00 01 00 08。其中第四字节为 01，表明从站 3 已经被主站 1 成功地参数化，从站 3 进入数据交换状态)。

从此以下，为正常数据报文。

主站：68 05 05 68 03 01 7D *00 00* 81 16（该报文为主站 1 发给从站 3 的请求帧，包含 2 个字节的输出数据 00 00，并请求从站 3 的输入数据。此后主站 1 周期性地发送此报文)。

从站：68 05 05 68 01 03 08 *00 80* 8C 16（该报文为从站 3 对主站 1 的应答帧，包含 2 个字节的输入数据 00 80)。

……

（2）多主站报文分析

组态 2 号站、3 号站两个主站，网络中没有从站。监听网络总线上报文如下（信息为十六进制)。

…

DC 3 2	//2 号站向 3 号站传递令牌
10 67 3 49 B3 16	//3 号站发出对 67H 节点的 FDL 状态查询
DC 2 3	//3 号站向 2 号站传递令牌
68 5 5 68 3 2 7D 0 0 82 16	//2 号站查询 3 号站是否在线
68 5 5 68 2 3 38 0 0 3D 16	//3 号站通知 2 号站其在线
68 7 7 68 FF 82 46 3A 3E 0 0 3F 16	

［FF 为广播报文，由 2 号站发出（82)；3A 3E 为全局控制报文，该报文会有规律地广播，维护 Master 链表；0 0 表示主站在线上。V1V2 各种广播功能均按此方式发送。]

DC 3 2；10 68 3 49 B4 16；DC 2 3；68 5 5 68 3 2 5D 0 0 62 16；68 5 5 68 2 3 38 0 0 3D 16

DC 3 2；10 69 3 49 B5 16；DC 2 3；68 5 5 68 3 2 7D 0 0 82 16；68 5 5 68 2 3 38 0 0 3D 16

DC 3 2；10 6A 3 49 B6 16；DC 2 3；68 5 5 68 3 2 5D 0 0 62 16；68 5 5 68 2 3 38 0 0 3D 16

DC 3 2；10 6B 3 49 B7 16；DC 2 3；68 5 5 68 3 2 7D 0 0 82 16；68 5 5 68 2 3 38 0 0 3D 16

……

DC 3 2；10 7D 3 49 C9 16；DC 2 3；68 5 5 68 3 2 7D 0 0 82 16；68 5 5 68 2 3 38 0 0 3D 16

DC 3 2；10 7E 3 49 CA 16；DC 2 3；68 5 5 68 3 2 5D 0 0 62 16；68 5 5 68 2 3 38 0 0 3D 16

DC 3 2；10 0 3 49 4C 16；DC 2 3；68 5 5 68 3 2 7D 0 0 82 16；68 5 5 68 2 3 38 0 0 3D 16

DC 3 2；10 1 3 49 4D 16；DC 2 3

例子只有 2 号、3 号两个主站，从报文看出令牌的传递，2 号站拿到令牌查询 3 号站是否在线，3 号站回应后，2 号站将令牌交给 3 号站，3 号站一直在查询其他节点是否上线（直到 7EH，即十进制的 126)，并将令牌交给 2 号站。

GAP 是指令牌环中从本站地址到后继站地址之间的地址范围。GAP 表（GAPL）为 GAP 范围内所有站的状态表。

每一个主站中都有一个 GAP 维护定时器，定时器溢出即向主站提出 GAP 维护申请。主站收到申请后，使用询问 FDL 状态的 Request FDL status with reply 主动帧询问自己 GAP 范围内的所有地址。通过是否有返回和返回的状态，主站就可以知道自己的 GAP 范围内是否有从站从总线上下线，是否有新站添加，并及时修改自己的 GAPL。上述通信参照如下具体规则。

① 如果在 GAPL 维护中发现有新从站，则把它们记入 GAPL。

② 如果在 GAPL 维护中发现原先在 GAPL 中的从站在多次重复请求的情况下没有应答，则把该站从 GAPL 中除去，并登记该地址为未使用地址。

③ 如果在 GAPL 维护中发现有一个新主站且处于准备进入逻辑令牌环的状态，该主站将自己的 GAP 范围改变到新发现的主站，并且修改活动主站表，在传出令牌时把令牌交给此新主站。

3.6 ▪ DP 应用层行规 PROFIdrive

3.6.1 应用层行规

Profibus-DP 协议明确规定了用户数据怎样在总线各站之间传递，但用户数据的含义是在 Profibus 行规（Profile）中具体说明的。另外，行规还具体规定了 Profibus-DP 如何用于应用领域。使用行规可使不同厂商生产的不同设备互换使用，而应用人员无须关心两者之间的差异，减少了实施成本和复杂性。与应用有关的含义在行规中均作了精确的规定。行规定义了相关的功能子集、设备参数的默认值。

目前已制定了如下 DP 行规。

① NC/RC 行规（3.052）。此行规描述怎样通过 Profibus-DP 来控制加工和装配的自动化设备。从高一级自动化系统的角度看，精确的顺序流程图描述了这些自动化设备的运动和程序控制。

② 编码器行规（3.062）。此行规描述具有单转或多转分辨率的旋转、角度和线性编码器怎样与 Profibus-DP 相耦连。两类设备均定义了基本功能和高级功能，如比例尺标定、中断处理和扩展的诊断。

③ 变速驱动的行规（3.072）。主要的驱动设备制造商共同开发制定了 PROFIdrive 行规。该行规规定了怎样定义驱动参数、怎样发送设定点和实际值，这样就能使用和交换不同制造商生产的驱动设备。

此行规包含运行状态"速度控制"和"定位"所需要的规范。它规定了基本的驱动功能，并为有关应用的扩展和进一步开发留有足够的余地。此行规包括 DP 应用功能或 FMS 应用功能的映像。

④ 操作员控制和过程监视行规（3.082）。此行规为简单 HMI 设备规定了怎样通过 Profibus-DP 与高一级自动化部件相连接。本行规使用 Profibus-DP 扩展功能进行数据通信。

⑤ Profibus-DP 的防止出错数据传输的行规（3.092）。此行规定义了用于故障设备通信的附加数据安全机制，如紧急 OFF。由本行规规定的安全机制已经被 THV 和 BIA 批准。

3.6.2 PROFIdrive

PROFIdrive 是在 Profibus 和 Profinet 基础上开发的一种驱动技术和应用行规，它为驱动产品提供了一致的规范，通过认证后，产品可以方便地接入 Profibus 和 Profinet 网络。

PROFIdrive 几乎可以为每种驱动任务提供依据。它规范了驱动设备的行为，并定义了在 Profibus 和 Profinet 网络上访问电气传动设备驱动数据的过程，从而保证不再依赖特定制造商的设备，并可实现不同厂商设备间的互操作。西门子公司的所有交、直流传动装置现在都采用 PROFIdrive 行规。

对用户来说，由于各种不同的驱动器能以相同方式响应控制命令，这意味着在设计和实现成套装置和系统时可减少工程成本。

PROFIdrive 提供了多种报文格式使其可以用于简单调速或者复杂的伺服驱动应用，还可以连接伺服驱动装置和数控系统。用户可以更加便捷地在同一系统内运行来自不同厂商的多种驱动程序，可以使不同的驱动器共用一个标准的报文框架。驱动器通信装置安装将更加便捷，调试时间也被大大缩短。

另外，PROFIdrive 的通信可实现"等时同步"，即所有设备上的实际值和新的设定值都在同一时刻获取统一的驱动总线接口数据，确保了总线周期 $1\mu s$ 的精度，即使在对设备性能要求非常高的多轴控制场合，闭环控制性能和响应速度也能满足要求。

Profibus 行业组织（PNO）已经定义了若干个版本的可变速传动行规，3.1 版本称为 PROFIdrive 行规，在其应用分类中包括了新的性能组。

应用类 1：标准驱动。

应用类 2：带分布式工艺控制器的标准驱动。

应用类 3：位置驱动，单轴带分布式位置控制和"插补"技术。

应用类 4：位置驱动，带中央"插补"技术和分布式定位控制技术。

应用类 5：位置驱动，带中央"插补"技术和分布式闭环定位控制技术。

应用类 6：时钟处理或分布式角同步运动控制。

对不同的应用方式定义了标准的 I/O 数据报文，可以采用周期性的自由通信或用特殊报文同步的全局控制（global control，GC）。也支持带广播信息的 peer to peer 通信。

行规也定义了参数数据通道的读写通信，但是与工艺相关的参数在 PROFIdrive 行规中没有定义。

为了确保进程同步，PROFIdrive 使用从站时钟，该时钟必须位于每台设备内并且正好与系统主站时钟同步。为了同步化从站时钟，PROFIdrive 使用所应用的通信系统的相应服务。对于 Profibus 来说，这些服务是 DP-V2 扩展的一部分；在 Profinet IO 情况下，它们是等时同步实时功能的一部分。

PROFIdrive 主站与从站间用户数据交换的帧主要使用可变数据字段长度的帧（SD2）。DP 头包括 DA、SA、FC，DP 尾包括 FCS、ED。图 3-27 中 DU 为用户数据单元 DATA_UNIT，PROFIdrive 协议封装在 DU 中。

DP 头										DP尾	
SD	LE	LEr	SD	DA	SA	FC	DSAP	SSAP	DU	FCS	ED
68H	×	×	68H	××	××	×	××	××	×…	××	16H

数据单位					
DP-V1 命令/响应				PROFIdrive V3 参数通道	
DU0	DU1	DU2	DU3	请求/响应头	数据

图 3-27　**PROFIdrive 的 DP SD2 报文**

PROFIdrive 行规 2.0 中周期性通信采用如图 3-28 所示的格式，该格式在 Profibus-DP 总线协议中称为 PPO（parameter-process data-object，参数 / 过程数据对象）。

协议帧(头)	可用数据		协议帧(头)
	参数标识符值(PKW)	过程数据(PZD)	

PPO(参数/过程数据对象)

PKW				PZD									
PKE	IND	PWE1	PWE2	PZD1 STW ZSW	PZD2 HSW HIW	PZD3	PZD4	PZD5	PZD6	PZD7	PZD8	PZD9	PIZD10
字 1	字 2	字 3	字 4	字 1	字 2	字 3	字 4	字 5	字 6	字 7	字 8	字 9	字 10

PPO1
PPO2
PPO3
PPO4
PPO5

PKW, PKE—参数标识符值;	PZD—过程数据;	
IND—索引;	PWE, HIW—参数值;	STW—控制字;
ZSW—状态字;	HSW—主设定值	

图 3-28　PPO 的 5 种类型

PPO 由 PKW 和 PZD 两部分组成。

PKW 用来读写非周期性数据，包括参数设定（变频器的参数数据）、配置和诊断。

PKW 参数区一般包含 4 个字。前两个字（PKE 和 IND）的信息是关于主站请求任务（任务识别标记 ID）和从站应答响应（应答识别标记 ID）的报文。PKW 的后两个字（PWE1 和 PWE2）用来读写具体的参数数值。

PZD 用来读写周期性的过程数据，即读写 I/O 信号。在 Profibus-DP 总线协议中，有 5 类 PPO，各类 PKW 和 PZD 所要求的字数都不一样。

STW 为控制字（主站 PLC 向变频器写入的控制命令）；HSW 为主设定值（主站 PLC 向变频器写入的频率设定值）；ZSW 为状态字（主站 PLC 读取的变频器当前运行状态）；HIW 为主实际值（主站 PLC 读取的变频器当前运行频率）。

下面以 ABB ACS800 变频器 PROFIdrive 通信为例说明 PPO 格式（图 3-29）。

	参数识别			过程数据									
				固定区		自由分配区							
				DW1.1	DW1.2	DW1.3	DW3.1	DW3.2	DW3.3	DW5.1	DW5.2	DW5.3	DW7.1
区域外	ID	IND	VALUE	CW	REF	PZD3	PZD4	PZD5	PZD6	PZD7	PZD8	PZD9	PZD10
区域内	ID	IND	VALUE	SW	ACT	PZD3	PZD4	PZD5	PZD6	PZD7	PZD8	PZD9	PZD10
				DW2.1	DW2.2	DW2.3	DW4.1	DW4.2	DW4.3	DW6.1	DW6.2	DW6.3	DW8.1

图 3-29　ABB ACS800 变频器 PROFIdrive 通信的 PPO 格式

图 3-29 中各参数含义如下。

ID：参数 ID 号。

IND：数组索引号。

VALUE：参数值（最大 4B）。

CW：控制字（主机到从机）。

SW：状态字（从机到主机）。

REF：给定值（主机到从机）。

ACT：实际值（从机到主机）。

PZD：过程数据（由用户指定，主机到从机的为输出，从机到主机的为输入）。

DW：数据字。

【例 1】 如图 3-30 向从站写入数据。当前的参数设置被保存在传动单元的 Flash 存储器中。通过将 Profibus 参数 971（3CBH）设置为 1 可以实现该操作。注意：传动单元总是检查控制字（CW）和给定值（REF）。

图 3-30　向从站写入数据

【例 2】 读取从站数据如图 3-31 所示，Profibus 参数 918 用于读取从站的站地址，从站返回它的站地址（2）。

图 3-31　读取从站数据

3.7 ▪ **S7-300 PLC 与 STEP 7 软件**

（1）S7-300 PLC 概述

S7-300 PLC 是模块化的通用型 PLC，适用于中等性能的控制要求。用户可以根据系统的具体情况选择合适的模块，维修时模块更换十分方便。当系统规模扩大和功能复杂时，可以增加模块，对 PLC 进行扩展。

S7-300 PLC 的 CPU 模块集成了过程控制功能，不需要附加任何硬件、软件就可以建立一个多点接口（multi-point interface，MPI）网络。该协议是西门子内部协议，适用于通信速率要求不高、通信数据量不大时采用的简单经济的通信方式，多用于上位机和少量 PLC 之间近距离通信；若使用 CPU 集成的 Profibus-DP 接口模块或采用通信处理器，S7-300 PLC 则可以作为 DP 网络中的主站或从站工作。

新型 S7-300 PLC 的 CPU 没有内置的存储器，必须使用 MMC 作为其存储器来保存用户数据。当 CPU 断电后 PLC 自动将存储器中的数据复制到 MMC 中，不需要后备电池就可以长时间保持动态数据。另外，用户可以根据程序大小单独购买 MMC，存储范围为 64KB ～ 8MB。

S7-300 PLC 有 350 多条指令，包括位指令、比较指令、定时指令、计数指令、整数指令和浮点数运算指令等。CPU 的集成系统提供了中断处理和诊断信息等系统功能，由于它们集成在 CPU 的操作系统中，因此也省了很多 RAM 空间。

S7-300 PLC 可大范围扩展各种功能模块，使控制系统设计灵活，满足不同的应用需求；简单实用的分散式结构和多界面网络能力使应用十分灵活；产品设计紧凑，可用于空间有限的场合；指令集功能强大，可用于实现复杂的控制功能。

（2）S7-300 PLC 的系统组成

S7-300 PLC 采用模块化结构，各种单独的模块之间可灵活组合以便于扩展。

① 中央处理单元（CPU） CPU 用于存储和处理用户程序，控制集中式 I/O 和分布式 I/O。各种 CPU 有不同的性能，有的 CPU 集成有数字量和模拟量输入 / 输出点，有的 CPU 集成有 Profibus-DP 等通信接口。CPU 前面板上有状态故障指示灯、微存储卡插槽、模式选择开关、通信接口和 24V 电源端子。

② 电源模块（PS） 电源模块用于将交流 120/230V 电源转换为直流 24V 电源，供 CPU 模块和 I/O 模块使用。它的额定输出电流有 2A、5A 和 10A 三种，过载时模块上的 LED 闪烁。

③ 信号模块（SM） 信号模块是数字量输入 / 输出模块（DI/DO）和模拟量输入 / 输出模块（AI/AO）的总称。每个模块上有一个背板总线连接器，现场的过程信号通过其连接到前连接器上。

④ 功能模块（FM） 功能模块是智能信号的处理模块，它们不占用 CPU 的资源，对来自现场设备的信号进行控制和处理，并将信息传送给 CPU。它们负责处理那些 CPU 通常无法以规定速度完成的任务，以及对实时性和存储容量要求很高的控制任务，如高速计数、定位操作和闭环控制等。

⑤ 通信处理器（CP） CP 用于 PLC 之间、PLC 与计算机和其他智能设备之间的通信，可以减轻 CPU 处理通信的负担，并减少用户对通信的编程工作。

⑥ 接口模块（IM） 当使用多机架配置时，IM 用于连接主机架（CR）和扩展机架（ER）。

⑦ 导轨 铝质导轨用来固定和安装 S7-300 PLC 的各种模块。如图 3-32 所示，S7-300 PLC 控制系统包含电源模块 PS307、中央处理器 CPU 313C-2DP、模拟量 I/O 模块 SM334。其中，CPU 313C-2DP 自带 16DI/16DO，内含 40 针前连接器一个，配一块 64KB 存储卡；SM334 内含 20 针前连接器一个。

S7-300 PLC 由多种模块部件组成，各模块安装在 DIN 标准导轨上，并用螺钉固定。这种结构形式非常可靠，又能满足电磁兼容要求。背板总线集成在各模块上，通过总线连接器插在模块的背后，使背板总线连成一体。在一个机架上最多可安装 8 个模块，包括信号模块、功能模块或通信处理器模块，不包括 CPU 模块和电源模块。如果需要使用的模块超过 8 个，则可以增加扩展机架。

负载电源　状态及故障指示灯　前连接器　前门

存储卡

模式选择开关

DC 24V 连接

PS307电源模块　CPU 313C-2DP含16DI/16DO　SM334模拟量I/O模块

MPI多点接口　DP总线接口

图 3-32　S7-300 PLC 典型配置

除了带 CPU 的中央机架（CR），S7-300 PLC 最多还可增加 3 个扩展机架（ER）；每个机架可装 8 个模块，但不包括电源模块（PS）、CPU 模块和接口模块（IM）；4 个机架最多可安装 32 个模块。

机架的最左边是 1 号槽，最右边是 11 号槽，电源模块总是在 1 号槽的位置。中央机架（0 号机架）的 2 号槽上是 CPU 模块，3 号槽是接口模块。这 3 个槽号被固定占用，信号模块、功能模块或通信处理器模块使用 4 ~ 11 号槽，如图 3-33 所示。实际上这些都是逻辑位

总线连接器

DIN导轨

DIN导轨

PS　CPU　IM　SM　SM　SM　SM　SM　SM

图 3-33　S7-300 的安装

置，系统可以没有电源模块而使用外部开关电源，而接口模块仅在扩展机架上使用。

（3）CPU 的操作模式

① CPU 的模式选择　CPU 的模式选择开关各位置的意义如下。

a. RUN（运行）位置：CPU 执行用户程序，可以通过编程软件读出用户程序，但不能修改用户程序。

b. STOP（停止）位置：不执行用户程序，通过编程软件可读出和修改用户程序。

c. MRES（清除存储器）位置：MRES 位置不能保持，将开关扳到这个位置松手后开关将自动返回 STOP 位置。将模式选择开关从 STOP 位置扳到 MRES 位置时，可以复位存储器，使 CPU 回到初始状态，工作存储区、RAM 中的用户程序和地址区被清除，全部存储器位、定时器、计数器和数据块均被复位为零，包括所有保持功能的数据。CPU 开始检测硬件、初始化硬件，系统程序的参数、系统参数、CPU 和模块的参数被恢复为默认设置，MPI 的参数被保留。如果有 MMC，CPU 在复位后则将它里面的用户程序和系统参数复制到工作存储区上。

② CPU 操作模式　S7-300 PLC 的 CPU 通常有 4 种操作模式，即 STOP（停机）、RUN（运行）、HOLD（保持）和 STARTUP（启动）。在所有的模式中，CPU 都可以通过 MPI 接口与其他设备通信。

a. STOP 模式：模式选择开关在 STOP 位置，CPU 模块上电后自动进入 STOP 模式。在该模式 CPU 不执行用户程序，可以接收全局数据和检查系统。

b. RUN 模式：执行用户程序，刷新输入和输出，处理中断和故障信息。

c. HOLD 模式：在启动和 RUN 模式执行程序时遇到调试用的断点，用户程序的执行被挂起（暂停），定时器被冻结。

d. STARTUP 模式：可以用模式选择开关或编程软件 STEP 7 启动 CPU。如果模式选择开关在 RUN 位置，通电时则自动进入启动模式。

（4）S7-300 PLC 的 CPU 的分类

S7-300 PLC 有各种不同性能档次的 CPU 模块可供使用。例如，标准型 CPU 提供范围广泛的基本功能：指令执行、I/O 读写、通过 MPI 和 CP 模块通信等；紧凑型 CPU 本机集成 I/O，并具有高速计数、频率测量、定位和 PID 调节等功能；部分 CPU 还集成了点到点或 Profibus 通信接口。S7-300 PLC 的 CPU 模块可分为以下几种类型。

① 标准型 CPU：CPU 312、CPU 314、CPU 315-2DP、CPU 315-2PN/DP、CPU 317-2DP、CPU 317-2PN/DP 和 CPU 319-3PN/DP。

② 紧凑型 CPU：CPU 312C、CPU 313C、CPU 313C-PtP、CPU 313C-2DP、CPU 314C-PtP 和 CPU 314C-2DP。

③ 技术功能型 CPU：CPU 315T-2DP 和 CPU 317T-2DP。

④ 故障安全型 CPU：CPU 315F-2DP、CPU 315F-2PN/DP、CPU 317F-2DP 和 CPU 317F-2PN/DP。

⑤ SIPLUS 户外型 CPU：可以在环境温度为 -25 ～ 700℃ 和有害的气体环境中运行。

（5）STEP 7 编程软件

S7-300 系列 PLC 的编程软件是 STEP 7，用文件块的形式管理用户编写的程序及运行程序所需的数据，组成结构化的用户程序，这样可以使 PLC 的程序组织明确、结构清晰、易于修改。

STEP 7 编程软件用于 SIMATIC S7、C7、M7 和基于 PC 的 WinAC，为它们提供组态、编程和监控等服务，主要具有以下功能。

① SIMATIC 管理器，用于集中管理所有工具以及自动化项目数据。

② 组态硬件，即为机架中的模块分配地址和设置模块的参数。

③ 程序编辑器，使用编程语言编写用户程序。

④ 符号编辑器，用于管理全局变量。

⑤ 组态通信连接、定义通信伙伴和连接特性。

⑥ 上传和下载用户程序、调试用户程序、启动、维护、文件建档、运行和诊断等。

STEP 7 的所有功能均有大量的在线帮助，打开或选中某一对象后按"F1"键，即可得到该对象的在线帮助。

（6）STEP 7 的程序块

在 STEP 7 软件中，PLC 中的程序分为系统程序和用户程序。系统程序用于实现与特定的控制任务无关的功能，处理 PLC 的启动，刷新过程映像输入/输出表，调用用户程序，处理中断和错误，管理存储区和处理通信等；用户程序包含处理用户特定的自动化任务所需要的所有功能。

结构化的用户程序是以"块"形式实现的。STEP 7 将用户编写的程序数据放置在块中，使程序部件标准化，通过块与块之间的调用，实现用户的控制功能。用户程序中的块使用情况如表 3-10 所示。

表 3-10 S7-300 中的程序块与数据块

块名称	功能概述
组织块（OB）	操作系统与用户程序的接口，决定用户程序的结构
系统功能块（SFB）	集成在 CPU 模块中，通过 SFB 调用系统功能，有专用的背景数据块
系统功能（SFC）	集成在 CPU 模块中，通过 SFC 调用系统功能，无专用的背景数据块
功能块（FB）	用户编写的包含常用功能的子程序，有专用的背景数据块
功能（FC）	用户编写的包含常用功能的子程序，无专用的背景数据块
背景数据块（DI）	调用 FB 和 SFB 时用于传递参数的数据块，编译时自动生成数据，不需要用户操作
共享数据块（DB）	存储用户数据的数据区域，供所有逻辑块共享，数据结构并不依赖于特定的程序块

S7-300 PLC 的 CPU 提供标准系统功能块/功能 SFB/SFC，用户可以直接调用它们。由于它们是操作系统的一部分，因此不需要将其作为用户程序下载到 PLC 中；FB、FC 实际上是用户子程序，分为带记忆功能的功能块 FB 和不带记忆功能的功能 FC；DB 是由用户定义的存储区，用于 FB 或 FC 的数据存取，可以打开或关闭，可以是属于某个 FB 的情景数据块，也可以是通用的全局数据块。

CPU 循环执行操作系统程序，在每次循环中，操作系统程序调用一次主程序 OB1，在任何情况下，OB1 都是必需的。其他大多数 OB 则对应于不同的中断处理程序，如果出现中断事件，CPU 将停止当前正在执行的程序，转去执行中断事件对应的组织块 OB；中断程序执行完以后，再返回到程序中断处继续执行先前正在执行的程序。在程序设计过程中，可以将一个项目控制任务划分为若干个较完整的控制模块，分别建立与各个控制模块相对应的逻辑块。块与块之间可以根据控制要求相互调用，被调用的块是 OB 之外的逻辑块。

块调用的层次结构如图 3-34 所示。在调用功能块 FB 和系统功能块 SFB 时需要为它们指定一个背景数据块，背景数据块随着这些块的调用而打开，在调用结束时自动关闭。创建背景数据块时，必须制定它所属的 FB，而且该 FB 必须已经存在。例如，OB1 调用 FB1，FB1 调用 FC1，创建块时应该采用先创建 FC1 再创建 FB1 的顺序。

图 3-34　块调用的层次结构

3.8 ▪ S7–300/400 常用的组网方式

西门子 S7-300/400 控制器是 DP 网络中最常见的一类主站，它们组网方式灵活多样。这里总结其常用组网形式及组网要点，因篇幅所限，具体步骤不作详细介绍。

3.8.1　DP 方式

（1）通过 CPU 集成 DP 口（或通过 DP 主站模块如 CP342-5）与远程 I/O 之间的通信

西门子 ET 系列远程 I/O 是 DP 网络中最为常见的远程 I/O，其他公司如图尔克等也有专门的 DP 从站 I/O 模块，这些模块使用方便，不需编程。

远程 I/O 支持冗余结构，支持基于光纤通信介质，也可以是 Profinet I/O 形式。

CP342-5 与 CPU 上集成的 DP 接口不一样，它对应的通信接口区不是 I 区和 Q 区，而是虚拟的通信区，需要调用 CP 通信功能 FC1（DP SEND）、FC2（DP RECV）实现通信。

（2）S7-300 与 S7-200 的 DP 通信

S7-200 需配备 EM277 模块，S7-200 CPU 不需要设置或编程，EM277 模块 DP 地址旋钮需设置。

安装 EM277 的 GSD 文件后，在 STEP 7 硬件配置环境中配置 EM277：添加为从站，设置 PPO 类型，分配地址映射关系。S7-300 的输入是 S7-200 的输出，S7-300 的输出是 S7-200 的输入。注意：在 EM277 属性中，设置好 I/O 地址在 S7-200 V 寄存器中的偏移量（I/O Offset in V-Memory）。例如，通信字节为最大值 64B I/64B O，V 中的偏移量为 0，对应关系为

S7-300　　　S7-200

64B I ◄--- VB64 开始

64B O ---► VB0 开始

S7-300 中配置 S7-200 从站的地址与 S7-200 硬件地址一致。S7-200 侧不作任何设置，EM277 正常工作即可。

（3）支持 DP 协议的第三方从站设备通信

支持 DP 协议的第三方从站设备很多，这也正是 DP 应用广泛的体现，其他主流的 PLC 也都有相应的接入 DP 的功能，这些模块基本上以从站的身份接入 DP。例如 GE、AB、施耐德、欧姆龙公司的 PLC、ABB 机器人 / 变频器等都有 DP 转换模块。

近年来还出现一些专门的协议转换模块，如 Modbus 转 DP、DeviceNet 转 DP 等，这些模块的本质还是通过地址之间的映射交换数据，但给使用带来极大的方便，如上海泗博公司等国产品牌在工程中都广泛使用。这些模块一般也是 DP 从站，像其他从站模块一样，先要安装 GSD 文件，设置通信关系及从站的具体属性后，就可方便地使用。

（4）系统功能 SFC14、SFC15 的 Profibus 通信应用

功能复杂的 DP 从站，如闭环控制器或电气驱动等，它们通常不能用简单的数据结构来完成通信任务。这些 DP 从站需要更大的 I/O 区域，而且在这些 I/O 区域中的信息常常是相连不可分割的。

在组态 Profibus-DP 通信时常常会见到参数"Consistency"（数据的一致性），如果选"Unit"，数据将以在参数"Unit"中定义的格式（字或字节）被发送和接收。例如，主站以字节格式发送 20B，从站将一字节一字节地接收和处理这 20B。

若数据到达从站接收区不在同一时刻，从站可能不在一个循环周期处理接收区的数据，如果想要保持数据的一致性，在一个周期处理这些数据，就要选择参数"All"，有的版本是参数"Total length"。当通信数据大于 4B 时，要调用 SFC15 DPWR_DAT 给数据打包（写标准 DP 从站的连续数据），调用 SFC14 DPRD_DAT 给数据解包（读标准 DP 从站的连续数据），这样数据以数据包的形式一次性完成发送、接收，保证了数据一致性。

以两个 S7-300 做主 / 从通信为例，先在从站中设置，在"属性"→"组态"标签中建立通信变量，选择"Consistency"，建立输入输出。

在主站侧加入已配置的从站，在从站的"属性"中组态输入输出，之后采用 SFC14、SFC15 完成一次性读写，其通信过程（图 3-35）及具体程序实现如下。

图 3-35　用 SFC14 和 SFC15 的数据通信

从站：

```
CALL SFC14              // 解开存放在 IB0 ～ IB4 的数据包，放到
                        //    MB10 ～ MB14 中
LADDR  W#16#0           // 输入模块的起始地址
RET_VAL MW50            // 返回值在 MW50 中
```

```
RECORD P#M10.0 BYTE 5        // 指针指向输入数据的数据存储区域
CALL SFC15                   // 从站利用 SFC15 把 MB20 ～ M26 中的数据
                                通过 QB0 ～ QB6 发送到主站
 LADDR  W#16#0               // 输出模块的起始地址
RECORD  P#M20.0 BYTE 7       // 指针指向输出数据的数据存储区域
RET_VAL MW100                // 返回值在 MW100 中
主站：
CALL SFC14                   // 主站接收：把存放在 IB0 ～ IB6 的数据包
                                解开，放于 MB10 ～ MB16 中
LADDR  W#16#0                // 输入模块的起始地址
RET_VAL MW50                 // 返回值在 MW50 中
RECORD P#M10.0 BYTE 7        // 指针指向输入数据的数据存储区域
CALL SFC15                   // 发送到从站
LADDR  W#16#0                // 输出模块的起始地址
RECORD  P#M20.0 BYTE 5       // 指针指向输出数据的数据存储区域
RET_VAL MW100                // 返回值在 MW100 中
```

3.8.2　MPI 方式 /PPI 方式

MPI/PPI 是西门子公司内部的网络协议，内容不公开，在站数较少时使用，物理电缆和接头都借用 DP 的产品，但从物理层特性开始与 DP 均不一致。PPI 多用于 S7-200，MPI 多用于 S7-400/300/200，均可采用多主或主从结构。

MPI 总是在两个相互通信的设备之间建立连接。连接可能是两个设备之间的非公用连接。主站不能干涉两个设备之间已经建立的连接。主站可以短时间建立一个连接，或无限地保持连接断开。MPI 连接的最大数量视 CPU 类型、性能而不同。

对于与 PG/OP、HMI 系统以及其他西门子（S7/C7/WinAC）自动化系统进行通信而言，MPI 是一种经济实惠的解决方案。MPI 接口是 RS-485 物理接口，数据传输速率为 19.2kbit/s、187.5kbit/s 或 1.5kbit/s，相邻节点之间最大连接距离为 50m。MPI 周期性地相互交换少量的数据，最多 15 个 CPU。编程设备、人机接口和 CPU 的默认地址分别为 0、1、2。

PLC 之间通过 MPI 口通信可分为以下三种。

① 全局数据包通信方式（详见下文）。

② 组态连接通信方式：S7-300 只能作服务器，S7-400 在与 S7-300 通信时作客户端，与 S7-400 通信时既可以作服务器，又可以作客户端，只适合用于 S7-300/400 和 S7-400/400 PLC 之间的相互通信。

③ 无组态连接通信方式：需要调用系统功能块 SFC65 ～ SFC69 来实现，适合用于 S7-200/300/400 PLC 之间的相互通信。无组态连接通信方式可分为两种方式：双边编程方式和单边编程方式。

（1）全局数据包（GD）通信方式

以全局数据包（GD）通信方式实现 PLC 之间的数据交换，只需要关心数据的发送区和接收区。在配置 PLC 硬件的过程中，组态要通信的 PLC 站之间的发送区和接收区即可，不需要任何程序处理。这种通信方式只适合 S7-300/400 PLC 之间（周期性）相互通信，缺乏灵活性。

S7-300 CPU 可以建立 4 个全局数据环，每个环中一个 CPU 只能发送和接收一个数据包，最多包含 22 个数据字节。S7-300 最多可以在一个项目中的 15 个 CPU 之间建立全局数据通信。

S7-400 CPU 可以建立的全局数据环个数与 CPU 的型号有关（16～64 个），每个环中一个 CPU 只能发送一个数据包和接收两个数据包，每个数据包最多包含 54 个数据字节。

在 MPI 上实现全局数据共享的两个或多个 CPU 中，至少有一个是数据的发送方，有一个或多个是数据的接收方。发送或接收的数据称为全局数据。具有相同 Sender/Receiver（发送者/接收者）的全局数据，可以集合成一个全局数据包（GD packet）一起发送。每个数据包用数据包号码（GD packet number）来标识，其中的变量用变量号码（variable number）来标识。参与全局数据包交换的 CPU 构成了全局数据环（GD circle），可以建立多个 GD 环。每个全局数据环用数据环号码（GD circle number）来标识。例如，GD 2.1.3 表示 2 号全局数据环 1 号全局数据包中的 3 号数据。

在 PLC 操作系统的作用下，发送者 CPU 自动地、周期性地将指定地址中的数据发送到接收者指定的地址区中。发送者 CPU 在它的一个扫描循环结束时发送 GD，接收者 CPU 在它的一个扫描循环开始时接收 GD。

在 NetPro 工具中将配置好的 CPU 进行 MPI 网络配置，设置好地址。然后定义 MPI 网络的全局数据包，如图 3-36 所示。

图 3-36 MPI 的全局数据包定义

选择"Sender"，输入的地址带前缀"＞"，同一行中各单元的字节数应相同。QW0：4 表示 QW0 开始的 4 个字。

如果 GD 包由若干个连续的数据区组成，一个连续的数据区占用的空间为数据区内的字节数加上两个头部说明字节。一个单独的双字占 6 个字节，一个单独的字占 4 个字节，一个单独的字节占 3 个字节，一个单独的位也占 3 个字节。

完成全局数据表的输入后，要进行编译。

以 CPU 的循环扫描周期为单位，可以设置扫描速率，如 S7-300 中默认的 8 即 8 个扫描周期读写一次。当扫描速率为 0，表示是事件驱动的 GD 发送和接收。

设置 GD 数据传输的状态双字可以用来检查数据是否被正确地传送。

使用 SFC60（GD_SEND）和 SFC 61（GD_RCV），S7-400 可以用事件驱动的方式发送和接收 GD 包，实现全局通信（扫描速率为 0 时）。

为了保证全局数据交换的连续性，在调用 SFC60 之前应调用 SFC 39（DIS_IRT）或

SFC41（DIS_AIRT）来禁止或延迟更高级的中断和异步错误。SFC 60 执行完后调用 SFC 40（EN_IRT）或 SFC 42（EN_AIRT），再次确认高优先级的中断和异步错误。

（2）S7-200/300/400 间的无组态连接 MPI 通信方式

必要硬件条件：S7-300 PLC、S7-200 PLC、PC Adapter 或 CP5611、Profibus 总线连接器及电缆。

需要调用系统功能块 SFC65～SFC69 来实现，适合于 S7-200/300/400 PLC 之间的相互通信。无组态连接通信方式可分为两种方式：双边编程方式和单边编程方式。

S7-300 与 S7-200 的 MPI 通信，只能采用单边编程方式，即 S7-200 作为服务器，无需任何编程；S7-300 作为客户端，利用 SFC67（X_GET）读取 S7-200 数据区的数据到 S7-300 的本地数据区，利用 SFC68（X_PUT）将本地数据区数据写入 S7-200 的指定数据区。

S7-300 MPI 地址、S7-200 MPI 地址不能冲突，通信速率必须一致。

假设 S7-200 用 PORT0 作 MPI，在 STEP 7-Micro/WIN 的"系统块"中，设定 S7-200 的"端口 0"地址为 MPI 地址，通信速率也在此处设置。

S7-200 PLC 中需要将要交换的数据整理到一个连续的 V 存储区中，S7-300 中需要在 OB1（或是定时中断组织块 OB35）中调用系统功能 X_GET（SFC67）和 X_PUT（SFC68），实现 S7-300 与 S7-200 之间的通信。调用 SFC67 和 SFC68 时 VAR_ADDR 参数填写 S7-200 的数据地址区，这里需填写 P#DB1.×××BYTE n，对应的就是 S7-200 V 存储区中 VB×× 到 VB［××+（n-1）］的数据区。

```
CALL "X_PUT"                                    // 用 SFC68 通过 MPI 发送数据
    REQ      : =TRUE                            // 激活发送请求
    CONT     : =TRUE                            // 发送完成后保持连接
    DEST_ID  : =W#16#3                          // 接收方 S7-200 的 MPI 地址
    VAR_ADDR : =P#DB1.DBX0.0 BYTE 76            //S7-200 接收数据存于 VB0～VB75
    SD       : =P#DB1.DBX0.0 BYTE 76            // 本地的数据发送区
    RET_VAL  : =MW2                             // 返回的故障信息
    BUSY     : =M0.1                            // 为 1, 发送未完成
CALL "X_GET"                                    // 用 SFC67 从 MPI 读取对方的数据到本
                                                //  地 PLC 的数据区
    REQ      : =TRUE                            // 激活请求
    CONT     : =TRUE                            // 发送完成后保持连接
    DEST_ID  : =W#16#3                          // 对方的 MPI 地址
    VAR_ADDR : =P#DB1.DBX76.0 BYTE 76           // 要读取的对方的数据区
    RET_VAL  : =MW4                             // 返回的故障信息
    BUSY     : =M0.2                            // 为 1, 发送未完成
    RD       : =P#DB2.DBX0.0 BYTE 76            // 要读取的对方的数据区
```

如果上述 SFC 的工作已完成（BUSY=0），调用 SFC69（X_ABORT）后，通信双方的连接资源被释放。

分别在 STEP 7 Micro/WIN32 和 STEP 7 中监视 S7-200 和 S7-300 PLC 中的数据，S7-200 从 S7-300 的 DB1 读入 VW0 开始的 76B。S7-200 向 S7-300 的 DB2 写入 VW76 开始的 76B。

S7-300 与 S7-300 之间采用 MPI 无连接单边通信方式时，配置和编程方法与上述相同。

（3）PPI 网络

PPI 多用于 S7-200，可采用多主或主 / 从结构。网络中主站数目越多，越会增加网络负载，降低网络性能。

如果存在多主站，各主站地址不应该有间隙。当主站间存在地址间隙时，主站连续检查间隙内的地址，确定是否有其他主站等待进入连接。这个检查需要时间，会增加网络的负担。如果主站之间没有地址间隙，就不需要进行检查，这样网络的负载最小。位于主站之间的从站会造成主站之间的地址间隙，因而也会增加网络的负载。

间隙刷新因子的作用是使 S7-200 周期性地检测地址间隔，如果 GUF=2，CPU 每两次占有令牌时，才会检查一次地址间隔。如果主站之间有间隙，设置高的 GUF 可以降低网络负载。如果主站之间没有间隙，GUF 不影响网络性能。设置过大的 GUF，会造成其他主站无法及时进入连接而影响网络性能；设置过小的 GUF，会影响网络性能。

最高站地址限制了最后一个主站（最高主站地址）必须检查的地址间隙。总的规则是应该在所有的主站上设置相同的最高站地址。该地址应大于或等于系统中的最高主站地址。

例如一系统有多台 S7-200 CPU 做 PPI 通信，具体有多少台需根据实际选择。网络中只有一台作为主站（PPI 网络地址最小的作为主站），其余作为从站。主站从每一个从站读取 10B 数据，写入 1B 数据。如果主站出现故障或掉电，网络中地址最小的从站切换为主站。如果原故障主站恢复，因为它是最小站号，所以它恢复为唯一主站。

PPI 通信功能通常在 STEP 7 Micro/WIN 中利用可视化向导生成，向导能够处理多个 PPI 操作时的时间顺序问题，使用非常方便。在 S7-200 PLC 双方通信的信息量不大时，适合采用 PPI 通信。也可通过系统提供的功能块自编 PPI 读写程序，实现 PPI 通信功能。

3.8.3　以太网方式

（1）S7-300/400 之间的以太网 S7 通信

西门子 S7 通信是 S7 PLC 基于工业以太网、Profibus 或 MPI 网络的应用层通信协议集，是基于连接的通信，分为单向通信和双向通信。

在双向通信中，通信双方都需要调用功能块，一方调用发送块来发送数据，另一方调用接收块来接收数据。使用 BSEND/BRCV，可以实现快速可靠的双向 S7 通信，传送后需要接收方确认，每次最多可以传输 64KB 的数据。使用 USEND/URCV，可以实现快速的无需确认的双向数据交换。

单向通信只需要为客户端的 CPU 编写通信程序，调用 GET/PUT 功能块来读写作为服务器的 CPU 的数据。

S7-300 集成的通信接口在通信中只能作为 S7 通信服务器（基本的 MPI 通信除外）；S7-400 集成的 DP 接口和 CP443-5 在单向 S7 通信中既可以作为服务器，也可以作为客户端。它们之间还可以进行双向 S7 通信。

以两台带以太网口的 S7-300 为例，如 CPU 315-2PN/DP，在 CPU 的 PN-IO 口属性中，设置 IP 地址（如 192.169.0.1）和子网掩码，新建一个新的以太网。

在同一个工程中，对第二个 CPU 同样组态时，IP 不能冲突。分别下载硬件组态到两个 CPU 中。

在网络配置功能 NetPro 中自动生成网络图（MPI、DP、以太网均可编辑）。在站 1 的

CPU1（属性）中插入新的"连接（New Connection）"。

在弹出的对话框中，显示了可与站 1 建立连接的站点，选择 2 号站点，同时选择类型为"S7-connection"。

单击"OK"按钮后会出现连接属性对话框，勾选"establish an active connection"以（主动）激活新连接，同时需要记住本地 ID 号，此号作为后续的通信模块标识。

选择"One-way"单边功能时，本地 CPU 作为客户端，伙伴 CPU 作为服务器，客户端访问 Server。可以利用单边功能块（GET，PUT）进行单边访问。

取消 One-way 单边功能，通信变为双向（Two-way），本地 CPU 和伙伴 CPU 既可作为客户端又可作为 Server。不但可以利用单边功能块（GET，PUT）进行单边访问，也可利用双边功能块（BSEND/BRCV，USEND/URCV）进行双边访问。

如果 S7-300 站和 S7-400 站在不同的 STEP 7 项目中，需要在 S7-300 和 S7-400 站中分别组态未指明的 S7 连接。

在"Address Details"对话框中，指定本地 TSAP 和通信伙伴的 TSAP。在通信伙伴中输入伙伴 CPU 的机架号和槽号。

在 OB35 中调用 FB12、FB13，配合 DB12、DB13 如下。

```
CALL "BSEND", DB12          //FB12 Sending Segmented Data
   REQ    : =M100.7         // REQ 是上升沿触发数据发送，可以接入周期触发信号
   R      : =I0.0
   ID     : =W#16#1         //ID 号是所建立连接的号码
   R_ID   : =DW#16#1        // R_ID 是发送数据包的号，收发双方必须一致
   DONE   : =M6.0
   ERROR  : =M6.1
   STATUS : =MW8
   SD_1   : =P#M 0.0 BYTE 4  //SD_1 为发送数据存储区
   LEN    : =MW4            //LEN 为数据长度
CALL "BRCV", DB4            //FB13 Receiving Segment Data
   EN_R   : =M50.0
   ID     : =W#16#1
   R_ID   : =DW#16#1
   NDR    : =M6.0
   ERROR  : =M6.1
   STATUS : =MW8
   RD_1   : =P#M 0.0 BYTE 4
   LEN    : =
```

CPU2 负责接收，FB13 中的设置与 FB12 大致相同，两者的 ID 号与 R_ID 号一致即可。

（2）S7-300 与 S7-200 之间的以太网

S7-200 侧利用以太网向导完成设置，首先在线读出 CP243-1，配置时前面的实际输出地址需要空出。可以建立的连接数量由 CPU 资源而定。双方 TSAP 地址（如 03.02）、IP 地址、Remote server IP 地址要设置正确。

确定双方的收发数据区，选择读 / 写操作及字节数量；S7-200 在这里相当于客户端。

3.9 ▪ DP 故障诊断实例

某煤炭生产企业的控制系统及网络规划如图 3-37 所示。

图 3-37　控制系统及网络规划图

系统要求：5 个 ABB ACS800 变频器、Profibus 通信卡 ABB Drives RPBA-01。电气柜距离远，要求闭锁关系严格，以免通信中断造成损失。

组网说明：其工程组态如图 3-38 和图 3-39 所示。该工程非常典型，CPU 315-2DP 为 DP 主站，构成单主结构；既有本地 I/O 扩展（通过 IM365），又有远程变频器的 DP 网络。表 3-11 给出各变频器（DP）从站的具体配置情况。

图 3-38　添加 ABB ACS800 变频器

图 3-39　DP 网络组态

表 3-11　DP 从站配置

站号	I 地址	Q 地址	PPO 类型
3	56..67	56..67	PPO Type 4
4	68..79	68..79	PPO Type 4
5	80..91	80..91	PPO Type 4
6	92..103	92..103	PPO Type 4
7	104..115	104..115	PPO Type 4

首先创建数据块，用来存放读出的各从站的状态结果，如图 3-40 所示。

图 3-40　DB1 的结构

创建 DB1 存放结果。

创建临时变量 retSFC51、busy。

通过系统功能 SFC51（RDSYSST，读取系统状态）可以读取系统状态列表或部分系统状态列表。

调用 SFC51 时，通过将值"1"赋给输入参数 REQ 来启动读取。如果可以立即读取系统状态，则 SFC51 将在 BUSY 输出参数中返回值 0。如果 BUSY 包含值 1，则尚未完成读取功能。

LENTHDR 和 N_DR 的乘积将指示已在 DR 中输入了多少字节。

SSL_HEADER 参数是一个如下定义的结构。

SSL_HEADER：STRUCT

LENTHDR：WORD　// 数据记录的字节长度

N_DR：WORD　　// 数据记录的数目

END_STRUCT

LENTHDR 是 SSL 列表或 SSL 部分列表的数据记录的长度。

如果仅读取了 SSL 列表的标题信息，则 N_DR 包含属于它的数据记录数，否则，N_DR 包含传送到目标区域的数据记录数。

SZL_ID 为 W#16#xy92 的部分列表的数据记录，具有如下结构。

W#16#0292：

位 =0：机架 / 站故障、已取消激活或未组态

位 =1：机架 / 站存在、已激活、尚未发生故障

位 0：中央机架或站 1

位 1：扩展机架或站 2

……

位 7：扩展机架或站 8

CALL "RDSYSST"　　　　　　　//SFC51 Read a System Status List or Partial List

REQ：=M200.0　　　　　　　//REQ=1，启动处理

SSL_ID：=W#16#292　　　　// 将要读取的系统状态列表或部分列表的 SZL ID

中央组态中的机架的当前状态 /DP 主站系统的站的当前状态。

INDEX：=W#16#1　　　　　　// 部分列表中对象的类型或编号

RET_VAL：=#retSFC51　// 如果执行 SFC 时出错，则 RET_VAL 将包含出错代码

BUSY：=#busy //TRUE：尚未完成读取

SZL_HEADER：="whSSL".SSL_HEADER　　//P#DB1.DBX0.0 长度

DR：="whSSL".seriennummer //P#DB1.DBX4.0 SSL 列表读取或 SSL 部分列表读取的
　　　　　　　　　　　　　　　目标区域

图 3-41 给出故障处理过程，通过 SFC51 读取从站 SSL 信息到 P#DB1.DBX4.0。当从站通信中断锁存故障（DB1.DBX4.4）后，立即处理。在相应的故障组织块（OB86）中，将故障信息转存至其他区域。

OB121 的内部变量如图 3-42 所示。

Profibus-DP 总线诊断功能块的使用过程如下。

① 调用 FB125 或者 FC125。

② 在 OB1 内或者在硬件故障中断的组织块中使用这些功能块。FB125 功能块在程序 OB1、OB82、OB86 中直接调用，调用过程及输入输出参数描述如下。

在 OB86 中编写的简单处理程序如下，可以判断出通信故障模块的 DP 站号。

图 3-41 故障码的读取

Name	Data Type	Address	Comment
OB86_EV_CLASS	Byte	0.0	16#38/39 Event class 3
OB86_FLT_ID	Byte	1.0	16#C1/C4/C5, Fault identifcation code
OB86_PRIORITY	Byte	2.0	Priority of OB Execution
OB86_OB_NUMBR	Byte	3.0	86 (Organization block 86, OB86)
OB86_RESERVED_1	Byte	4.0	Reserved for system
OB86_RESERVED_2	Byte	5.0	Reserved for system
OB86_MDL_ADDR	Word	6.0	Base address of IM module in rack with fault
OB86_Z23	DWord	8.0	
OB86_DATE_TIME	Date_And_Time	12.0	Date and time OB86 started

Name	Data Type	Address	Comment
OB121_EV_CLASS	Byte	0.0	16#25, Event class 2, Entering event state, Internal fault event
OB121_SW_FLT	Byte	1.0	16#XX Software programming fault
OB121_PRIORITY	Byte	2.0	Priority of OB Execution
OB121_OB_NUMBR	Byte	3.0	121 (Organization block 121, OB121)
OB121_BLK_TYPE	Byte	4.0	16#88/8A/8B/8C/8E Type of block fault occured in
OB121_RESERVED_1	Byte	5.0	Reserved for system
OB121_FLT_REG	Word	6.0	16#XX Specific register that caused fault
OB121_BLK_NUM	Word	8.0	Number of block that programming fault occured in
OB121_PRG_ADDR	Word	10.0	Address in block where programming fault occured
OB121_DATE_TIME	Date_And_Time	12.0	Date and time OB121 started

图 3-42 OB121 的内部变量

L #OB86_EV_CLASS // 读取事件的级别和标识

T MB0

L #OB86_FLT_DI // 读取故障代码

T MB1

L #OB86_MDL_ADDR // 读取故障模块的地址

T MW2

③ 如果 DP 从站发生故障，CPU 作为 DP 主站与作为 DP 从站的 ET 200S 之间没有通信连接，因此通信出故障的 DP 从站其输入保持不变，但是不可能有输出的，所以输出的状态当然全部为零。

该生产系统 HMI 界面如图 3-43 所示。

图 3-43 生产系统 HMI 界面

📚 **思考题**

1. 简述 Profibus 的协议结构与 DP 工作原理。

2. 什么是 MS0、MS1、MS2 通信？

3. MS0 通信的工作过程是怎样的？

4. Profibus-DP 的基本功能是什么？ DP-V1 和 DP-V2 有哪些补充？

5. DP 报文有哪些种类？

6. 简述 PROFIdrive 行规的应用领域及 PPO 通信过程。

7. 叙述 S7-300/400 的常见组网方式。

8. 在博图环境中，建立 S7-1200 为主站，两个 ET 200S 为从站的 DP 网络并仿真。

9. 在博图环境中，建立两台 S7-1200 通过 DP-COUPLER 通信。

10. 在博图环境中，建立 S7-1200 与一个 ABB 变频器或机器人的 DP 通信（GSD 可以在网上搜索），并简述关键步骤。

第 4 章

CIP 网络

4.1 ■ 控制和信息协议

20 世纪 90 年代中期，罗克韦尔自动化公司下属的 Allen-Bradley 公司开发出 DeviceNet 和 ControlNet 两种工业网络。为了更好地实现网络的兼容性，AB 公司在上述两种网络的应用层同时采用了控制与信息协议（control and information protocol，CIP）。

CIP 是一种为工业应用开发的应用层协议，在 DeviceNet、ControlNet 采用了此协议后，由 AB 公司推出的工业以太网 EtherNet/IP 也采用了该协议，因此这三种网络均被称为 CIP 网络。

CIP 的开发正值工业网络开放成为"现场总线"的时代。为了适应这种潮流，罗克韦尔自动化公司联合其他一些制造商，在 1995 年和 1997 年分别建立了开放式 DeviceNet 供应商协会（Open DeviceNet Vendor Association，ODVA）和 ControlNet International（CI）两个国际组织，并把 DeviceNet 和 ControlNet 的所有权移交给这两个组织，由它们负责这两种网络技术的管理、推广等工作。在此基础上，为了在人们普遍看好的工业以太网市场上占据一席之地，ODVA 和 CI 又联合工业以太网协会（Industrial Ethernet Association，IEA）在 2000年推出了 EtherNet/IP［其中 IP 是工业协议（Industrial Protocol）的缩写］，该协议在应用层也采用了 CIP，使基于 CIP 的网络和应用市场得到了进一步的发展。

DeviceNet、ControlNet、EtherNet/IP 在各自的规范中分别给出了 CIP 的定义（以下将技术规范中对 CIP 的定义称为 CIP 规范）。3 种规范对 CIP 的定义大同小异，只是在与网络底层有关的低层部分不一样。不过由于历史原因，3 种 CIP 网络的技术规范的结构差异很大，目前，针对 ODVA 和 CI，人们正在致力于用相同的结构来完善技术规范。

4.1.1 CIP 网络模型

DeciveNet、ControlNet 与 EtherNet/IP 虽采用同一个应用层协议，但却具有各自的显著特点。

① DeciveNet 是一种基于 CAN 的网络，除了其物理层的传输介质、收发器是重新定义

的以外，其他部分和数据链路层都采用 CAN 总线协议。

② ControlNet 物理层采用同轴电缆，数据链路层采用并行时间域多路访问（concurrent time domain multiple access，CTDMA）协议。

③ EtherNet/IP 是一种基于以太网技术和 TCP/IP 技术的工业以太网，其物理层和数据链路层采用以太网协议，网络层和传输层采用 TCP/IP 族，应用层除使用 CIP 之外，也可以使用基于 TCP/IP 的 HTTP，具有高性能、易使用、易于和企业内部网甚至因特网进行信息集成等特点。

从图 4-1 所示的 CIP 的结构模型中可以看出，这三种网络底层采用的协议是不同的，因此每种 CIP 网络又有各自的特点，对比如表 4-1 所示。

图 4-1　CIP 的结构模型

表 4-1　三种 CIP 网络的比较

CIP 网络名称	DeviceNet	ControlNet	EtherNet/IP
传输介质	电缆	同轴电缆 / 光纤	同轴电缆 / 光纤 / 非屏蔽双绞线
数据传输速率 /（Mbit/s）	0.125/0.25/0.5	5	10/100
最大节点数	64	99	很多
最大网段距离 /km	0.5（125kbit/s 时）	5（同轴电缆），30（光缆）	与传输介质和波特率有关
MAC 数据包长度 /B	0 ～ 8	0 ～ 510	0 ～ 1500
是否网络供电	是	否	否
是否支持本质安全	否	是	否
是否支持介质冗余	否	是	是
节点成本	低	高	高

在工程应用中，由于系统各部分对网络通信功能的需求是不一样的，设计者应根据实际情况决定采用哪种控制网络。为此，罗克韦尔自动化、西门子等主要自动化设备制造商都推出了三层自动化系统网络解决方案，从上到下分别为信息层网络、控制层网络和设备层网

络。根据三种网络的不同特点，它们的应用场合也有显著不同。

① 通常情况下，信息层网络负责提供高带宽、低确定性的通信服务，一般采用商用以太网，用于连接车间、控制室、管理部门的计算机，实现自动化系统和管理信息系统的集成。

② 控制层网络主要负责提供中等带宽、高确定性的通信服务，用于连接控制器、工业控制计算机等。

③ 设备层网络负责提供低带宽、低成本、高确定性的通信服务，用于底层设备（如光电传感器、变频器等）和控制器之间的连接。

针对以上特点，罗克韦尔自动化公司通常将 DeviceNet 用作设备层网络，将 ControlNet 用作控制层网络，而 EtherNet/IP 兼备了商用以太网的功能和 ControlNet 的确定性通信功能，也可用作控制层网络。

4.1.2 CIP 的特点

CIP 网络功能强大、灵活性强，体现在支持多种通信模式和多种 I/O 数据触发方式，可通过一个网络传输多种类型的数据，完成以前需要两个网络才能完成的任务。CIP 具有以下特性。

（1）显式报文和隐式报文

CIP 最重要的特点是可以传输多种类型的数据，具有良好的实时性、确定性、可重复性和可靠性。

① 实时性：数据传输所需的时间少。

② 确定性：数据传输所需的时间的可预测性强。

③ 可重复性：增加或减少网络节点，对数据传输所需的时间影响较小。

④ 可靠性：数据传输的正确率高。

CIP 良好的性能依靠报文的分类处理实现。CIP 根据所传输的数据对传输服务质量要求的不同，把报文分成两种——显式报文和隐式报文。

① 显式报文：用于传输对时间没有苛求的数据。这种报文包含解读该报文所需要的信息，例如程序的上传下载、系统维护、故障诊断、设备配置等信息。显式报文只能以点对点的方式传输。

② 隐式报文：用于传输对时间有苛求的数据。这种报文不包含解读该报文所需要的信息（其含义在网络配置时就确定好了），例如 I/O 报文、实时互锁报文等。隐式报文可以以多播的方式传输。

在三种网络中的具体实现如下。

① DeviceNet：隐式报文使用优先级高的报头，显式报文使用优先级低的报头。

② ControlNet：隐式报文，在预定时间段；显式报文，在非预定时间段。

③ EtherNet/IP：隐式报文采用 UDP，显式报文采用 TCP。

（2）面向连接

CIP 是一个面向连接的协议，也就是在通信开始之前必须先建立连接，获取唯一的标识符 CID（connection ID）。CID 的定义及格式与具体网络有关。

建立连接需要用到未连接报文（包含目的地址、内部数据描述、源地址）。未连接报文由未连接报文管理器（UCMM）处理。

根据报文的种类不同，CIP 连接分为显式连接和隐式连接（报文分显式与隐式，连接也分显式与隐式）。

① 显式连接。若节点 A 将与节点 B 建立显示连接，则它先以广播的方式发送一个显式连接的连接报文，网络上所有的节点都接收到该请求，并判断是否是发给自己的。当节点 B 检测到是发给自己的后，其 UCMM 就会以广播的方式发送一个包含 CID 的未连接报文，节点 A 收到后得到 CID，显式连接就建立了。

② 隐式连接。它是在网络配置时建立的，建立过程较复杂，其中需要用到多种显式报文传输服务。

连接从上往下分三个层次：应用连接、传输连接、网络连接。

（3）生产者 / 消费者模型（多播通信方式）

CIP 通信的另外一个重要特点是，其隐式报文传输基于生产者 / 消费者模型。这意味着 CIP 支持多播通信，即网络中的一个节点可以同时给几个其他节点发送信息，因此可以提高通信效率。

根据通信模型的不同，工业网络可以分为两类：基于源 / 目的地模型的网络与基于生产者 / 消费者模型的网络。

① 在基于源 / 目的地模型的网络中，每个报文都要指明源和目的地。发送节点把报文发送到网络中，接收节点根据网络中报文的目的地地址段是否与自己的地址相同来判断是否是发给自己的。该模型的网络只支持点对点通信。报文格式如下：

源地址	目的地地址	数据	校验和

该方式多节点同步功能实现困难，相同信息可能多次重发，占用通信带宽。

② 在基于生产者 / 消费者模型的网络中，每个报文都有唯一的报文标识符（CID）。报文格式如下：

CID	数据	校验和

在发送报文之前，要在发送节点和接收节点之间建立连接，这样接收节点就知道应该接收的报文的 CID 是哪样的，然后发送节点把报文发送到网络中，接收节点根据报文的 CID 来判断报文是否是发给自己的。该模型的网络既支持点对点通信，也支持多播通信，一个生产者发布信息，多个消费者利用，具备同步功能；提供多个优先级后，适用于实时 I/O 的数据交换。

（4）数据触发方式的多样性

以 DeviceNet 为例，DeviceNet 支持多种 I/O 数据触发方式，包括位选通（bit strobe）、轮询（poll）、状态改变（change of state，COS）和循环（cyclic）等。ControlNet 支持后三种。

CIP 的 I/O 数据的刷新从最初的 I/O 扫描方式发展到 COS 方式，是数据及时传递和网络高效利用发展的典范。

① 位选通　在位选通方式下，利用 8B 广播报文，64 个二进制位的值对应着网络中 64 个可能的节点，通过位的标识，指定要求响应的从设备。主站通过位选通命令向已在主站扫

描表中具有 MAC ID 的每个从站发送一位输出数据，问询是否需要它发送数据，选中的从站向主站返回最大 8B 的输入数据和 / 或状态信息。位选通命令报文包含一个 8B（即 64bit）数据串，一个输出位对应网络中的一个 MAC ID（0 ～ 63）（选中后从站发送位选通响应报文）。位选通方式适用于少量 I/O 数据的传输。

当多个从站的信息同时向 CAN 网络中发送时，根据位仲裁机制，标识符值最小的报文最先发送到网络中，所以 MAC ID 值最小的节点的相应信息最先由主站接收到。也就是说，主站是一个一个地接收各从站节点的响应报文的。不必关心丢失响应信息的可能，这种可能是存在的，但是根据 DeviceNet 协议，响应信息有重发机制。

② 轮询　位选通命令和响应报文在主站和从站之间只能传送少量 I/O 数据，而轮询命令和响应报文则可在主站和它的轮询从站之间传送任意数量的数据。在轮询方式下，I/O 报文直接依次发送到各从站（点对点）。轮询命令是从主站发往从站的命令和输出数据。响应是从站接到主站的轮询命令后的回答。

轮询响应可由从站向主站返回任意数量（分段或不分段）的输入数据和 / 或状态报文。轮询方式专为源 / 目的地数据通信模式而设计。

③ 循环　此方式适用于一些模拟设备，可以根据设备信号产生快慢，灵活设定循环进行数据通信的时间间隔，这样就可以大大降低对网络带宽的要求。

循环可降低不必要的通信流和包处理。它只保证在模拟量输入发生变化的可能时间内进行检测，而不是不断地快速采样。

④ 状态改变　此方式用于离散的设备，由事件触发，当设备状态发生改变时才产生通信，而不是由主设备不断地查询来完成。

优点：效率高。缺点：长时间不发送数据，接收节点无法判断状态，可采用状态改变和循环相结合的方式解决。状态改变和循环方式的 I/O 数据通信应答可有可无，位选通和轮询方式需有应答。

采用状态改变方式，设备仅在其检测的状态发生变化时才发送数据。为了保证数据接收对象知道它目前所处的工作状态，DeviceNet 提供了一种可调整的后台运行的节拍方式。设备在状态改变和节拍周期到时就发送数据，节拍的作用只是说明设备还在工作，没有被切离网络。

循环和状态改变方式是利用主站或从站的状态改变或循环产生触发器来触发数据的传递。它有主站的状态改变和从站的状态改变之分。状态改变 / 循环报文可以是有应答或无应答的。

预定义主 / 从连接组可支持主 / 从站之间的状态改变或循环数据产生。状态改变和周期性轮询的默认设置都是应答交换式的，以保证发送设备确定接收设备得到数据。

多种可选的数据交换方式，均可由用户自由指定，允许多种方式混合在同一网络中。通过选择合理的数据通信方式，可以明显地提高网络利用效率。

4.1.3　CIP 对象模型

CIP 是一个在高层面上的严格面向对象的协议。与对象有关的基本概念如下。

对象，是人在其大脑中为客观世界中的某个东西建立的模型，而类是对一组对象的抽象，是这一组对象的模板，因而一个对象就是类的一个实例。这里所谓的"对象"，就是一个或一组数据以及处理这些数据的方法和过程的集合。它有属性、标识、状态、行为、方法、接口，并且通常对外提供一些服务。

属性：数据，用来描述对象的特征。

标识：区别一个对象和其他所有对象的属性。

状态：属性所取的值。

行为：对象如何动作和响应。

方法：函数（实现行为的一段程序）。

接口：能被外部访问的方法和属性的集合。

服务：具备的功能。

类：对一组相似的对象的抽象。类是对象的模板，对象是类的实例。

面向对象编程方法有安全性高、代码可复用等优点。

安全性：由封装保证。

代码复用途径有两个：继承和构成。

• 继承：子类继承父类的属性和方法。

• 构成：一个类由其他几个类构成。

多态性：对同样的请求作出不同的反应，实现对接口的复用。

更为详细的介绍，可参看面向对象编程方面的书籍，这里不再赘述。

为了设备开发的方便，CIP 用对象模型来描述，如图 4-2 所示。对象模型中所用到的每个类都在类库中给出了详细的定义。

类标志符（Class ID）：分配给从网络中可访问的每个对象类的一个整数标识值。

图 4-2　CIP 网络中的对象

实例标识符（Instance ID）：分配给每个对象实例的一个整数标识值，它可以区分同一类中的所有实例。此整数值在其所在的 "MAC ID: class" 内是唯一的。

CIP 的功能主要有两个：一是确定通信的方式；二是给出工业应用对象的标准定义。

图 4-3 中灰色的对象是必需的，白色的对象是可选的。

标识对象：给出设备的 ID 以及其他一般信息。

报文路由器对象：用于传递显式报文。

网络特有的对象：提供网络底层的配置和状态。

汇编对象：用于把若干个对象的属性组合在一起，从而可以通过一个连接来传输若干个对象的数据。

应用对象：与设备具体功能有关的对象。

参数对象：给出设备的所有参数。

寻址是实现通信的前提，CIP 寻址分为四级：设备、类、对象、（实例）属性或服务。类 ID 数据长度为 16bit，属性 ID 和服务编码数据长度为 8bit。地址分为三类：公开的、供货商指定的和对象指定的。

由于 CIP 的报文分为显式报文和隐式报文，所以根据通信时发送的报文类型的不同，通信分成显式通信和隐式通信两种。

图 4-3　CIP 的对象模型

CIP 显式通信用于传输对时间没有苛求的数据，它是基于源 / 目的地模型的，只能用于两个节点之间的通信，客户端发出请求，服务器作出响应。显式通信可以访问任何对象的任何可从外部访问的数据。

显式通信与隐式通信的差别：显式通信发送、接收报文均须报文路由器中转。若 CIP 网络由几个子网构成，需进行桥接和路由选择。

4.1.4　CIP 设备描述

设备描述是指对某一类型设备的重要性的描述。CIP 提供设备描述的目的是使不同设备供应商提供的设备能够相互操作，即在同一个网络中运行，且同一类型的设备能够互换。

CIP 设备描述要给出以下三方面内容。

① 给出设备的对象模型的定义。

② 给出设备的 I/O 数据的格式。

③ 给出设备配置的定义。

4.2 ▪ DeviceNet 概述

DeviceNet 是由美国罗克韦尔自动化公司首先推出的，在欧美和日本的现场总线市场中占有很大的份额。2000 年 6 月，DeviceNet 成为关于低压开关设备与控制设备、控制器与电气设备接口的 IEC 62026 现场总线标准之一，2002 年 10 月成为我国标准。

DeviceNet 属于 CIP 网络的范畴，具有 CIP 网络的很多共性。它是 20 世纪 90 年代中期发展起来的一种基于 CAN 总线技术的符合全球工业标准的开放型通信网络。它既可连接低端工业设备，又可连接像变频器、操作员终端这样的复杂设备。如图 4-4 所示，它通过一条电缆将诸如可编程序控制器、传感器、测量仪表、光电开关、操作员终端、电动机控制器、变频器和软启动等现场设备连接起来。这种网络虽然是工业控制网络的低端网络，通信速率不高，传输的数据量也不太大，但是它采用了先进的通信概念和技术，具有低成本、高效率、高性能、高可靠性等优点。

图 4-4 DeviceNet 控制网络

DeviceNet 是一种简单的网络解决方案，在提供不同供应商同类部件间可互换性的同时，减少了工业自动化设备的配线安装成本和时间。DeviceNet 的直接互连性改善了设备间的通信，并同时提供了相当重要的设备级诊断功能，这是通过硬接线 I/O 接口很难实现的。DeviceNet 的主要技术特点可以概括如下。

① 同一网段中最多可以容纳 64 个节点，每个节点支持的 I/O 数量没有限制。

② 可采用主干 - 分支结构。

③ 三种可选的数据传输速率：125kbit/s、250kbit/s 和 500kbit/s。

④ 采用生产者 / 消费者（producer/consumer）模型，支持对等（点对点）、多主和主 / 从通信方式。

⑤ 采用非破坏性逐位仲裁的载波侦听多址访问（carrier sense multiple access with nondestructive bit-wise arbitration，CSMA/NBA）的 CAN 总线技术。

⑥ 支持位选通（bit strobe）、轮询（poll）、状态改变（change of state）和循环（cyclic）等多种通信方式。

⑦ 采用 CAN 的物理层和数据链路层协议，CAN 控制器芯片得到国际上主要芯片制造商的支持。

⑧ 采用短帧结构，传输时间短，受干扰的概率低，具有极好的检错效果。每帧信息都有 CRC 校验及其他检错措施，保证了极低的数据出错率。具有通信错误分级检测机制与通信故障的自动区别和恢复功能。

⑨ 通信介质为独立双绞电缆，总线信号与电源承载于同一电缆。电源采用24V直流电源。

⑩ 支持设备热拔插，可带电更换网络节点，可在线修改网络配置。

⑪ 接入 DeviceNet 的设备可选择光隔离设计，由外部供电的设备与由总线供电的设备共享总线电缆。

⑫ 总线电源结构和容量可调，每个电源的最大容量为 16A。

DeviceNet 规范为同一类型但由不同制造商生产的设备定义了标准的设备模型。符合同一模型的设备遵循相同的身份标识和通信方式。与不同类设备相关的数据包含在设备描述中。设备描述定义了对象模型、I/O 数据格式、可配置参数和公共接口。

DeviceNet 规范还允许制造商提供电子数据表格（EDS），以文件的形式记录设备的一些具体操作参数等信息，以便于在配置设备时使用。这样，来自第三方的 DeviceNet 产品可以方便地连接到 DeviceNet 中。

随着 DeviceNet 在各领域的应用和推广，对其标准化提出了更高的要求。DeviceNet 总线的组织机构是"开放式 DeviceNet 供应商协会"（ODVA）。ODVA 是一个相对独立的组织，制定并管理着 DeviceNet 规范，促进 DeviceNet 在全球的推广应用。

DeviceNet 规范作为真正开放的网络标准，由 ODVA 不断地对其进行补充修订，促使更多的现场设备能够作为标准设备接入 DeviceNet 中。我国的 ODVA 机构设在上海电器科学研究所。把 DeviceNet 技术引进到我国，促进了我国自动化和现场总线技术的发展。

DeviceNet 规范定义了一个网络通信标准，以便在工业控制系统的各组成元件间传输数据。规范分为两卷，内容如下。

卷 1：
- DeviceNet 通信协议和应用（第 7 层——应用层）。
- CAN 以及它在 DeviceNet 中的应用（第 2 层——数据链路层）。
- DeviceNet 物理层和介质（第 1 层——物理层）。

卷 2：
为实现同类产品之间的互操作性和可互换性进行的设备描述。

4.3 ■ DeviceNet 的物理层和传输介质

DeviceNet 的物理层包括两部分：物理信号和媒介访问单元。媒介（介质）访问单元主要包括驱动器/接收器的电路和其他用于连接节点到传输介质的电路，这部分在 ISO/OSI 参考模型中被称为物理媒介适调层（physical medium attachment，PMA）。传输介质主要定义了传输介质的电气接口与机械接口，这部分在 ISO/OSI 参考模型中被称为介质从属接口（medium dependent interface，MDI）。

（1）媒介访问单元

物理层的媒介访问单元包括收发器、连接器、误接线保护电路、调压器和可选的光隔离器。图 4-5 为物理层模块图。首先讨论收发器、误接线保护（miswiring protection，MWP）电路和光隔离器。

① 收发器　收发器是在网络中传送和接收 CAN 信号的物理组件。收发器从网络中差分接收信号供给 CAN 控制器，并用 CAN 控制器传来的信号差分驱动网络。市场上有许多集成 CAN 收发器。在选择收发器时，需保证所选择的收发器符合 DeviceNet 规范（不是每个符合 CAN 的收发器都适用于 DeviceNet）。为了和供电系统匹配，收发器必须至少支持 5V 共模工作电压，这意味着其对地电位差为 ±5V。未供电的收发器的输入阻抗可能比供电的收发器低，这就造成了不必要的网络负载和信号衰减。供电或未供电的物理层应满足表 4-2 规定的差分输入阻抗。

② 误接线保护（MWP）　DeviceNet 要求节点能承受连接线上 5 条线的各种连接错误，可承受表 4-2 中规定的电压范围，包括 V+ 电压高达 18V 时，不会造成永久性的损坏。许多集成 CAN 收发器对 CAN_H 和 CAN_L 最大负向电压只有有限的承受能力。

图 4-5 DeviceNet 物理层模块图

表 4-2 DeviceNet 物理层特性

通用属性	规范
数据传输速率 /（kbit/s）	125、250、500
通信	基带
编码	位填充 NRZ
介质耦合	DC 差分耦合 TX/RX
隔离	500V 可选在收发器节点侧的光隔离器上
差分输入阻抗典型值（隐性状态）	分流电容 C=10pF 分流电阻 R=250kΩ（电源开）
差分输入阻抗最小值（隐性状态）	分流电容 C=24pF 加上 40pF/m 分流电阻 R=20Ω
绝对最大电压范围 /V	−25 ～ 18V（CAN_L ～ CAN_H）

使用器件时，需要提供外部保护电路。图 4-6 为误接线保护电路的原理图，在接地线中加入了一个肖特基二极管来防止 V+ 信号线误接到 V- 端子。在电源线上接入了一个晶体管开关，以防止由于 V- 信号线连接断开而造成的损害。该晶体管与电阻回路可防止接地断开。

图 4-6 误接线保护电路的原理图

③ 光隔离器 为防止接地线形成回路，DeviceNet 网络必须只在一处接地。所有设备中的物理层回路是以 V- 总线信号为基准的，总线供电将提供接地连接。除了电源，在 V- 信号线和地之间不会有电流通过设备。

（2）传输介质

DeviceNet 物理层协议中对传输介质作了描述，定义了 DeviceNet 的总线拓扑结构与网络元件，具体包括系统接地、粗缆和细缆混合结构、网络端接地和电源分配。DeviceNet 的传输介质有两种主要的电缆——粗缆和细缆。粗缆适用于长距离干线和需要坚固干线或支线的情况，细缆可提供方便的干线和支线的布线。

① 拓扑结构 DeviceNet 所采用的典型拓扑结构是干线 - 分支方式，如图 4-7 所示。每条干线的末端都需要装终端电阻。每条支线最长为 6m，允许连接一个或多个节点。

DeviceNet 只允许在支线上有分支结构。总线电缆中包括 24V 直流电源和信号线的两组双绞线以及信号屏蔽线。在设备连接方式上，可灵活选用开放式和密封式连接器。网络采取分布式供电方式，支持冗余结构。总线支持有源设备和无源设备，为有源设备提供了专门设计的带有光隔离器的收发器。

图 4-7 DeviceNet 拓扑结构

网络干线的长度由数据传输速率和所使用的电缆的类型决定。电缆系统中任何两节点间的电缆距离，不允许超过数据传输速率允许的最大电缆距离。对于只由一种电缆构成的干线，两节点间的电缆距离为两节点间的干线和支线电缆的长度和。DeviceNet 允许在干线系统中混合使用不同类型的电缆。支线长度是指从干线端子到支线上节点的各收发器之间的最大距离，此距离包括可能永久连接在设备上的支线电缆。网络中允许支线的总长度取决于数据传输速率。

② 终端电阻 DeviceNet 要求在每条干线的末端安装终端电阻。电阻的要求为 121Ω、1% 金属膜电阻、0.25W。终端电阻不可包含在节点中。将终端电阻包含在节点中很容易使网络由于错误布线（阻抗太高或太低）而导致网络故障。终端电阻应只安装在干线两端，不可安装在支线末端。

③ 连接器 所有连接器支持 5 针类插头，即一对信号线、一对电源线和一条屏蔽线。

所有通过连接器连到 DeviceNet 中的节点都有插头，此规定适用于密封式和非密封式连接器及所有消耗或提供电源的节点。无论选择什么样的连接器，应保证设备可在不切断和干扰网络的情况下脱离网络。不允许在网络工作时布线，以避免产生诸如网络电源短接、通信中断等问题。

④ 设备分接头　设备分接头提供连接到干线的连接点，设备可直接通过端子或支线连接到网络，端子可使设备无需切断网络电源就可脱离网络。

⑤ 电源分接头　通过电源分接头将电源连接到干线。电源分接头不同于设备分接头，其包含下列部件：一个连在电源 V+ 线上的肖特基二极管，允许连接多个电源；两根熔丝或断路器，以防止总线过电流而损坏电缆和连接器。连接到网络后，电源分接头的作用是提供信号线、屏蔽线和 V- 线的不间断连接，在分接头的各方向提供限流保护，提供到屏蔽 / 屏蔽线的网络接地。

电源分接头可加在网络的任何一点，可以实现多电源的冗余供电。干线的额定电流为 8A。光隔离设计允许外部供电的设备（如交流电动机启动器和阀门线圈）分享同一总线电缆，而其他基于 CAN 的网络只允许整个网络由一个电源供电。

⑥ 网络接地　DeviceNet 应在一点接地，多处接地会形成接地回路。网络不接地将增加其对静电放电（ESD）和外部噪声源的敏感度。单个接地点应位于电源分接头处，密封 DeviceNet 电源分接头应设计有接地装置，接地点应靠近网络的物理中心。干线的屏蔽线应通过铜导体连接到电源地或 V- 线。铜导体可为实心体、绳状或编织线。如果网络已经接地，则不要再把电源地或分接头的接地端接地。如果网络有多个电源，则只需将一个电源的屏蔽线接地，接地点应尽可能靠近网络的物理中心。

（3）物理层信号

DeviceNet 的物理层信号采用 CAN 的物理层信号。CAN 规范定义了两种互补的逻辑电平："显性"（dominant）和"隐性"（recessive）。同时传送"显性"和"隐性"位时，总线结果值为"显性"。例如，在 DeviceNet 总线接线情况下，"显性"电平用逻辑"0"表示，"隐性"电平用逻辑"1"表示。代表逻辑电平的物理状态（例如电压）在 CAN 中没有规定。

这些电平的规定包含在 ISO 11898 标准中。例如，对于一个脱离总线的节点，典型 CAN_H 的"隐性"（高阻抗）电平为 2.5V（电位差为 0V），典型 CAN_L 和 CAN_H 的"显性"（低阻抗）电平分别为 1.5V 和 3.5V（电位差为 2V），如图 4-8 所示。

图 4-8　CAN_L 和 CAN_H 信号电平

4.4 ■ DeviceNet 的数据链路层

DeviceNet 遵从 ISO/OSI 参考模型，它的网络结构分为三层，即物理层、数据链路层和应用层，物理层下面还定义了传输介质，如图 4-9 所示。按照 IEEE 802.2 和 IEEE 802.3 标准，数据链路层又划分为逻辑链路控制（LLC）子层和媒介访问控制（MAC）子层。物理层又划分为物理层信号（physical layer signal，PLS）子层和媒介访问单元（medium attachment unit，MAU）子层。

DeviceNet 建立在 CAN 规范的基础之上，但 CAN 仅规定了 ISO/OSI 参考模型中物理层和数据链路层的一部分。DeviceNet 沿用了 CAN 规范所规定的总线网络的物理层和数据链路层，并补充定义了不同的报文格式、总线访问仲裁规则及故障检测和隔离的方法，对电气特性有所限制，有所改进。

DeviceNet 应用层规范则定义了传输数据的语法和语义，可以简单地说，CAN 定义了数据传输方式，而 DeviceNet 的应用层又补充了传输数据的意义。从图 4-9 可以看到，DeviceNet 的物理层中的物理层信号子层和数据链路层中的媒介访问控制子层沿用了 CAN 规范。DeviceNet 的物理层中的媒介访问单元子层是其自己定义的，同时 DeviceNet 增加了有关传输介质的规范。

图 4-9　DeviceNet 的 ISO/OSI 参考模型

DeviceNet 通信连接是建立在面向广播的通信协议——控制器局部网（CAN）之上的。CAN 协议最初是由博世公司为欧洲汽车市场开发的，原想用低成本的网络电缆取代汽车上昂贵的硬接线。因此，CAN 协议具有快速响应和高可靠性的特点，能满足防抱死制动装置和安全气囊的控制要求。CAN 芯片有各种封装形式，其高温度等级、高抗扰性非常适合工业自动化应用。目前，它已广泛应用于汽车领域及其他工控领域。

DeviceNet 的数据链路层完全遵循 CAN 协议，并由 CAN 控制器芯片实现。用户和商业化要求是降低 CAN 芯片价格和提高 CAN 芯片性能最重要的驱动力。4 家 CAN 芯片供货商（英特尔、摩托罗拉、飞利浦、西门子）早在 1996 年就发售了超过 1000 万片 CAN 芯片，而其他的工业自动化网络使用的定制芯片，年订货量为 2 万～ 20 万片。DeviceNet 产品使用的 CAN 芯片与其他应用中使用的相同，这样大大降低了 DeviceNet 产品的芯片使用成本，为 DeviceNet 的广泛应用打下了牢固的基础。

DeviceNet 的数据链路层分为媒介访问控制（MAC）子层和逻辑链路控制（LLC）子层。

MAC 子层的主要功能是传送规则，亦即发送 / 接收帧（流量、超载），控制帧结构（编码、填充 / 去除填充），封装（成帧）/ 拆帧，执行仲裁，检测错误，标定出错和界定故障。

LLC 子层的主要功能是为数据传输和远程数据请求提供服务，确认由 LLC 子层接收的报文实际已被接收，并为恢复管理和通知超载提供信息；进一步屏蔽 / 筛选，判断是否接收；判断超载；重发仲裁失效或损坏的报文等。

CAN 在 MAC 子层定义了四种帧格式，分别是数据帧、远程帧、超载帧和出错帧。在 DeviceNet 中传输数据采用的是数据帧格式；远程帧格式在 DeviceNet 中没有使用；超载帧用来控制数据流，在 DeviceNet 中没有使用，但也没有禁用；出错帧则用于错误和意外情况的处理。本节只介绍 DeviceNet 使用的数据帧和出错帧。

4.4.1　数据帧的格式

如图 4-10 所示，DeviceNet 的数据帧包括如下几部分。

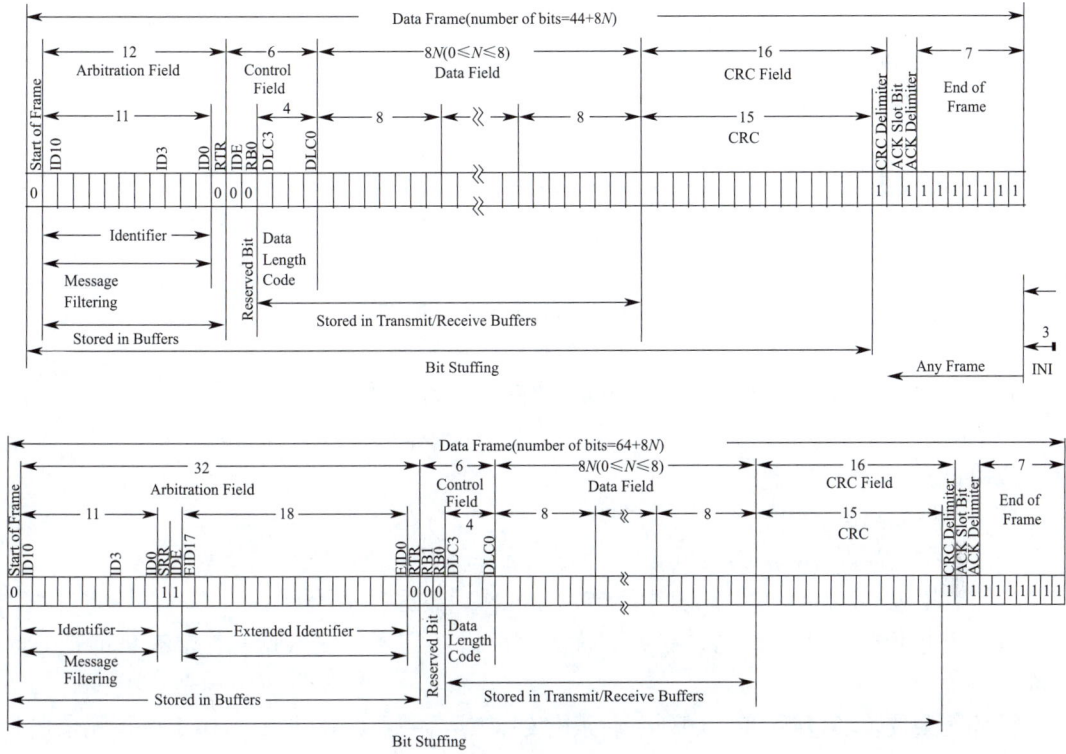

图 4-10　DeviceNet 数据帧结构

帧起始位标志数据帧的开始，它由 1 个"显性"位构成。所有节点必须同步于首先开始发送报文的站的帧起始上升沿，否则硬件无法仲裁，总线空闲时发。

仲裁场包括 11bit 标识符和 RTR 位。其中 11bit 标识符和 LLC 子层的标识符含义相同，用于总线仲裁，决定网络中节点的优先权；RTR 远程发送请求位，"0"为数据帧，"1"为远程帧（请求），先应答完一个请求再发送另一个请求。由于 DeviceNet 没有使用远程帧，所以此位总是"显性"。

控制场包括两个固定位（保留）和一个 4bit 的长度区。长度区可以是 0 ～ 8 中的任何一个数字，表示数据区中的字节数。0 ～ 8B 的数据长度对于具有少量但必须频繁交换 I/O 数据的低端设备来说很理想，同时 8B 使简单设备可以灵活地发送诊断数据，或向驱动器发送速度基准和加速度值等。

数据场指存放数据的区域。DeviceNet 每帧最大能传输 8B 数据，如果需要传输的数据超过 8B，可以使用分段传输协议分成多个帧传输。在使用分段传输协议时，每个帧有 1B 用于分段协议，表示这个帧是第一分段（0）、中间分段（1）、最后分段（2）、分段应答（3）。用 6bit 表示分段计数器，指示这是第几个分段，通过分段协议可以保证数据的分段和正确重组。

显式报文连接检查要发送的每个报文的长度，如果报文长度大于 8B，那么就使用分段协议。如果传输的是显式报文的一个分段，那么该数据区域包含报头、分段协议以及报文体分段。

分段类型表明是第一分段、中间分段的发送还是最后分段的发送，分段计数器标志每一个单独的分段，这样接收器就能够确定是否有分段被遗失。如果分段类型是第一分段，每经过一个相邻连续分段，分段计数器加 1；当计数器值达到 64 时，又从 0 开始。

DeviceNet 每个数据包最多只能传送 8 个字节，如果请求传送的数据包多于 8 个字节，必须分包传送。分包传送的每个数据包有效数据只有 7 个字节，开头的字节将作为分包的标识。例如：

要传送的数据包为 01 02 03 04 05 06 07 08 09 11 22 33 44 55 08 09 11 22 33 44 55 66 77 88 99（十六进制），分包后的数据包为

数据包	说明
00 01 02 03 04 05 06 07	首个数据包，序号为 0
41 08 09 11 22 33 44 55	中间数据包，序号为 1
42 08 09 11 22 33 44 55	中间数据包，序号为 2
83 66 77 88 99	末尾数据包，序号为 3

说明：

首个数据包标识 00。

中间数据包标识 40 ～ 7F，其中字节低 8bit 作为数据包序号。

末尾数据包标识 80 ～ FF，其中字节低 8bit 作为数据包序号。

数据分包传送过程中，如果有更高优先级的设备需要传输数据，传输有可能被暂时中断。

循环冗余校验场包括 CRC 序列，后跟随 CRC 定界符。CAN 控制器用于循环冗余校验来检测帧错误。CRC 序列后跟随的 CRC 定界符由单个"隐性"位构成。

ACK 场包含两位，即应答间隙（ACK Slot）和应答界定符（ACK Delimiter）。发送节点的 ACK 场中，送出两个"隐性"位。在 ACK 第一位内，所有接收到匹配 CRC 序列的节点，以"显性"位改写发送器的"隐性"位送出一个应答。应答中的"显性"位表明除了发送器以外，至少有一个接收器接收到报文。ACK 定界符为 ACK 场的第二位，其必须是"隐性"位。因此，ACK 第一位被两个"隐性"位（ACK 定界符和 CRC 定界符）所包围。

帧结束由 7 个"隐性"位构成的标志序列定界。

DeviceNet 数据最大为 8B，允许 0B，也就是不包含任何数据。每帧长度范围为 44 ～ 108bit，用时约为 94μs（500kbit/s）～ 888μs（125kbit/s）。DeviceNet 使用 CAN 的包括 CRC 和自动重试在内的多种错误检测和故障限制方法，这些对应用高度透明的方法可以防止故障节点破坏（中断）网络。

4.4.2 总线仲裁机制

网络中各个节点要通信时，哪个节点有优先权在网络中发送数据？几个节点同时在网络中发送数据，发生"碰撞"时，谁有权继续发送？各种网络的媒介访问控制（MAC）协议就是负责这个"仲裁"的。以太网采用"带碰撞检测的载波监听多址访问（CSMA/CD）"仲裁机制。DeviceNet 和 CAN 采用"优先级仲裁"机制，即"带非破坏性逐位仲裁的载波监听多址访问（CSMA/NBA）"。Profibus 和 ControlNet 都是令牌传递的总线型控制网络。下面对 DeviceNet 的仲裁机制加以介绍。

CAN 规范定义总线数值为两种互补的逻辑数值之一："显性"（逻辑 0）和"隐性"（逻

辑 1）。任何发送设备都可以驱动总线为"显性"，当同时向总线发送"显性"位和"隐性"位时，最后总线上出现的是"显性"位。当且仅当总线空闲或发送"隐性"位期间，总线为"隐性"状态。

在总线空闲时，每个节点都可尝试发送，但如果多于两个节点同时开始发送，发送权的竞争需要通过 11bit 标识符的逐位仲裁来解决。DeviceNet 采用 CSMA/NBA 方法解决总线访问冲突问题。网络中每个节点都有一个唯一的 11bit 标识符，这个标识符的值决定了总线冲突仲裁时节点优先级的高低。标识符值越小，优先级越高，标识符值小的节点在竞争中为获胜的一方。这种机制不同于以太网，总线上不会发生冲突，竞争中获胜的节点可以继续发送，直到完成为止。这种机制保证了总线上的信息不会丢失，总线资源也得到充分利用。

DeviceNet 的总线冲突仲裁过程：在任一时刻，DeviceNet 中所有节点都在侦听总线的状态，当总线上已有节点正在发送时，任何节点必须等待这一帧发送结束，经过约定的帧间隔，任何节点都可以申请下一帧的发送。当多个节点同时向总线发送报文时，要经过 11bit 标识符的仲裁。在该标识符发送期间，每个发送节点都在侦听总线上当前的电平，并与自身发送的位电平进行比较，如果值相等，这个节点继续发送下一位，如果发送了一个隐性位（1），而在总线上侦听到一个显性位（0），则说明另一个具有更高优先级的节点发送了一个显性位（0），那么此节点失去仲裁权，立即停止下一位的发送。失去仲裁权的节点可以在当前帧结束之后，再次尝试发送。由此可见，11bit 标识符数值最小的节点拥有最高的优先级，作为获胜的一方，可不受影响地继续传输数据，所以这种碰撞和仲裁并未造成数据帧的破坏，即不会浪费通信资源。同时，由于标识符数值低的节点具有较高的优先权，所以通过标识符的分配可以使重要的数据得到优先发送。这就是 DeviceNet 非破坏性逐位仲裁机制。

当多个节点同时向总线发送信息时，优先级较低的节点会主动地退出发送，而最高优先级的节点可不受影响地继续传输数据，从而大大节省了总线冲突仲裁时间，尤其是在网络负载很重的情况下，也不会出现网络瘫痪的情况。

4.4.3　错误诊断和故障界定机制

CAN 提供了下列错误诊断机制。

① 位错误。当发送器将自己发送的电平与总线上的电平相比较，发现两者不相等时，产生位错误。隐性位传输时、显性位的检测在仲裁区、ACK 时间段或错误被动标志传输期间都不会导致位错误。

② 应答错误。当发送器确定发送的报文没有得到应答时发生应答错误。数据帧和远程帧都有一个应答间隙，所有接收报文的节点无论是不是目标接收者，都要对此报文作出应答。

③ 填充错误。当节点检测到 6 个相同电平值的连续位时发生填充错误。在正常情况下，当发送器检测到已经发送了 5 个数值相同的连续位时，那么它将在第 6 位上插入一个取反值（称为位填充）。所有接收器在 CRC 计算前除去填充位，这样，当节点检测到 6 个连续的具有相同值的位时，产生一个填充错误。

④ CRC 错误。当 CRC 值与发送器生成值不匹配时发生 CRC 错误。每一帧包含一个由

发送器初始化的 CRC 域。接收器计算出 CRC 值，并与发送器产生的值相比较。如果两个值不相等，即产生 CRC 错误。

⑤ 格式错误。当在一必须发送预定值的区内检测到非法位时产生格式错误。确定的预定义的位值必须在 CAN 帧内的一个确定点发送，如果在这些区域中的一个位检测到非法位值，即产生格式错误。所有节点检验所有报文的有效性，每个节点将会在每一个有效报文的应答间隙给出显性应答位，这样就能告诉发送节点没有节点检测到错误或者至少有一个其他节点正确接收到报文。每个节点对无效发送用出错帧来标识错误，一旦发生故障就发送出错帧，告诉所有节点至少有一个节点没有正确接收到报文。

CAN 定义了一个故障界定机制，一个节点可能处于下面三种错误状态之一。

① 错误主动（error active）。当一个错误主动节点检测到上述某个错误时，它将发出一个错误主动帧，该帧由 6 个连续的显性位组成。这一发送覆盖其他任何同时生成的发送，并导致其他所有节点都检测到一个填充错误，并以此放弃当前帧。无论检测到错误的节点是否要接收这个数据，都要执行这个过程。

② 错误被动（error passive）。当一个错误被动节点检测到上述某一个错误时，它将发出一个错误被动帧，该帧由 6 个连续的隐性位构成。这个帧可能会被同时出现的其他发送所覆盖。如果其他站点没有检测到这个错误，将不会引起丢弃当前帧。

③ 离线（bus off）。处于离线状态的节点不允许对总线有任何影响，它在逻辑上与网络断开。

DeviceNet 的故障界定机制参考了 CAN 现场总线的错误界定机制。同样，为了故障界定，在 DeviceNet 中的每个节点中都设有两种计数器：发送错误计数器和接收错误计数器。

在故障界定机制中，对故障进行认定的过程如下：①节点保持对发送和接收错误计数器的跟踪；②节点在开始错误主动状态时，错误计数器的值等于 0，并且在错误主动状态下的节点假设所有检测到的错误不是该节点引起的；③错误类型以及检出错误的节点被赋予不同的计数值，这些计数值将根据是发送错误还是接收错误进行累加，有效的接收与发送使这些计数器递减，直至最小值为 0；④当这些计数器中的任何一个的值超出 CAN 定义的阈值时，该节点进入错误被动状态，在此状态下该节点被认为是导致错误的原因；⑤当发送错误计数值超出 CAN 定义的另一个阈值时，节点进入离线状态，按照 DeviceNet 规范定义的从离线到错误主动之间的状态转换机制进行转换；⑥当错误被动的节点的发送与接收错误计数器值都减小至 CAN 定义的阈值以下时，节点重新进入错误主动状态。

4.5 ▪ DeviceNet 应用层

4.5.1 连接

DeviceNet 应用层采用 CIP，详细定义了连接、报文（报文的传送和数据分割）、对象模型和设备描述等方面的内容。连接是 DeviceNet 中的重要概念。

OSI 协议中，层之间通过接口提供两种服务：面向连接的服务和无连接的服务。

① 面向连接的服务：服务双方必须先建立可用连接，然后利用该连接完成数据传送，

最后退出释放建立连接时所需资源。这种服务典型的例子是有线电话系统。

②无连接的服务：要传递的数据自身携带目的地地址信息，因而可以有不同的路由选择。这种服务的典型例子是邮寄系统。另外，为了增强服务的性能，可以引入确认（acknowledgement）信息，这以牺牲一定的传输时间和网络负载为代价。

DeviceNet 是面向连接服务的网络，任意两个节点在开始通信之前必须事先建立连接，以提供通信路径。这种连接关系是逻辑上的，在物理上并不实际存在。

连接提供了"应用"之间的路径。当建立连接时，与连接相关的传送会被分配一个连接 ID（CID）。如果连接包含双向交换，那么应当分配两个连接 ID，如图 4-11 所示。

图 4-11　DeviceNet 面向连接的数据交换过程

DeviceNet 总线上设备（客户端或服务器）在上电初始化后，首先需要进行重复 MAC ID 检测，如果重复 MAC ID 检测通过，则设备当前状态为在线；如果重复 MAC ID 检测未通过，则转入离线状态。

进入在线状态后，①设备使用未连接显式报文管理功能与服务器建立显式连接，进行显式报文通信，设备可通过显式报文连接建立 I/O 连接，实现 I/O 数据交换；②通过预定义主/从连接建立 I/O 连接，通过显式报文配置激活，实现 I/O 数据交换。

DeviceNet 总线上设备在开机后能够立即寻址的端口是"非连接信息管理器端口"（UCMM 端口）和预定义主/从连接组的"Group2 非连接显式请求端口"。当通过 UCMM 端口或 Group2 非连接显式请求端口建立一个显示报文连接后，这个连接可用于一个节点向其他节点传送信息，或建立 I/O 信息连接。一旦建立 I/O 信息连接，就可以在网络设备之间传送 I/O 数据。

4.5.2　报文组

源/目的地模型的缺点是数据在不同时间到达各站点，站和站之间的同步非常困难；同时，必须传输多次，消耗了带宽。

DeviceNet 在应用层采用的是 CIP，下面通过对 DeviceNet 的报文格式进行分析来介绍 CIP 在 DeviceNet 中的具体表现。

DeviceNet 采用标准的 CAN2.0 协议，每一个连接由一个 11bit 连接标识符（connection ID，CID）来标识。该 11bit 连接标识符包括了媒介访问控制标识符（MAC ID）和报文标识符（Message ID），即 CID=MAC ID+Message ID。MAC ID 在发送生产者的报文时，是源 MAC ID，在寻找对方回应时是目的地 MAC ID。DeviceNet 报文组与地址范围如表 4-3 所示。

在 DeviceNet 中通过一系列参数和属性对连接进行描述，如连接所使用的标识符（即 DeviceNet 数据帧中的 11bit 连接标识符）、传输的报文的类型、数据长度、路径信息的产生方式、报文传输频率和连接状态等。DeviceNet 不仅允许预先设置或取消连接，也允许动态建立或撤销连接，这使通信具有更强的灵活性。

表 4-3　DeviceNet 报文组与地址范围

10	9	8	7	6	5	4	3	2	1	0	报文类型	HEX 范围
0	报文 ID					源 MAC ID					组 1 报文	000H～3FFH
1	0	MAC ID					报文 ID				组 2 报文	400H～5FFH
1	1	报文 ID			源 MAC ID						组 3 报文	600H～7BFH
1	1	1	1	1	报文 ID						组 4 报文	7C0H～7EFH
1	1	1	1	1	1	1	X	X	X	X	无效 CAN 标识符	7F0H～7FFH

DeviceNet 用连接标识符将优先级不同的报文分成 4 组。连接标识符属于组 1 的报文优先级最高，通常用于发送设备的 I/O 报文，连接标识符属于组 4 的报文优先级最低，用于设备离线时的通信。DeviceNet 所定义的 4 个报文组如表 4-4 所示。

表 4-4　DeviceNet 的报文组

10	9	8	7	6	5	4	3	2	1	0	报文类型
0	组 1 报文 ID				源 MAC ID						组 1 报文
0	1	1	0	1	源 MAC ID						从站 I/O 状态改变 COS/cyclic 信息
0	1	1	1	0	源 MAC ID						从站 I/O 位选通（bit strobe）响应报文
0	1	1	1	1	源 MAC ID						从站 I/O 轮询（Poll）响应（或 COS/cyclic 应答信息）
1	0	MAC ID						组 2 报文 ID			组 2 报文
1	0	源 MAC ID						0	0	0	主站 I/O 位选通命令信息
1	0	源 MAC ID						0	0	1	为主站使用而保留
1	0	目的地 MAC ID						0	1	0	主站 COS/cyclic 应答信息
1	0	源 MAC ID						0	1	1	主站显式 / 未连接响应信息
1	0	目的地 MAC ID						1	0	0	主站显式请求报文
1	0	目的地 MAC ID						1	0	1	主站 I/O 轮询命令 / 状态改变 /cyclic 信息
1	0	目的地 MAC ID						1	1	0	组 2 未连接显式请求报文（预定义主 / 从连接）
1	0	目的地 MAC ID						1	1	1	重复 MAC ID 检测报文
1	1	组 3 报文 ID			源 MAC ID						组 3 报文
1	1	1	0	1	源 MAC ID						未连接显式响应（外部响应）报文（UCMM 负责处理）
1	1	1	1	0	源 MAC ID						未连接显式请求报文（UCMM 负责处理）
											组 4 报文
1	1	1	1	1	2CH						通信故障响应报文
1	1	1	1	1	2DH						通信故障请求报文
1	1	1	1	1	2EH						离线所有权响应报文
1	1	1	1	1	2FH						离线所有权请求报文
1	1	1	1	1	1	1	X	X	X	X	无效 CAN 标识符

MAC ID 为分配给 DeviceNet 中每个节点的整数标识值，用于在网络中识别节点。MAC ID 为 6bit 二进制数，可标识 64 个节点。6bit 的 MAC ID 的 0 ～ 63，通常由设备上的拨码开关设定。MAC ID 有源和目的地之分。源 MAC ID 分配给发送节点。组 1 和组 3 需要在标识区内指定源 MAC ID。目的地 MAC ID 分配给接收设备。组 2 允许在标识区的 MAC ID 部分指定源或目的地 MAC ID。

Message ID（也称为报文 ID）用于标识一个连接所使用的通信通道。报文 ID 是在特定端点内的报文组中识别一个报文。用报文 ID 在特定端点内单个报文组中可以建立多重连接。Message ID 的位数对不同报文组不一样，组 1 为 4bit（16 个信道），组 2 为 3bit（8 个信道），组 3 为 3bit（8 个信道），组 4 为 6bit（64 个信道）。

① 报文组 1 在组 1 的传输中，总线访问优先权被均匀地分配到网络中的所有设备上。

当两个或多个组 1 报文进行 CAN 总线访问仲裁时，组 1 报文 ID 值小的报文将赢得仲裁，并获得总线访问权。表 4-4 列出了展开报文组 1 后标识符的分配情况。例如，"device#20，message_ID=2"将先于"device#5，message_ID=6"赢得仲裁。又如，"device#2，message_ID=5"将先于"device#3，message_ID=5"赢得仲裁。这样，在组 1 中就提供了 16 级的优先权均匀分配方案。

② 报文组 2 在组 2 内，MAC ID 可以是发送节点的 MAC ID（源 MAC ID），也可以是接收节点的 MAC ID（目的地 MAC ID）。当通过组 2 建立连接时，端点将确定是源 MAC ID 还是目的地 MAC ID。当两个或多个组 2 报文进行 CAN 总线访问仲裁时，其 MAC ID 数值较小的报文将获得总线访问权。

③ 报文组 3 在组 3 中，报文 ID 描述了由一个特定端点交换的各种组 3 报文。动态建立的显式报文连接用于组 3 的传输，并将 5（响应）和 / 或 6（请求）置于 CAN 标识区的组 3 报文 ID 部分。这些报文被认为是未连接显式报文。未连接显式报文由未连接报文管理器（UCMM）进行处理。表 4-4 列出了展开报文组 3 后标识符的分配情况。

在组 3 的传输中，总线访问优先权将均衡地分配给网络中的所有节点。当两个或多个组 3 报文进行 CAN 总线访问仲裁时，组 3 报文 ID 值较小的报文将赢得仲裁，并获得总线访问权。例如，设备"device#20，message_ID=2"将先于设备"device#5，message_ID=4"赢得仲裁。

④ 报文组 4 在组 4 中，报文 ID 为 2CH ～ 2FH，将全部用于离线报文。

每个节点在上线时，都要进行 MAC ID 重复检测，必须连续发送两次请求，等待 2s（期间）后，只要收到相同 MAC ID 地址的请求或响应（重复 MAC ID 检测），则不能上线。上线的节点先通过 UCMM 建立显式连接。

4.5.3 I/O 报文和显式报文

DeviceNet 定义了两种报文：I/O 报文和显式报文。

（1）I/O 报文（I/O message）

I/O 报文适用于实时性要求较高和面向控制的数据的传输，它提供了报文发送过程和多个报文接收过程之间的专用通信路径。I/O 报文对传输的可靠性、送达时间的确定性及重复性有很高的要求。图 4-12 为 I/O 报文的格式。

CAN 帧头	I/O 数据（0 ～ 8B）	CAN 帧尾

图 4-12 I/O 报文的格式

I/O 报文通常使用优先级高的连接标识符，通过一点或多点连接进行信息交换。I/O 报文数据帧中的数据场不包含任何与协议相关的位，仅仅是实时的 I/O 数据。连接标识符提供了 I/O 报文的相关信息，在 I/O 报文利用连接标识符发送之前，报文的发送和接收设备都必须先进行设定，设定的内容包括源和目的对象的属性以及数据生产者和消费者的地址。只有当 I/O 报文长度大于 8B（最大尺寸），需要分段形成 I/O 报文片段时，数据场中才有 1B 供报文分段协议使用。I/O 分段报文如图 4-13 所示。

字节数	7	6	5	4	3	2	1	0
0	分段类型		分段计数器					
	I/O 分段报文							

图 4-13 I/O 分段报文

I/O 报文有时也称隐式报文，由于它的数据场中常常不包含协议信息，因而节点处理这些报文所需的时间大大缩短。I/O 报文的一个应用例子是控制器将输出数据发送给一个 I/O 模块设备，然后 I/O 模块设备按照输入数据回应给控制器。

（2）显式报文（explicit message）

显式报文适用于设备间多用途的点对点非实时报文传递，是典型的请求 - 响应通信方式，常用于上传/下载程序、修改设备组态、记载数据日志、做趋势分析和诊断等。其结构十分灵活，数据场中带有通信网络所需的协议信息和要求操作服务的指令。显式报文利用 CAN 的数据区来传递定义的报文。图 4-14 为显式报文的格式。

CAN 帧头	协议域和数据场（0 ~ 8B）	CAN 帧尾

图 4-14 显式报文的格式

含有完整显式报文的 CAN 数据区包括报头和完整的报文体两部分。如果显式报文的长度大于 8B，则必须在 DeviceNet 中以分段方式传输。一个显式报文的分段包括报头、分段协议、分段报文体三部分。

① 报头 显式报文的 CAN 数据区的 0 号字节指定报头，其格式如图 4-15 所示。

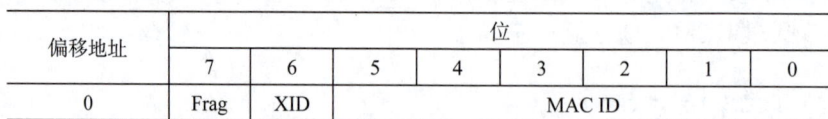

偏移地址	位							
	7	6	5	4	3	2	1	0
0	Frag	XID	MAC ID					

图 4-15 报头的格式

图 4-15 中，Frag（分段位）显示此传输是否为显式报文的一个分段（此报文是否为分段报文，1 为分段）。

XID（事务处理 ID）应用程序用以匹配响应和相关请求。该区由服务器用响应报文简单回复。

MAC ID 包含源 MAC ID 或目的地 MAC ID。根据表 4-4 来确定该区中指定何种 MAC ID（源或目的地）。

接收显式报文时，须检查报头内的 MAC ID 区，如果在连接 ID 中指定了目的地 MAC ID，那么必须在报头指定其他端点的源 MAC ID。如果在连接 ID 中指定了源 MAC ID，那么必须在报头中指定接收模块的目的地 MAC ID（点对点的）。

② 分段报文体 报文体包含服务区和服务特定变量。报文体的格式如图 4-16 所示。

偏移地址	位							
	7	6	5	4	3	2	1	0
0	Frag	XID	MAC ID					
1	R/R	服务代码						
2 ~ 7	服务特定变量							

报文体｜ 服务区（右侧标注）

图 4-16 报文体的格式

报文体指定的第一个变量是服务区，用于识别正在传输的特定请求或响应。

服务区内容如下。

a. 服务代码——服务区字节低 7 位值，表示传输服务的类型。

b. R/R——服务区的最高位。该值决定了报文是请求报文还是响应报文。

报文体中紧接服务区后的是正在传输的服务特殊类型的详细报文。

③ 分段协议 分段协议在显式报文内的位置与在 I/O 报文内的位置是不同的，显式报文位于 1 号字节，I/O 报文位于 0 号字节。两种报文都可以通过分段模式来传输不限长度的数据。分段协议的格式如图 4-17 所示。

字节数	7	6	5	4	3	2	1
0	Frag	XID	MAC ID				
1	分段类型		分段计数器				
	显式报文体分段						

图 4-17 分段协议的格式

分段类型值含义如下：=0 表示当前分段是第一分段，此时分段计数器的值必须是 0 或者 3FH；=1 表示当前分段为中间分段，分段计数器的值是分段的序号；=2 表示当前分段为最后分段，分段计数器的值是分段的序号；=3 表示当前分段是应答分段。

每个设备必须能解释每个显式报文的含义，实现它所请求的任务，并生成相应的回应。为了按通信协议解释显式报文，在真正要用到的数据上必须有一块较大的附加量。这种类型的报文在数据量的大小和使用频率上都是非常不确定的。显式报文通常使用优先级低的连接标识符，并且该报文的相关信息直接包含在报文数据帧的数据场中，包括要执行的服务和相关对象的属性及地址。

例如建立一个显式报文连接，客户端 MAC ID=0，服务器 MAC ID=5，客户端向服务器发送报文使用组 1，报文 ID=AH，服务器向客户端发送报文使用组 1，报文 ID=3，由客户端向服务器发出打开显式报文连接的请求。打开显式报文连接响应格式 11 101 000101，数据（十六进制）=00CB00030200。

4.5.4 未连接报文管理器

任何一个设备在通过了重复 MAC ID 检测后，就可以转为在线状态。此时设备如果要通信，则需要与其他设备建立显式信息连接。而显式信息连接的建立，可以通过未连接报文管理器（UCMM）动态建立。

UCMM 向没有事先建立连接的设备发送请求，支持 CIP 服务，主要用于一次性的操作或非周期性的请求。

　　UCMM 处理两种服务：一是打开显式报文连接，建立一个显式报文连接；二是关闭连接服务代码，删除一个连接对象并解除所有相关资源。两者都是由客户端发起。打开显式信息连接服务代码为 4BH，用于建立一个显式连接。关闭连接服务代码为 4CH，用于删除一个显式连接对象，释放所有相关资源。

　　与 UCMM 相关的术语如下。

　　① 具有 UCMM 功能的设备：指支持未连接报文管理器（UCMM）的设备。

　　② 仅限组 2 服务器：指无 UCMM 功能，必须通过预定义主 / 从连接组建立通信的从站（服务器），至少必须支持预定义主 / 从显式报文连接。一台仅限组 2 服务器只能发送和接收预定义主 / 从连接组所定义的标识符。

　　所谓 UCMM，是指设备从未连接状态到连接状态可以主动进行，它可以通过显式信息连接主动确立连接路径和连接 ID，如果不具备 UCMM 功能，那就不能主动建立连接关系，这些设备只能够作从站，而且因为只能进行组 2 信息的通信，所以称为仅限组 2 从站。

　　③ 仅限组 2 客户端：指仅作组 2 客户端对组 2 服务器进行操作的设备。仅限组 2 客户端为仅限组 2 服务器提供 UCMM 服务功能。

　　DeviceNet 建立连接的过程如图 4-18 所示。

图 4-18　DeviceNet 建立连接的过程

4.5.5　预定义主 / 从连接组

　　支持 UCMM 功能的从站既可动态配置与主站设备的连接，也可静态配置与主站设备的连接。但考虑到有些设备根本不需要（许多设备要实现的功能在设计时就已经预先决定了，如检测压力、启动电动机等，即这些设备的数据类型和数量事先已明确）且没有资源使用 UCMM 这一强大功能，DeviceNet 指定了一套称为预定义主 / 从连接组的连接标识符，用来简化主 / 从结构中 I/O 的配置和配置型数据的传输。

　　预定义主 / 从连接是一种能方便通信，在主 / 从关系中常见的连接。在预定义主 / 从连接组定义中省略了创建和配置应用与应用之间的连接的许多步骤，这样做是为了用比较少的网络和设备资源来创建一个通信环境。它最初是为了简化连接的建立而设计的。不支持 UCMM 的设备必须支持预定义主 / 从连接组。几乎所有的设备都支持预定义主 / 从连接组，所有的扫描卡都支持预定义主 / 从连接组。但使用预定义主 / 从连接组无法充分体现 DeviceNet 的优势。

DeviceNet 中为了适应主 / 从式的应用场合，同时降低从站的投资，可以在网络工作之前先在主站设备上建立从站设备的扫描列表，然后根据预设定的 I/O 参数、设备功能和从站进行通信。

UCMM 使用灵活，功能强，不限定报文组和报文 ID。作为 DeviceNet 协议的子集，可使用较少的资源创建 DeviceNet 的连接，但只能使用固定的报文组和报文 ID。

不同主站模块建立 I/O 连接的流程有所差别，这里强调的是 DeveiceNet 是基于连接的通信网络。

预定义主 / 从连接上电时就已经完成，主站唯一要做的就是声明对从站内该预定义连接组的所有权。

高端设备如 PanelView、变频器同时支持显式信息连接和预定义主 / 从连接，而低端设备如按钮、光电感应器只支持预定义主 / 从连接。

4.6 ■ DeviceNet 对象模型

DeviceNet 使用抽象的对象模型（object model）来表示如何建立和管理设备的特性和通信关系，DeviceNet 的节点被模型化为对象（object）的集合。DeviceNet 的每个设备都由两类基本的对象集（与通信有关的对象和与应用有关的对象）组成。

DeviceNet 对象模型提供了组织和实现 DeviceNet 产品的组件属性、服务和行为的简便模板，并可通过 C++ 中的类直接实现。一个设备的组件可分为组件属性、服务和行为三部分，这三部分可按如下对象进行描述。

① 连接对象（connection object）。DeviceNet 产品中，一般至少包括两个连接对象。每个连接对象代表 DeviceNet 中两个节点间虚拟连接中的一个端点。两种连接类型分别是显式报文连接和 I/O 报文连接。在显式报文中，包括属性地址、属性值和用以表述所请求行为的服务代码。I/O 报文中只包含数据，所有关于如何处理该数据的信息都包含在与该 I/O 报文相关的连接对象中。连接对象的标识符为 0x05。

② DeviceNet 对象（DeviceNet object）。在 DeviceNet 产品中，一般都有一个 DeviceNet 对象实例，该实例具有下列属性：节点地址或其 MAC ID、波特率、总线离线动作、总线离线计数器、单元选择和主站的 MAC ID。DeviceNet 对象的标识符为 0x03。

③ 标识对象（identity object）。在 DeviceNet 产品中，一般都有一个标识对象实例，此实例包含各种属性，如供货商 ID、设备类型、产品代码、版本、状态、序列号、产品声明等。

④ 报文路由器对象（message router object）。DeviceNet 产品中，一般都有一个报文路由器对象实例，可将显式报文传送给其他相应的对象。一般在 DeviceNet 中，它不具有外部可视性。报文路由器对象的标识符为 0x02。

⑤ 汇编对象（assembly object）。在 DeviceNet 产品中，一般都有一个或多个汇编对象。这些对象的任务是将来自不同应用对象的不同属性（数据）组成一个能够随个报文传送的属性。汇编对象的对象标识符为 0x04。

⑥ 参数对象（parameter object）。在带有可配置参数的设备中，都用到了可选的参数对象。每个可配置参数的设备都应引入一个实例。参数对象的属性包括数值、量程、文本和相关信息。参数对象为配置工具访问所有的参数提供标准的方法。参数对象的标识符为 0x0F。

⑦ 应用对象（application object）。应用对象泛指描述特定行为和功能的一组对象，例如开关量输入输出对象、模拟量输入输出对象等。DeviceNet 的节点若需实现某种特定功能，至少需要建立一个应用对象。DeviceNet 协议中有一个标准设备库，提供了大量的标准对象。

DeviceNet 为了对各对象及其中的类、实例、属性等进行寻址，提供了以下几种寻址标识符。

① 媒体访问控制标识符（MAC ID）：对 DeviceNet 网段中的各个节点进行标识。

② 类标识符（Class ID）：对 DeviceNet 网段中的各个类进行标识。

③ 实例标识符（Instance ID）：对同一个类中的各个实例进行标识。

④ 属性标识符（Attribute ID）：对同一个对象中的各个属性进行标识。

4.7 ▪ ControlNet

ControlNet 基础技术是由美国罗克韦尔自动化公司研究发展起来的。1995 年 10 月面世，1997 年 7 月由罗克韦尔自动化公司等 22 家企业联合发起成立 ControlNet International（CI），是一个非营利独立组织，主要负责向全世界推广 ControlNet 技术（包括测试软件）。目前已有 50 多个公司参加，如 ABB Robotics、霍尼韦尔、横河、东芝、欧姆龙等。

ControlNet 是实时的控制层网络，在单一物理介质链路上，可以同时支持对时间有苛刻要求的实时 I/O 数据的高速传输，以及报文数据的发送，包括编程和组态数据的上传 / 下载以及对等信息传递等。

ControlNet 采取生产者 / 消费者通信模型，并支持多主、主 / 从、点对点对等通信。

ControlNet 安装简单，扩展方便，支持介质冗余，本质安全，具有良好的诊断功能。

EtherNet-ControlNet-DeviceNet 的网络结构是 ControlNet 的典型应用形式。

ControlNet 主要技术特点如下。

① 物理层介质：RG6 同轴电缆、光纤。

② 网络拓扑：总线型、星形、树形及混合结构。

③ 传输距离：ControlNet 使用的同轴电缆可寻址节点最多为带中继器 99 个，1000m；采用光纤和中继器后，通信距离可达几十千米。

④ 设备供电方式：外部供电。

⑤ 节点插拔：可带电插拔。

⑥ 网络通信速率：5Mbit/s（最大）。

⑦ I/O 数据量：不限。

⑧ I/O 数据触发方式：轮询、状态改变 / 周期。

⑨ 网络功能：同一链路支持控制信息、I/O 数据、编程数据。

⑩ 网络模型：生产者 / 消费者。

⑪ 网络刷新时间：可组态 2 ～ 100ms。

4.7.1　物理层

ControlNet 物理层分为以下三个子层：

① 物理层信号（PLS）子层：定义与信号有关的内容，包括通信速率、信号编码等，其通信速率只有 5Mbit/s 一种，编码采用的是曼彻斯特编码。

② 物理媒介连接（PMA）子层：定义设备内的物理部件，如收发器、连接器等。

③ 传输介质子层：定义与传输介质有关的内容，如线缆、网络拓扑结构、分接头等。

网络元件包括同轴电缆、光纤、屏蔽双绞线、中继器，下面分别予以介绍。

（1）同轴电缆

拓扑结构：主干 - 分支型，加中继器后几种形式均可。

一个典型的基于同轴电缆的 ControlNet 网络组成：干线电缆、终端电阻（75Ω）、分接头、支线电缆、ControlNet 设备等。

支持传输介质冗余：所有设备都支持冗余，以冗余的方式相接，两个通道都启用。

ControlNet 是一个与地隔离的网络，可保证网络不会意外接地。

（2）光纤

光纤适用于有防爆要求的应用场合。ControlNet 支持的光纤有三种：短距，300m；中距，7km；长距，20km。

通信方式：点对点，两个节点之间、节点的中继器之间或两个中继器之间的连接；环网，多个节点之间的连接，节点（设备）需具备环中继功能。

（3）屏蔽双绞线

8 芯，仅用于两个网络访问端口（network access port，NAP）之间的点对点连接。

与 ControlNet 网络直接连接的节点为永久节点，通过 NAP 与永久节点相连的节点为临时节点。使用 NAP 时不能同时将临时节点的 NAP 和同轴电缆接口连接到不同的设备上。

（4）中继器

它是工作在物理层的设备，其功能是双向接收、处理并重发物理信号。

中继器用途：①用于网络拓展；②用于传输介质或拓扑结构的切换。

中继器分类：①普通中继器，两个网络接口；②环中继器；③网络接口，支持介质冗余。

4.7.2　CTDMA

并行时间域多路访问（concurrent time domain multiple access，CTDMA）是 ControlNet 网络中采用的特色技术之一。CTDMA 是由通信模型中物理层与数据链路层所完成的功能。图 4-19 给出 ControlNet 与 SIO 模型的对照关系。

CTDMA 依靠生产者 / 消费者通信模型来完成。报文数据的产生者充当这一通信模型中的生产者，从网络中取用数据的各节点称为消费者。发送的报文按内容标识。节点接收数据时，仅需识别与此报文关联的特定标识符。数据源只需将数据发

应用层	CIP
表述层	
会话层	
传输层	
网络层	
数据链路层	CTDMA
物理层	物理层

图 4-19　ControlNet 与 SIO 模型的对照关系

送一次。多个需要该数据的节点通过在网络中识别这个标识符，从网络中获取来自同一生产者的报文数据，因而称为并行时间域多路访问。

CTDMA 提高了网络带宽的有效使用率。数据一旦发送到网络中，多个节点就能够同时接收，无需像主/从通信模型那样，同一数据需要在网络中重复传送，逐一送到需要该数据的节点。当更多设备加载到网络中时，也不会增加网络的通信量。数据同时到达各节点，可实现各节点的精确同步化。

4.7.3 网络更新时间

在 MAC 子层中 CTDMA 把网络时间分成时间片，即网络更新时间（network update time，NUT）。

CTDMA 把每个 NUT 划分为预定时段（scheduled part）、非预定时段（unscheduled part）和维护时段（maintenance part）三个主要部分，如图 4-20 所示。隐性令牌传递机制可保证预定时段和非预定时段中节点对媒体的访问。

预定：调度的数据将在每一次网络间隔内被传送一次；
非预定：调度的数据可以在多个网络间隔内有选择地传送

图 4-20　NUT 划分示意图

ControlNet 中传递隐性令牌的逻辑是通过特别设计的并行时间域多路访问算法来控制的。该算法在每一段网络更新时间（NUT）内自动调节网络中的每个节点得到隐性令牌获得传输信息的机会。ControlNet 的技术规范规定可组态的 NUT 为 0.5 ~ 100ms（目前市场上可提供的有关产品的最小可组态的 NUT 为 2ms）。

ControlNet 支持节点标识符重复检测，支持报文破分。

（1）预定时段（scheduled part）

预定时段用来传送对时间有苛刻要求的数据或称预定数据，如 I/O 信息、PLC 控制器之间的互锁信息等。每一个 MAC ID 地址在 0 和 S_{MAX}（S_{MAX} 表示 NUT 中需利用预定时段传输控制信息的具有最高网络地址的节点）之间的节点都可保证在每一个 NUT 中获得一次且仅一次传输机会，保证网络在预定时段内发送的数据是可预测的、确定的。

节点以顺序的机会拿到隐性令牌上网传输信息。每个节点可最多传输 510B。这一部分的带宽已预先组态和保存，以支持实时数据传输。节点地址大于 S_{MAX} 的节点在预定时段不发送信息。

不同的应用程序对预定时段的数据发送有不同的要求，如果以同一速率发送所有数据，其速率将是很低的。所以不同的数据按不同的速率发送。ControlNet 支持 8 种不同的速率，是 NUT 的二进制倍数。用户选择请求数据包间隔，网络组态工具设置实际数据包间隔。

当网络组态信息下载到网络中后，系统根据组态信息为那些要预约服务的节点建立连接，这样数据源节点与目的地节点之间的数据发送不再要源地址和目的地地址，只需要一个内容标识符即可隐性实现。

（2）非预定时段（unscheduled part）

非预定时段用来传输对时间无苛刻要求的数据。这部分时间内，所有传输显式报文的节点循环、顺序地拿到隐性令牌（第二次操作隐性令牌）。在一次 NUT 中，这种循环不断重复，直到所分配的 NUT 用完。根据用完预定时段后 NUT 所剩时间的多少，在每个 NUT 中，各节点在非预定时段内访问媒介的机会可不同，即可有 0 次、1 次或多次机会来发送非预定数据。CTDMA 算法根据网络中控制信息流的负载量，在不影响预定时段的前提下，保证至少有一个节点在一次 NUT 中可拿到隐性令牌上网传输显式报文。

非预定时段服务范围从 0 到 U_{MAX}。另外，U_{MAX} 总是大于或等于 S_{MAX}。地址大于 S_{MAX} 而小于 U_{MAX} 的节点只能传送非预定信息。地址小于 S_{MAX} 的节点可传送预定和非预定信息。地址大于 U_{MAX} 的节点无法在网络中通信。

（3）维护时段（maintenance part）

当维护时段到来时，所有节点停止发送数据。在维护时段内，具有最小 MAC ID 的节点（即协调节点 Keeper）发送一个维护报文（协调帧）。此报文可维持网络中每个节点的 NUT 定时器的同步和发布一些重要的网络链路参数及重要通知，每个 NUT 周期都发送（如 NUT、S_{MAX}、U_{MAX} 等）。

协调节点总是 MAC ID 最小的节点。CTDMA 主要维护工作包括：协调节点发送重同步协调帧→重启 NUT →节点接收协调帧→比较→不一致，节点失效；在两个连续的 NUT 中未收到协调帧→最小 MAC ID 节点承担协调节点→第三个 NUT 维护时段发送协调帧→遇到比其小的 MAC ID 节点→停止协调角色；协调帧在每个 NUT 都要发送，以调整参数，并为新加入的节点提供参数。

同其他的现场总线一样，在 ControlNet 网络运行之前，必须对它进行组态，即对一些网络参数进行设定。这些参数主要有网络更新时间 NUT、最大预约节点地址 S_{MAX}、最大非预约节点地址 U_{MAX} 以及介质冗余选择等。

在每个 NUT 中，节点地址从 1 到 S_{MAX} 的每个节点都允许在预定时段中传输数据。如果某个节点由于某种原因从网络中丢失，其下一个节点必须等待一个 slot-time 时间。一个 slot-time 时间是信号在链路上走一个来回所需的最少时间，它的值取决于链路的物理特性，如电缆长度、中继器数量。如果网络中的某个节点没有要发送的数据，则会发送一个 NULL 帧。因而，预定时段的边界有时会随着每个节点的利用率而改变。

NUT 的大小决定了系统的循环周期，如果太大，系统的实时性将变差；如果太小，则影响预定时段和非预定时段，使得系统的控制信息和显式报文的发送得不到保证。下面从理论上分析决定 NUT 大小的因素。

由 CTDMA 规范可知：

$$NUT = T_{scheduled} + T_{unscheduled} + T_{maintenance}$$

若在每一个 NUT 内，所有预定节点都有数据发送，且每个 MAC 帧中 1 个包的长度都达到了其规定的最大值 510B；同时，非预定时间段中由于 CTDMA 规范保证了至少要有一个节点发送数据，因此：

$$T_{\text{scheduled}}=T\times S_{\text{MAX}}$$
$$T_{\text{unscheduled}}=T$$

式中，T 为节点发送一个最大 MAC 帧所需的时间。

从上式中可以看到，当网络的结构、长度和所带的节点数等物理特性确定后，$T_{\text{maintenance}}$ 和 T 值也就确定了，因此 NUT 的大小主要受 S_{MAX} 值的影响。由 ControlNet 的 MAC 方法可知，网络编址的合理与否对网络性能影响很大，要想很好地使用 ControlNet 应注意以下几点。

① 对 ControlNet 进行编址时，应把需要发送实时信息的节点都给予比较小的地址。

② 因为对应于每个空地址，网络都要等待一个槽时间，所以网络上最好不要有比 S_{MAX} 和 U_{MAX} 小的空地址。

4.7.4　虚拟令牌与 Keeper

ControlNet 采用了一个特殊的令牌传递机制叫做隐性令牌传递机制（implicit token passing），网络中每个节点被分配一个唯一的 MAC ID，只有获取令牌的节点才可发送数据，但是 ControlNet 网络中并没有真正的令牌在传递（也没有专门的起令牌作用的帧，DP 是专门的令牌帧，用于传递令牌）。

每个节点都有一个唯一的 MAC ID（1～99），每个节点都设有一个隐性令牌寄存器。节点监视收到的每个数据帧的源节点地址，并在该数据帧结束之后，将隐性令牌寄存器的值设置为收到的源 MAC ID 加 1。如果隐性令牌寄存器的值等于某个节点本身的 MAC ID，则该节点即可发送报文。由于所有节点的隐性令牌寄存器中的值（在任意时刻）都相同，因此避免了冲突的发生。

如果站点得到隐性令牌时没有数据发送，从传递虚拟令牌的角度，它需发送一个空帧。空帧中会含有本站点的 MAC ID，使各节点的隐性令牌寄存器能正常工作，以传递虚拟令牌。

Keeper 是网络中的某个节点，存有网络扫描列表，并且具有保存和应用网络组态参数（如 NUT、S_{MAX}、U_{MAX}）和预定连接信息的能力，负责接收网络配置信息，并分配预定连接信息给各连接发起者。只有像 PLC 这样的设备才可以作为 Keeper，只有拥有网络组态列表信息的设备才可以作为 Keeper。目前有两种类型的 Keeper：单 Keeper 和多 Keeper。

① 单 Keeper 网络：网络中只有一个并且节点地址为 1 的设备可以存储网络参数和预定连接信息。这时连接的对象可以包括或不包括 Keeper 设备本身。在单 Keeper 网络中，在预定连接建立以前必须要求有效的节点地址 1 为 Keeper 设备，并且该设备必须在线。当预定连接建立后，则该连接将一直工作其至 Keeper 设备离线也不造成影响。

② 多 Keeper 网络：网络中有多于一个节点的设备可以存储网络参数和预定连接信息。这些连接的对象可以包括或不包括 Keeper 设备本身。对于 Keeper 的节点地址没有特别要求，但考虑到兼容性，推荐将节点地址 1 的设备作为 Keeper。在多 Keeper 系统中，只要有一个多 Keeper 设备在线，新的预定连接可以被建立。

4.7.5　MAC 帧格式

ControlNet 的 MAC 帧的格式：前同步（preamble）、起始界定符（start delimiter）、源 MAC ID（Source）、链路数据包、CRC 和结束界定符（end delimiter），如图 4-21 所示。

图 4-21　ControlNet 的 MAC 帧格式

链路数据包由长度、控制、标识、链路数据组成。

PDU 包含以下三种帧。

① 表示了数据域中各链路数据包的构成，由链路数据包的字段大小（字节对的数量）、控制、标识 CID 和链接数据组成。

字段大小	控制	标识 CID	链接数据

② 2 个带固定标签的 CID 字节，它采用非连接型通信方式，用于传输非 I/O 数据。

第 1 个 CID 字节指明所提供的服务，在 ControlNet 规范第三部分中规定了这些服务及其代码。例如 0x83 为提供非连接数据管理服务的代码。

第 2 个 CID 字节是目的地节点的地址。它可以是一个 MAC 地址，也可以是广播地址 0xFE。

字段大小	控制	标识 CID Service	标识 CID Destination	链接数据

③ CID 包含 3 个字节。其中包含连接类型（如多点传送或点对点连接）、组号、MAC 地址与连接号。

字段大小	控制	标识 CID	CID	CID	链接数据

4.7.6　ControlNet 中的连接

ControlNet 中网络层和传输层用于建立连接并对其进行维护。该功能的实现主要涉及未连接报文管理器对象、连接路由器对象、连接管理者对象、传输连接、传输类以及应用连接。

连接是不同节点的两个或多个应用对象之间的联系，是终端节点之间数据传输的路径或虚电路。终端节点可以跨越不同的系统和不同的网络，但因连接的资源是有限的，所以设备要限制连接的数量。ControlNet 上的报文传输可以是面向连接的或面向非连接的。

对于面向连接的通信，ControlNet 需要建立和维护连接；资源为某个特定的应用事先保留（节点可能用尽其所有资源）；可减少对所接收数据包的处理。

对于面向非连接的通信，需建立或维护连接；资源未事先保留（未连接资源不会用光）；每个报文的附加量增多。

UCMM 是一种向没有事先建立连接的设备发送请求的方式，支持任何控制与信息协议（CIP）的服务，主要用于一次性的操作或非周期性的请求。报文路由器收到 UCMM 报文后，去掉 UCMM 报头，将请求传输给特定的对象类，尽管报文有一部分附加量，但是绕过了连接建立的过程。

传输连接：表示特定应用之间关系的特征，其连接的端点是传输对象的实例。传输类：应用连接至传输服务可通过所支持的传输类来实现，定义了 Class0 ～ Class6 共 7 种传输类型。其中，Class3 传输非实时的客户端/服务器模式的显式报文，双向连接；Class1 传输实时 I/O 的隐式报文，单向连接。

对象模型：与 DeviceNet 相似。

对象库：与通信有关的对象，与应用有关的对象。

基本对象模型：①可选对象——对设备行为无影响，可提供超出基本功能要求的功能。②必选对象——实现设备互换性、互操作性。

设备描述：实现设备之间的互操作性、同类设备的互换性和行为的一致性。

📚 思考题

1. 简述 CIP 的工作原理。其特点是什么？

2. 什么是 CSMA/NBA？简述 CAN 总线的工作原理。

3. DeviceNet 的报文如何分组？

4. 简述 ControlNet 工作过程。

5. 什么是 DeviceNet 的仅限组 2 从站？

6. 为什么说 Ethernet/IP 是最开放的工业以太网？

7. Ethernet/IP 的显示报文和隐式报文如何传输？

第5章

工业以太网与 OPC 技术

5.1 ■ 工业以太网

5.1.1 工业以太网现状与趋势

因特网和以太网的普及，使得网络的使用既经济又便利，这推动了网络在工业中的应用，并已开发成功多种工业以太网。以太网进入工控领域具有以下优势。

① 价格优势：由于因特网的存在和以太网的大量使用，工业以太网具有价格明显低于其他工业控制网络的特点。

② 技术优势：技术成熟，易于掌握。

③ 集成优势：有利于企业网络信息的集成，便于与上层网络连接，便于与外界交互信息。

工业以太网是工业控制网络发展的重要方向，这是共识，但目前还没有一致的定义与规范，没有真正的统一的工业以太网。以太网是物理层和数据链路层技术，各厂家推出的工业以太网在技术上（尤其在应用层协议上）存在相当大的差距。目前工业以太网的标准化工作方向主要有：一是应用层，二是在数据链路层实现实时以太网。较著名的工业以太网技术有 EtheNet/IP、Profitnet、Modbus-IDA、FF HSE 等。另外，下列技术的发展强化了以太网在工业领域的应用。

（1）基于普通以太网技术的嵌入式控制节点

① 随着 ASIC 芯片集成度的提高与功能的不断增强，单片芯片内可包括 CPU、存储器、通信接口、I/O 接口等（如 ARM9）。

② 在现场智能设备中直接集成带以太网接口的多功能芯片，添加驱动、隔离电路等，便可形成嵌入式以太网控制节点。另外，还可集成 Web 服务器、CAN2.0B、Bluetooth 等通信接口，以及相关控制功能。

③ 在实时性要求不高的场合，由带普通以太网接口的现场智能节点组成控制网络。

（2）采用全双工分组交换技术（交换式全双工以太网）

① 半双工通信发送或接收报文均在一条网线上完成，发生碰撞的概率大。全双工通信

状态，一条线用来发送数据，另一条线用来接收数据。

② 将网络切分为多个网段，为连接在其端口上的每个网络节点提供独立带宽，相当于每个设备独占一个网段，数据只在本地网络传输而不占用其他网段的带宽。

③ 连接在同一个交换机上的不同设备不存在资源争夺。

④ 交换机可使网段上多数数据不经主干网传输。

⑤ 交换式全双工以太网消除了冲突的可能，有条件达到确定性网络的要求。

5.1.2 以太网帧格式

由于不同标准的存在，DIX 联盟和 IEEE 总共提出了 4 种不同格式的以太网帧，目前都在使用。这 4 种帧格式分别如下。

① Ethernet Ⅱ（即 DIX2.0）：Xerox 与 DEC、Intel 在 1982 年制定的以太网帧格式。

② Ethernet 802.3 raw：Novell 公司在 1983 年定义的专用以太网帧格式。

③ Ethernet 802.3 SAP：IEEE 在 1985年公布的 Ethernet 802.3 的 SAP 版本以太网帧格式。

④ Ethernet 802.3 SNAP：IEEE在1985年公布的Ethernet 802.3的SNAP版本以太网帧格式。

在这 4 种帧格式中，前面 3 个字段的定义是一致的，最大的区别在于第 4 字段是定义类型字段还是数据字段，如果是数据字段，则需要通过 LLC 字段描述上层协议类型。图 5-1 给出了两种帧格式。

前同步字符	目的地址	源地址	类型	数据	帧校验序列

（a）DIX 以太网帧

前同步字符	目的地址	源地址	类型 / 长度	LLC/ 数据域	帧校验序列

（b）IEEE 802.3 以太网帧

图 5-1 以太网帧格式

下面以 Ethernet Ⅱ 帧为例讲述，其具体包含的字段如下：

前同步字符		目的地址	源地址	类型（长度）	数据域	FCS
同步码	帧前定界码					
7Byte（B）	1Byte	6Byte	6Byte	2Byte	46 ~ 1500Byte	4Byte

前同步字符：包括同步码（用来使局域网中的所有节点同步，7Byte，1 和 0 交替出现）和帧前定界码（帧的起始标志，1Byte，10101011B）两部分。

目的（目的地、目标）地址：接收端的 MAC 地址（ID），6Byte；可以是下一 LAN 的路由器地址；在到达目标网络后为目的设备的地址。

源地址：发送端的 MAC 地址，6Byte。

类型：数据包的类型（即上层协议的类型），2Byte。如 0x0800 为 IP 报文，0x0806 为 ARP 请求 / 应答，0x8035 为 RARP 请求 / 应答。

数据域：被封装的数据包，46 ~ 1500Byte。当传输数据小于 64Byte 时，"填充"到 64Byte。

校验码：错误检验，4Byte。

Ethernet II 的主要特点是通过类型字段标识了封装在帧里的数据包所采用的协议。类型字段是一个有效的指针，通过它，数据链路层就可以承载多个上层（网络层）协议。但是，Ethernet II 的缺点是没有标识帧长度的字段。

MAC 地址由 6 个 8 位数据组成，前三个由 IEEE 分配，后三个由厂家分配。

5.1.3　TCP/IP

图 5-2 中，IP 是 TCP/IP 族中最为核心的协议，它提供不可靠、无连接的数据报文传输服务。IP 层提供的服务是通过 IP 层对数据报文的封装与拆封来实现的。IP 数据报文分为报头区和数据区两大部分，其中报头区是为了正确传输高层数据而加的各种控制信息，数据区包括高层协议需要传输的数据。IP 数据报文的格式如图 5-3 所示。

ISO/OSI 模型	TCP/IP、传输介质					TCP/IP 模型
应用层	文件传输 FTP	模拟终端 Telnet	电子邮件 SMTP	网络文件服务 NFS	网络管理 SNMP	应用层
表示层						
会话层						
传输层	TCP		UDP			传输层
网络层	IP	ICMP	ARP		RARP	Internet 层
数据链路层	Ethernet IEEE 802.3	FDDI	Token Ring IEEE 802.5	ARCnet	PFP/ SLIP	网络接口层
物理层						硬件层
	传输介质（如双绞线、铜缆、光纤、无线电等）					

图 5-2　TCP/IP 的分层结构模型

图 5-3 中的数据报文格式，最高位在左边，记为 0 位；最低位在右边，记为 31 位。在网络中传输数据时，首先传输 0 ～ 7 位，其次是 8 ～ 15 位，然后传输 16 ～ 23 位，最后传输 24 ～ 31 位。由于 TCP/IP 头部中所有的二进制数在网络中传输时都要求以这种顺序进行，因此称为网络字节顺序。在进行程序设计时，以其他形式存储的二进制数必须在传输数据之前，把头部转换成网络字节顺序。

0	7	8	15	16	31
版本号（4 位）	头部长度（4 位）	服务类型（8 位）		总长度（16 位）	
标识（16 位）				标识（3 位）	片偏移（13 位）
生存时间（8 位）		上层协议标识（8 位）		头部校验和（16 位）	
源 IP 地址（32 位）					
目标 IP 地址（32 位）					
选项					
数据					

图 5-3　IP 数据报文的格式

IP 数据报文中的每一个域包含了 IP 数据报文所携带的一些信息，正是用这些信息来完成 IP 功能的。各字段的功能说明如下。

① 版本号。版本号占用 4 位二进制数，表示该 IP 数据报文使用的是哪个版本的 IP。目前使用的是在 1981 年发布的 IPv4，地址长度为 32 位。IPv4 所限定的地址将耗尽。新的 IP 版本被定名为 IPv6，IP 地址由原来的 32 位增加到了 128 位（约合 10^{38} 个）。IPv6 为现场智

能节点成为互联网上的站点提供了条件。

② 头部长度。头部长度用 4 位二进制数表示，此域指出整个报头的长度（包括选项），该长度是以 32 位二进制数为一个计数单位的，接收端通过此域可以计算出报头在何处结束及从何处开始读数据。普通 IP 数据报文（没有任何选项）中该字段的值是 5（即 20 个字节的长度）。

③ 服务类型。服务类型用 8 位二进制数表示，规定对本 IP 数据报文的处理方式。

5.1.4 交换式以太网

早期的以太网用集线器（hub）实现互连。集线器的特点是不管数据包要到达的目的端口，它把接收到的数据包转发到所有的端口，因而一个集线器上的所有端口形成一个广播域。在集线器上的多个用户共享 LAN 的有效带宽。集线器在同一时刻只允许有一个通信会话。集线器上的端口数目增多时，就有更多数目的用户共享 LAN 的有效带宽，其结果是减慢了网络的响应，称之为共享式以太网。交换式以太网则与共享式以太网有本质的不同。

交换式以太网的原理很简单，它检测从以太网端口来的数据包的源/目的端口的 MAC（介质访问控制）地址，然后与系统内部的动态查找表（站表）进行比较，若数据包的 MAC 地址不在动态查找表中，则将该地址加入动态查找表中，并将数据包发送给相应的目的端口。

10Mbit/s 网络交换机

图 5-4 交换机多通道交换

交换式以太网同时提供多个通道，比传统的共享式集线器提供了更多的带宽。传统的共享式以太网采用广播通信方式，每次只能在一对用户间进行通信，如果发生碰撞还得重发；而交换式以太网允许不同用户间进行数据传输，比如一个 16 端口的以太网交换机允许 16 个站点在 8 条链路上通信，如图 5-4 所示。

以太网交换机实际上是一个基于网桥技术的多端口第 2 层（即数据链路层）网络设备，它根据 MAC 地址寻址，通过站表选择路由，站表的建立和维护由交换机自动完成。交换机为数据帧从一个端口到另一个任意端口的转发提供了低时延、低开销的通路。

交换机最大的好处是快速。由于交换机只需识别帧中 MAC 地址，直接根据 MAC 地址选择转发端口，算法简单，便于实现，故转发速率极高。

交换机的结构在不断地发展和改进，有软件交换结构、矩阵交换结构、总线交换结构和存储器交换结构等类型。

以太网交换技术为终端用户提供了专用点对点连接，把传统的以太网一次只能为一个用户服务的独占式网络结构转变成一个并行处理系统。以太网交换技术为每个用户提供了一条交换通道，把它们连接到一条高速背板总线上，使所有连接在交换式以太网中的设备均可获得 10Mbit/s 或 100Mbit/s 的传输速率。

5.1.5 端口/MAC 地址映射表

如图 5-5（b）所示，端口/MAC 地址映射表是二维表，包含端口、MAC 地址、计时等信息。

建立、更新端口 /MAC 地址映射表采用"地址学习"法，以便动态更新，读取帧的源地址并记录帧进入交换机的端口（节点只要发送信息，交换机就能建立该表项）。利用计时器维护表项的"新鲜"，新建或更新的表项被赋予一个计时器，计时器超时，表项被删除。

通过端口 /MAC 地址映射表和帧的目的地址决定是否转发数据或转发到何处。

如果地址映射表中不存在帧的目的地址，交换机则需要向除接收端口以外的所有端口转发。

地址映射表		
端口	MAC地址	计时
1	00-30-80-7C-F1-21(A)	⋯
1	52-54-4C-19-3D-03(B)	⋯
1	00-50-BA-27-5D-A1(C)	⋯
2	00-D0-09-F0-33-71(D)	⋯
4	00-00-B4-BF-1B-77(F)	⋯
4	00-E0-4C-49-21-25(H)	⋯

(a)　　　　　　　　　　　　(b)

图 5-5　端口 /MAC 地址映射表

端口 /MAC 地址映射表可隔离本地信息，避免不必要的数据流动。如站点 A 需要向站点 C 发送数据，交换机同样在端口 1 接收数据。通过搜索地址映射表，交换机发现站点 C 与端口 1 相连，与发送的源站点处于同一端口。遇到这种情况，交换机不再发送数据，简单地将数据抛弃，数据被限制在本地流动。

5.1.6　其他

所谓虚拟局域网（VLAN），就是将局域网的用户或节点划分成若干个"逻辑工作组"，这些逻辑工作组的划分不用考虑局域网中用户或节点所处的物理位置，而只考虑用户或节点功能、部门、应用等因素。通常，通过以太网交换机就可以配制 VLAN。VLAN 更加灵活，不受地域限制。如图 5-6 所示。

图 5-6　VLAN 的规划

三层交换机的路由功能通常比较简单，因为它所面对的主要是简单的局域网连接，路由路径远没有路由器那么复杂。它在局域网中的主要用途是提供数据快速交换功能，以满足局域网数据交换频繁的应用需求。

路由器最主要的功能就是路由转发，解决好各种复杂路由路径网络的连接就是它的最终目的，所以路由器的路由功能通常非常强大，不仅适用于同种协议的局域网间，还适用于不同协议的局域网与广域网间，如图 5-7 所示。它的优势在于选择最佳路由、负荷分担、链路备份及和其他网络进行路由信息的交换等功能。

图 5-7 路由器工作范围

5.2 ■ 常用工业以太网

5.2.1 EtherNet/IP

工业以太网协议（EtherNet/IP）名称中的"IP"是 industrial protocol（工业协议）的缩写，由罗克韦尔自动化公司开发并得到 ODVA 的强力支持。EtherNet/IP 网络是一种应用层使用 CIP 协议的工业以太网，CIP 已经在 ControlNet、DeviceNet 中广泛应用。在 EtherNet/IP 网络中，设备之间在 TCP/UDP/IP 基础上实现通信。EtherNet/IP 主要应用在包括机器人、驱动器、变频器在内的工业自动化领域。

EtherNet/IP 目前主要应用在北美，通用汽车公司（GM）已将 EtherNet/IP 定为其汽车制造厂的生产标准。另外，EtherNet/IP 也在我国、欧洲国家和日本得到普及。

CIP 采用控制协议来实现实时的 I/O 数据报文传输或者内部报文传输，采用信息协议来实现信息报文交换或者外部报文传输。

CIP 把报文分为 I/O 数据报文、信息报文与网络维护报文三种。

（1）I/O 数据报文

① I/O 数据报文是指实时性要求较高的测量控制数据。

② I/O 数据包利用 UDP 的高速吞吐能力，采用 UDP/IP 传输。

③ I/O 数据报文又称为隐式报文，隐式报文中包含有应用对象的 I/O 数据，没有协议信息。

④ 数据接收者知道数据的含义。这种隐式报文仅能以面向连接的方式传送。面向连接意味着数据传送前需要建立和维护通信连接。

（2）信息报文

① 信息报文通常指实时性要求较低的组态、诊断、趋势数据等，一般为比 I/O 数据报文大得多的数据包。

② 信息报文交换是一个数据源和一个目的设备之间短时间内的连接。可以采用面向连接的通信方式与非连接的通信方式来传输显式报文（非连接的通信方式不需要建立或维护链路连接）。

③ 信息报文采用 TCP/IP，并利用 TCP 的数据处理特性。

④ 信息报文属于显式报文，需要根据协议及代码的相关规定来理解报文的意义。或者说，显式报文传递的是协议信息。

（3）网络维护报文

① 网络维护报文是指在一个节点与多个节点之间起网络维护作用的报文。

② 在系统专门指定的维护时间内，由地址最小的节点在此时间段内发送同步时钟和一些重要的网络参数，以便网络中各节点同步时钟，调整与网络运行相关的参数。

③ 网络维护报文一般采用广播方式发送。

CIP 提供了一系列标准服务，提供"隐式"和"显式"方式对网络设备中的数据进行访问和控制。CIP 数据包在通过以太网发送前必须进行封装，并根据请求服务的类型赋予一个报头。这个报头指示了发送数据到响应服务的重要性。通过以太网传输的 CIP 数据报文具有特殊的以太网报头、一个 IP 头、一个 TCP（或 UDP）头和封装头，如图 5-8 所示。封装头包括了控制命令、格式和状态信息、同步信息等，其允许 CIP 数据包通过 TCP 或 UDP 传输并能够由接收方解包。相对于 DeviceNet 和 ControlNet，这种封装的缺点是协议的效率比较低。以太网的报头可能比数据本身还要长，从而造成网络负担过重。因此，EtherNet/IP 更适用于发送大块的数据（如程序），而不是 DeviceNet 和 ControlNet 更擅长发送的模拟或数字的 I/O 数据。

以太网报头 (14Byte)	IP头 (20Byte)	UDP头 (8Byte)	封装头	以太网尾 (4Byte)

EtherNet/IP数据头 (26Byte)	EtherNet/IP序列号等 (6Byte)	EtherNet/IP数据 (50Byte)

图 5-8　EtherNet/IP 的数据封装

CIP 是在标准性基础上的应用协议，其结构框图如图 5-9 所示。EtherNet/IP 协议模型及协议内容如下。

① 物理层和数据链路层：EtherNet/IP 在物理层和数据链路层采用以太网，主要由以太网控制器芯片来实现。不久的将来会出现更合适的物理层和数据链路层协议，会出现相应的芯片，但是 EtherNet/IP 无需改变。

② 网络层和传输层：EtherNet/IP 在网络层和传输层采用标准的 TCP/IP 技术。对于面向控制的实时 I/O 数据，采用 UDP/IP 来传送；而对

应用层	设备描述 应用对象	CIP栈
表示层	CIP网络及传输服务	
会话层	隐式报文　显式报文	
传输层	UDP　TCP	TCP/IP
网络层	IP 广播 IP	
数据链路层	以太网 介质访问控制	IEEE 802.3
物理层	以太网 物理层	

图 5-9　EtherNet/IP 结构框架

于显式信息（如组态、参数设置和诊断等），则采用 TCP/IP 来传送，其优先级较低。将来采用工业以太网 EtherNet/IP 的现场设备层，流通的数据基本是实时 I/O 数据，采用 UDP/IP 来传送，其优先级较高。

CID 的定义与格式是与具体网络有关的，如 DeviceNet 的 CID 定义是基于 CAN 标识符

的。通过获取 CID，连接报文就不必包含与连接有关的所有信息，只需要包含 CID 即可，从而提高了通信效率。如果连接涉及双向的数据传输，就需要两个 CID。

CIP 报文定义了显式报文和隐式报文两种报文类型。隐式报文是对时间有苛刻要求的 I/O 信息（时间触发、控制器互锁等），其数据量不大，但需要高的传输速率或需要较长的源节点和其他节点的连接时间，所以这部分采用传输速率较快的 UDP；显式报文的数据量较大，但不需要一直连接，所以这部分采用 TCP。

建立连接需要用到未连接报文。未连接报文需要包括完整的目的节点地址、内部数据描述符等信息，如果需要应答，还要给出完整的源节点地址。建立连接需要用到未连接报文管理器（UCMM），它是 CIP 设备中专门用于处理未连接报文的部件。无连接的报文通信是 CIP 定义的最基本的通信方式。设备的无连接通信资源由 UCMM 管理。无连接通信不需要任何设置或任何机制保持连接激活状态。

基于连接的报文通信，对应两种 CIP 报文传输。CIP 连接也有两种，即显式连接和隐式连接。

① 如果节点 A 试图与节点 B 建立显式连接，它就以广播方式发出一个要求建立显式连接的未连接请求报文，网络中所有节点都接收到该请求，并判断是否是发给自己的。节点 B 发现是发给自己的，其 UCMM 就作出反应，以广播方式发出一个包含 CID 的未连接响应报文。节点 A 接收到后，得知 CID，显式连接就建立了。

② 隐式连接的建立更为复杂，它是在网络配置时建立的，在这一过程中，需要用到多种显式报文传输服务。CIP 把连接分为多个层次，从上往下依次是应用连接、传输连接和网络连接。一个传输连接是在一个或两个网络连接的基础上建立的，而一个应用连接是在一个或两个传输连接的基础上建立的。这种通信方式支持生产者 / 消费者模型的多点传输关系，一次向多个目的节点进行高效的数据传输。

工业以太网也有瓶颈，主要是缺乏实时性和确定性、报文利用率低、回路供电、有实时性环境适应问题等。以太网采用的 CSMA/CD 协议不支持优先级。报头比较大，载荷数据相对较少，相对现在广泛应用的一些现场总线协议而言，报文利用率较低。总线上无电源，不但增加了重新购买电源和布置电线的费用，而且现有以太网线比现场总线更容易受到电磁干扰。缺乏工业级的接插件。由于工业现场存在腐蚀性气体，振动、维修和检测时有拔插问题等，因此需要一种通用的工业级接插件。但是工业级接插件的引入势必增加设备的投资。所以，目前 EtherNet/IP 网络主要应用在自动化领域的信息层和控制层。在设备层则使用 ControlNet 和 DeviceNet 现场总线，利用总线在设备层抗干扰能力强等优点作为工业以太网的补充。

随着网络交换、全双工通信、流量控制等技术的发展，EtherNet/IP 网络有了一网到底的前景，它可以一直延伸到企业现场设备控制层，所以人们普遍认为其是未来控制网络的最佳解决方案。

5.2.2　Modbus TCP/IP

Modbus TCP/IP 在美国比较流行，Modbus TCP/IP 是 Modbus 协议的分支，是由 Modicon 公司开发的，于 1999 年公布并开始在以太网中应用。2004 年开始，Modbus TCP/IP 成为 PAS（publicly available specification）文件，Modbus TCP/IP 基于以太网和 TCP/IP 技术。

由于 Modbus TCP/IP 是较早应用于以太网的技术，所以在很多领域得到应用。

该协议以一种非常简单的方式将 Modbus 帧嵌入到 TCP 帧中，使 Modbus 与以太网和 TCP/IP 结合，成为 Modbus TCP/IP。每一个呼叫都要求一个应答，这种呼叫 / 应答的机制与 Modbus 的主 / 从机制相互配合，使交换式以太网具有很高的确定性。利用 TCP/IP，采用网页形式的用户界面，对用户更加友好。Modbus TCP/IP 的结构如图 5-10 所示。

利用网络浏览器便可查看企业网内部设备的运行情况。施耐德公司已经为 Modbus 注册了 502 端口，这样就可以将实时数据嵌入到网页中。通过在设备中嵌入 Web 服务器，就可以将 Web 浏览器作为设备的操作终端了。

图 5-10　Modbus TCP/IP 的结构

与 Modbus 不同，在 Modbus TCP/IP 中不需要 CRC-16 或 LRC 检测域。TCP/IP 和以太网的数据链路层是用校验准确的数据包的传输来校验的。

Modbus 强调在 1518 字节长度上传输 256 字节，加之以太网用交换工作方式代替共享方式，大大降低了冲突的概率。其报文含义如下（十六进制）。

000002-TX：00 A3 00 00 00 06 01 03 00 00 00 0A

000003-RX：00 A3 00 00 00 17 01 03 14 00 7B 01 10 00 00 00 00 00 00 00 00 00 00 00 00 00 00 00 00

000004-TX：00 A4 00 00 00 06 01 03 00 00 00 0A

000005-RX：00 A4 00 00 00 17 01 03 14 00 7B 01 11 00 00 00 00 00 00 00 00 00 00 00 00 00 00 00 00

000006-TX：00 A5 00 00 00 06 01 03 00 00 00 0A

000007-RX：00 A5 00 00 00 17 01 03 14 00 7B 01 12 00 00 00 00 00 00 00 00 00 00 00 00 00 00 00 00

00 A5：通信事务处理标识符，每次加 1。

00 00：Modbus 通信。

00 17：接下来的数据长度 17H 字节。

01：设备地址。

03：功能码。

14：数据长度。

5.2.3　Profinet

Profinet 是开放的、标准的、实时的工业以太网标准。基于工业以太网，其 IRT 可以在 1ms 内刷新 64 个 I/O 设备，可以在 1ms 内同步 150 个轴且抖动精度小于 1μs；I/O 控制器可以最多连接 256 个 I/O 设备，对于整个以太网，网络节点是无限制的。另外，I/O 控制器间可以实现实时的 Profinet CBA 通信，最小刷新时间为 1ms。Profinet 结构如图 5-11 所示。

由于其开放性，通信过程中不限制 TCP/IP 等非实时数据在同一条总线上进行传输，这样可以同时应用 IT 等服务，包括 Web、E-mail 等，并且可以同时传输语音和视频等数据。

其节点安装简单，连接到交换机即可，这与办公室网络一样，增加或减少设备十分

Profinet 应用		IT 应用
实时数据	非实时数据	(标准IT协议)

IRT, RT 实时通道	TCP/UDP
	IP

以太网(专用ASIC硬件)

图 5-11　Profinet 的结构

方便；可以无缝集成已有的现场总线系统，例如 Profibus、AS-i、Interbus 等。

Profinet 同时支持故障安全系统，通过 PROFIsafe 行规进行安全节点间的通信。

Profinet 根据不同的应用场合定义了以下三种不同的通信方式。

① TCP/IP 标准通信　Profinet 基于工业以太网技术，使用 IT 标准。在任何场合 Profinet 都提供对 TCP/IP 的全面支持。TCP/IP 是 IT 领域中关于通信协议方面事实上的标准，尽管其响应时间大概在 100ms 的量级，但是对于工厂控制级的应用来说，这个响应时间足够了。

② 实时（RT）通信　对于传感器和执行器之间的数据交换，系统对响应时间的要求更为严格，需要 5～10ms 的响应时间。目前，可以使用现场总线技术达到这个响应时间，如 Profibus-DP。

对于基于 TCP/IP 的工业以太网技术来说，使用标准通信栈来处理过程数据包需要很可观的时间。Profinet 提供了一个优化的、基于以太网第 2 层的实时通信通道。通过该实时通信通道，极大地减少了数据在通信栈中的处理时间。因此，Profinet 获得了等同甚至超过传统现场总线系统的实时性能。

Prof inet 通过软实时和硬实时方案对 ISO/OSI 参考模型的第 2 层进行了优化，此层内所改进的实时协议对数据包的寻址不是通过 IP 地址实现，而是通过接收设备的 MAC 地址实现。

③ 等时实时（IRT）通信　在现场级通信中，对通信实时性要求最高的是运动控制（motion control），Profinet 的等时实时（isochronous real time，IRT）通信可以满足运动控制的高速通信需求。在有 100 个节点的情况下，其响应时间要小于 1ms，抖动误差要小于 1μs，以此来保证及时的、确定的响应。

要实现 IRT，通信周期分成确定性通道（时间间隔）和开放式通道，Profinet 通信循环如图 5-12 所示。循环的 IRT 数据在确定性通道进行交换，而 TCP/IP 和 RT 数据在开放式通道进行交换。这两种数据交换同时存在，这样用户无论何时都可以将自己的设备连接到该系统中访问设备数据而不影响同步循环控制。

IRT 技术是通过使用以太网控制器（即 ERTEC 芯片）实现的。ASIC 家族的 ERTEC（enhanced real time Ethernet controller，增强型实时以太网控制器）支持实时和等时实时（RT 和 IRT），并且作为基本技术用于 Profinet 的一致性系统解决方案。ERTEC 400 集成在控制器和网络部件中，而 ERTEC 200 集成在现场设备中（I/O，驱动设备）。

Profinet 技术具有如下特点。

① TCP/IP 或组播 / 广播通信不会对该实时通信造成影响。

② 可以进行交换机的级联。

③ 精确的时间传输，是等时应用的基本技术。

④ 预留 IRT 通道，专为传输 IRT 数据。

IRT 通信的要求如下。

① 网段：仅在同一子网内进行数据交换，不能跨越路由器。

② 预订时间：带宽预留通信，与负载和过载情况无关。

③ 时间同步：根据 IEEE 1588 的网络时钟同步。

④ 时钟主站。

⑤ 通信必须提前规划。

图 5-12　Profinet 通信循环

Profinet 通信分类如表 5-1 所示。

表 5-1　Profinet 通信分类

QoS 级别	应用类型	反应时间	抖动
1	控制器之间	100ms	—
2	分布式 I/O 设备	10ms	—
3	运动控制	<1ms	<1μs
4	组态编程 / 参数	尽力	

Profinet 在实现网络同步时使用精确透明时钟协议（precision transparent clock protocol，PTCP）来记录传输链路时间参数。PTCP 位于 OSI 参考模型的第 2 层，不具有路由功能，但具有显著优点，如同步精度高、消耗资源少、带宽使用少、管理要求低，并对网络组件的 CPU 性能和存储器性能无特殊要求。PTCP 主端用一个多播帧触发同步，其帧结构如图 5-13 所示。此帧的接收器通过接收到的同步信息调整自身的时钟，调整时不能破坏相应设备的本地时间记录。

Pre-armbel	Sync	Source MAC	Des MAC	Priority tagging*	Ether type	IRT data	FCS
7Byte	1Byte	6Byte	6Byte	2Byte	2Byte	40 * ～1440Byte	4Byte

Ethertype for Profinet :
Ethertype:0x8892(16bit)

from	until	meaning
0100H	7FFFH	RT class frames cyclic

图 5-13　Profinet IRT 通信协议及其帧结构

Profinet 将由同一个时钟进行同步的子网内的所有通信参与者定义为一个 PTCP 子域。PTCP 子域内可实现 PTCP 主端和 PTCP 从端之间微秒级或亚微秒级的时间同步。PTCP 同步是通过周期性地交换两个网络节点间的同步帧序列来实现的。

Profinet RT 数据帧（图 5-14）根据 IEEE 802.1Q/P 协议定义了报文的优先级，设备之间的数据流则由网络组件（如交换机）依据此优先级进行处理。优先级 6 是用于实时数据的标准优先级，保证了 Profinet 实时数据的优先处理，需要注意的是交换机选型时需要支持该协议。

Pre-ambel	Sync	Source MAC	Des MAC	Priority tagging*	Ether type	Frame ID	Data 40*~1440Byte	Cycle counter	Data status	Trans status	FCS
7Byte	1Byte	6Byte	6Byte	4Byte	2Byte	2Byte	40*~1440Byte	2Byte	1Byte	1Byte	4Byte

1	0	0	0	0	0	0	1	VLAN标识
0	0	0	0	0	0	0	0	
User priority		CFI		VLAN ID				标签控制信息
VLAN ID				VLAN ID				

图 5-14　Profinet RT 通信协议及其帧结构

在标准报文结构中，目的地址和 EtherType 之间插入了 4 个字节的 VLAN 标签，其中前两个字节 8100H 表示 VLAN 优先级具有 3 个位，有 0～7 共 8 个优先级别。

尽管网络管理员必须决定实际的映射情况，但是 IEEE 仍作了大量建议。最高优先级为 7，应用于关键性网络流量，如路由选择信息协议（RIP）和开放最短路径优先（OSPF）协议的路由表更新。优先级 6 和 5 主要用于延迟敏感（delay-sensitive）应用程序，如交互式视频和语音。优先级 4 到 1 主要用于受控负载（controlled-load）应用程序，如流式多媒体（streaming multimedia）和关键性业务流量（business-critical traffic）。

Profinet 的 I/O 实时报文的优先级为 6，与 RT 等级 1 的报文一样。

Profinet I/O 直接跳过 TCP/UDP/IP，以西门子自有的低层协议来实现，用于 I/O 数据高速交换。

目前，许多以太网交换机都能支持多优先级业务的分类处理，即支持 IEEE 802.1P。根据数据帧中的"用户优先级"字段内容的不同，进行缓存、数据转发等操作。

事实上，Profinet RT 不需要专用的交换机，而路由器在 Profinet 上是无法应用的。因为 Profinet 使用精简的堆栈结构，IP 地址是不存在于 Profinet 的 RT 报文中的，所以 RT 数据不需要路由。这一点，与其他厂商的现场总线不同。

由于其他厂商仍然借助 TCP/IP 或 UDP/IP，三层以上的交换机的开销大大增加，加重了交换机的负荷，提高了交换机的成本。而对于 Profinet 来说，只要支持 IEEE 802.1P，交换机都可以很好地支持 Profinet。

不过，SCALACNE X 不但支持 IEEE 802.1P，而且还支持 TIA 的组态和诊断。也就是说，全面支持 Profinet 的交换机不仅支持实时数据，还支持集成诊断，例如 SCALANCE X208。

Profinet IRT 却需要专用的交换机，这些交换机具有 IRT ERTEC 芯片。但是这个专用不是仅仅西门子的交换机产品。只有集成该芯片的交换机可以快速地实现时钟同步和信号延时测量；普通交换机采用 IEEE 1588 协议的方法，当网络负荷过重时无法完成这些功能。所以，要想支持 Profinet IRT，必须采用专用的 ERTEC 芯片交换机，例如 SCALANCE X204 IRT 等。

SCALANCE X 交换机可优化数据传输。根据 IEEE 802.1Q 规范，实时数据包被优先转发，网络部件基于优先级管理设备之间的数据流。实时数据的标准优先级是 6，是 Profinet 中第二高的优先级，对比优先级低，高优先级被优先处理。

SCALANCE X 交换机会优先对堆栈中的高优先级数据进行转发，可参考图 5-15 所示的 IEEE 802.1P 报文优先转发原则。例如，帧 1 正在被发送，表明不会中断正在发起的数据传输。帧 2 的优先级低于帧 3，所以优先转发帧 3。最终端口 1 的数据帧发送顺序为帧 1、帧 3、帧 2。

图 5-15　SCALANCE X 交换机优先级堆栈

5.2.4　EtherCAT

EtherCAT（以太网控制自动化技术）是需要非常关注的一种总线技术，近年来在运动控制领域异军突起，很多伺服运动控制厂商及其运动控制器产品都对 EtherCAT 大力支持。

该技术最初由德国倍福公司研发。EtherCAT 为系统的实时性和拓扑灵活性树立了新的标准，同时还符合甚至降低了现场总线的使用成本。EtherCAT 的特点还包括高精度设备同步、可选线缆冗余和功能性安全协议（SIL3）。

与 Sercos Ⅲ、Profinet IRT 类似，EtherCAT 也是在对标准以太网加以改造的基础上实现的，其是一种硬实时的解决方案，通过修改以太网以获得实时要求。飞速传输（on-the-fly）技术充分利用带宽，使 EtherCAT 传输延迟小，协议堆栈小于 70KB。Profinet 和 EtherNet/IP 的协议堆栈都大于 1MB。EtherCAT 无需交换机，避免了交换机存储转发延迟带来的不确定性和不安全。EtherCAT 采用的是主 / 从式（master/slave）通信结构，EtherCAT 主站的网卡是普通网卡，从站的网卡是专用网卡；EtherCAT 的传输速率为 100Mbit/s，全双工，通信功能完全由硬件实现。

（1）运行原理

EtherCAT 的运行原理如图 5-16 所示，通信是由主站发起的，主站发出的数据帧传输到从站时，从站将解析数据帧。每个从站从对应子报文中读取输出数据，并将输入数据嵌入到子报文中，同时修改工作计数器 WKC 的值，以标识从站已处理该报文。EtherCAT 报文在通过从站时不等待停留，网段末端的从站处理完报文后将报文转发回主站，主站捕获返回的报文并对其进行处理，完成一次通信过程。这种传输方式提高了带宽的利用率，通常一个数据帧就可以完成一个周期的通信。EtherCAT 网络中的所有从站可以视为一个超级大的网络设备。

飞速传输技术高速动态处理帧是 EtherCAT 独有的特点，接收以太网数据包时，无需将其解码之后再将过程数据复制到各个设备。每个从站对过程数据的大小几乎无限制，如果需要，则可以使用几个以太网帧传输。每个循环中帧的报文数据结构可以不同，如超短循环用于轴数据，稍长循环用于刷新，并支持异步的事件触发的通信。

图 5-16　EtherCAT 的运行原理

（2）ESC

在从站中，数据帧的接收与解码、数据的提取与插入、数据帧的转发都是由硬件完成的，这使得 EtherCAT 数据帧经过每个从站的时间极短，延迟为 100～500ns。

EtherCAT 从站控制器（EtherCAT slave controller，ESC）芯片负责处理 EtherCAT 数据帧，并使用双端口存储空间 DPRAM（图 5-17），以此来实现 EtherCAT 主站与从站的数据交换。各 ESC 按照各自在环路中的物理位置顺序移位读写数据帧。当报文经过从站时，ESC 解析报文中的地址，提取发送给自己的命令及数据，并将其存储到内部存储区。同时，输入数据从内部存储区又被写到相应的子报文中。

图 5-17　ESC 结构图

FMMU（fieldbus memory management units，总线存储器管理单元）通过内部地址映射的方法，将物理地址和逻辑地址映射起来。倍福公司 ESC 的 FMMU 可以实现精确到位的寻址，FMMU 的数量取决于各具体的 ESC。FMMU 支持的访问方式可设置成读、写和读/写。

同步管理器（syncmangers）用来协调从站应用层和主站的数据交互，实现数据同步而不是时间同步，确保数据正确读取和写入。同步管理器可以以中断的形式通知主站和从站应用程序更新事件，然后进入中断服务函数中处理。SM 通道一共用到 4 个，SM0 和 SM1 用于邮箱数据的输出和输入，SM2 和 SM3 用于过程数据的输出和输入。

过程数据接口（PDI）是实现 ESC 和应用之间数据传输的接口。PDI 接口的选择与配置是在 ESI（EtherCAT 从站信息）EEPROM 的配置区中进行的。

所有数据帧在网络中以一种"逻辑闭环"的方式传播，与网络的硬件拓扑无关，无论它是链式、菊花链、星形还是树形拓扑。ET1100 倍福 ESC 芯片的数据传输顺序如图 5-18 所示。

图 5-18　ET1100 倍福 ESC 芯片的数据传输顺序

每个端口总是处于以下两种状态之一。

① Port open：数据从这个端口出去，然后从这个端口回来。

② Port closed：数据从内部传到本站的下一个端口。

端口的默认设置是自动模式，如果有物理连接，端口自动打开；如果没有检测到物理连接，端口自动关闭。

由于从站控制器具有自动回环功能（图 5-19），当环形结构中出现单点故障时，EtherCAT 网络信息流能在故障断点处自动回环，主站仍然可以与各从站保持数据传输，大大增强了 EtherCAT 网络的可靠性与可维护性。

出现节点故障时，发送帧交由 MAC1 网口发送，遍历至故障点处回环，经 MAC1 网口接收，交由 MAC2 网口发送，从另一个方向遍历至故障点处回环，经 MAC2 网口接收后，进入接收队列。

（3）报文协议

EtherCAT 帧格式如图 5-20 所示。

以太网帧类型为 88A4H，FCS（帧校验序列）。

Len（长度）：子报文数据区的长度。

Cmd（命令）：EtherCAT 命令类型。

图 5-19　自动回环功能

图 5-20　EtherCAT 帧格式

Idx（索引）：帧索引号，由主站指定，以防止帧重复或丢失。

Address（地址区）：从站地址（不同的寻址方式含义不一样）。

C（循环帧标志）：1—循环帧，0—非循环帧。

M（最后一个子报文标志）：0—该子报文已经是最后一个，1—该子报文后面还有后续子报文。

R（中断事件标识）：所有从站的事件请求寄存器的逻辑或。

EtherCAT 数据：数据区。

WKC：工作计数器。

每个 EtherCAT 子报文中都有一个工作计数器（working counter，WKC），WKC 记录了 EtherCAT 子报文在主站和从站的一次通信中被从站操作的次数。每一个通信服务子报文都有一个 WKC 预期值，WKC 预期值由主站设置。当子报文被发送时，WKC 的值为 0；经过从站时，根据操作类型和操作结果的不同，WKC 的值会有一个相应的增量；当子报文返回到主站之后，主站根据子报文中的 WKC 值和 WKC 预期值是否相等来判断子报文是否被有效处理。

（4）DC

EtherCAT 各从站得到帧后会进行处理或者转发，这需要一定的微量时间。但当需要经过的从站多或者数据量大时，积少成多会导致较长的延迟，并且电缆内信号传输也有一定的延迟时间。分布时钟可以使所有的 EtherCAT 设备使用相同的系统时间，从而控制各设备的任务同步执行。支持分布式时钟的从站称为 DC 从站。

DC（distributed clock，分布时钟）功能使通信的主站和从站的时间实现精确同步，所有连接到网络中的设备可以共享时间信息，同步操作周期。

通过分布时钟的参数可以精确设置每个 EtherCAT 从站刷新输出的时间和读取输入的时间，以确保主站接收的来自不同从站的输入信号值是在同一时刻获取的，而主站发送给不同从站的输出信号也能在同一时刻触发所连接的输出电路。

网络时间协议（NTP）又称精确时间协议（precision time protocol，PTP），可以达到亚微秒级别时间同步精度，与 EtherCAT 有区别，但在 EtherCAT 上可以用。

分布时钟同步的原理是将所有的从站设备时钟都同步于分布时钟，EtherCAT 将主站连接的第一个且具有分布时钟功能的从站作为参考时钟。为了实现各从站设备之间的准确同步控制，在 EtherCAT 网络上电初始化时，会对分布时钟进行初始化。通过测量和计算，得出各从站设备时钟与参考时间的偏移，对从站设备时钟进行校正，从而达到时钟同步的目的。EtherCAT 分布时钟同步方法基于硬件校正，具有很高的准确性，同步信号抖动远小于 1μs。

这个机制就是当有一个写系统时间寄存器操作时，内部时间控制环路（internal time controllop）去比较写入时间（减去传输延迟）和当前的系统时间，比较的误差将作为时间控制寄存器的输入，用来增加或减缓本地时钟，从而消除漂移误差。

支持 DC 的 EtherCAT 从站提供了一个测量传输延迟的方案：从站的 4 个端口都配有一个接收时间寄存器，当数据帧到达每个从站后，从站都会分别保存每个端口接收到的以太网帧的时刻。主站通过读取记录的这个时间值来计算 EtherCAT 帧在从站之间和从站到分布时钟的传输延迟并把从站到分布时钟的传输延迟写入传输延迟寄存器中，通过这种方法，漂移补偿可以达到纳秒级同步。

DC 模式可以容忍主机数据更新到从站 DPRAM 的时间点不一致，但是从站把数据从 DPRAM 更新到实际硬件的数据能做到高精度的同步。多路电机的同步控制需要这种高精度的同步。

为使各从站的分布时钟达到绝对同步，主站会计算各从站的偏移时间，这个值会写入对应从站的系统时间偏移寄存器。在从站端，分布时钟由 ESC 芯片实现，ESC 为从站控制微处理器提供同步的中断信号和时钟信息，分布时钟单元可以产生两个同步信号 SYNC0 和 SYNC1，用于给应用层提供中断或直接触发的输出数据更新。MCU 可以通过 ESC 的中断信息和时间漂移寄存器的值更新本地系统时钟。

（5）应用层

EtherCAT 应用层支持 CoE、VoE、FoE、EoE 等协议，在电机控制领域常用到的是 CoE（CANopen over EtherCAT）协议，相当于 CANopen 协议通过 EtherCAT 方式来实现，都是基于 CiA402 协议编写的。主站可以通过邮箱（SDO）或 PDO 对从站的对象字典进行读写操作，实现数据通信。邮箱常用于对从站的配置和读写，采用应答方式，而 PDO 为过程数据对象，实现实时和快速的数据传输。

PDO（过程数据对象）：过程数据用于传输周期性的数据，是 EtherCAT 从站在每个周期内传输的数据，是应用程序期望循环更新或发送到从站的用户数据（比如每个周期中发伺服位置）。

PDO 由三个数据缓冲区组成，类似于一个 FIFO，从站写入第一个缓冲区，主站从第三个缓冲区读取。注意：第二个缓冲区不可操作。从站发送 PDO 和接收 PDO 分别采用两个独立的数据缓冲区。由同步管理器控制缓冲区，每一个同步管理器只负责一种功能，例如同步管理器 2 负责发送 PDO，同步管理器 3 负责接收 PDO。

SDO（服务数据对象、邮箱）：邮箱用于发送非周期性的数据。邮箱通信只有一个数据缓冲区，通信方式采用握手机制，以确保主/从站之间交互的数据不丢失。而 PDO 由于采用 FIFO 机制，可能会出现新值覆盖旧值或旧值被多次读取的情况。SDO 也由同步管理器进行管理，发送邮箱和接收邮箱独立控制，例如同步管理器 0 控制发送邮箱，同步管理器 1 控制接收邮箱。

MCU 通过 PDI 接口读取 ESC 中的 PDO 和 SDO，然后执行应用层的处理，例如状态机、COE、EOE 等相关逻辑。

动态 PDO 映射允许定制 PDO 以满足客户端需求，上位机软件都支持以勾选形式动态配置 PDO。

ESI（EtherCAT slave information，从站设备描述文件）是 EtherCAT 从站设备的配置文件，文件为 XML 格式。ESI 的作用与 Profibus（Profinet）中的 GSD 文件、CIP 网络中的 EDS 文件类似。XML 文件编写好后，通过主站程序或其他烧写工具下载到从站设备的 EEPROM 中。ESC 上电时读取 EEPROM，配置芯片内部的寄存器。

设备描述文件如下。

① 第一部分描述制造商信息，主要包括制造商名称和制造商 ID 两部分。其中制造商 ID 可以通过注册 ETG 协会会员并申请 Vendor_ID 的方法从 ETG 协会官方获取。

② 第二部分是从站描述信息，这部分内容对从站设备的基本信息和数据通信的相关变量进行了配置。

a. 从站设备的基本信息主要包括从站设备的标识、名称和接口类型等，这些信息用来表示特定的从站设备。

b. 数据通信的相关变量包括以下部分：FMMU 单元的类型、通道数量、映射关系，SM 通道的数量、大小、起始地址，过程数据的索引、名称、类型，邮箱协议的选择、邮箱变量的定义和字典映射，分布时钟使能和 EEPROM 配置信息等。

另外，设备描述文件还有较强的扩展性，制造商除了可以配置前面所述的必要信息之外，还可以根据自己产品的需求添加相应的功能模块。

5.3 ▪ OPC

5.3.1 OPC 与 COM

OPC（OLE for process control，用于过程控制的 OLE）为基于 Windows 的应用程序和现场过程控制应用建立了桥梁。在过去，为了存取现场设备的数据信息，每一个应用软件开发商都需要编写专用的接口函数。由于现场设备的种类繁多，且产品不断升级，往往给用户和软件开发商带来巨大的工作负担，通常其不能满足工作的实际需要，系统集成商和软件开发商急切需要一种具有高效性、可靠性、开放性、可互操作性的即插即用的设备驱动程序。在这种情况下，OPC 应运而生。

OPC 基于微软公司开发的组件对象模型（component object model，COM）技术。COM 是一种软件组件间相互数据交换的有效方法。COM 技术具有以下特点。

① COM 并不是一种计算机语言，它与运行的机器、机器操作系统以及软件开发语言无关，而是任意的两个软件组件之间相互通信的二进制互操作性标准。

② COM 服务器是根据 COM 客户端的要求提供 COM 服务的可执行程序，作为 WIN32 上可执行的文件发布。

③ COM 客户程序和 COM 服务器可以用完全不同的语言开发，这样使利用 C++、VB 以及 Excel 开发的程序可以相互连接。

④ COM 组件可以以二进制的形式发布给用户。

⑤ 与 DLL 版本管理非常困难相比，COM 技术可以提供不同版本的 COM 服务器和 COM 客户程序之间最大的兼容性。

⑥ 作为 COM 技术扩展，分布式 COM（DCOM）技术可以使 COM 组件分布在不同的计算机上，计算机通过网络互连并相互交换数据。

COM 技术为简单地实现控制设备和控制管理系统之间的数据交换提供了技术基础。但是如果不提供工业标准化的 COM 接口，各控制设备生产厂家开发的 COM 组件之间的互联仍然是不可能的。这样的工业标准的提供，正是 OPC 的目的。OPC 是作为工业标准定义的特殊 COM 接口。

随着基于 OPC 标准的控制组件的推广和普及，不仅使控制系统的增设和组件的置换更加简单，而且使过程数据的访问也变得容易。例如，过程控制程序可以直接与数据分析软件包或电子表格应用程序连接，从而达成高度的工厂控制系统信息化。

5.3.2　OPC 的数据访问方法

OPC 的数据访问方式分别有同步数据访问、异步数据访问和订阅式数据访问三种，如图 5-21 ～图 5-23 所示。

（1）同步数据访问方式

OPC 服务器把按照 OPC 应用程序的要求得到

图 5-21　OPC 的同步（synchronous）读取

的数据访问结果作为方法的参数返回给 OPC 客户端应用程序，OPC 客户端应用程序在结果被返回之前必须处于等待状态。

同步数据访问的特点为：读取指定 OPC 标签对应的过程数据时，OPC 客户端应用程序一直等到读取完为止；写入指定 OPC 标签对应的过程数据时，OPC 客户端应用程序一直等到写入完成为止。当客户端数据量较少且同服务器交互的数据量比较少时可以采用这种方式，然而当网络堵塞或有大量客户端访问时，会造成系统的性能和效率下降。

图 5-22　OPC 的异步（asynchronous）读取

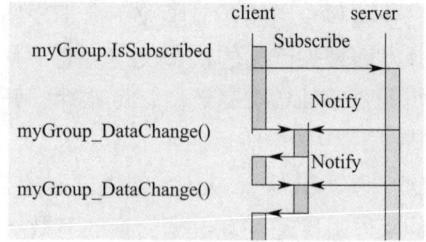

图 5-23　OPC 的订阅工作过程

（2）异步数据访问方式

OPC 服务器接到 OPC 客户端应用程序的请求后，几乎立即将方法返回，不再等待。OPC 客户端应用程序随后可以进行其他处理。当 OPC 服务器完成数据访问时，OPC 服务器转换角色充当 OPC 客户端应用程序，而原来的 OPC 客户端应用程序此时可以看成是 OPC 服务器。OPC 服务器主动触发 OPC 客户端应用程序的异步访问完成事件，将数据访问结果传送给 OPC 客户端应用程序。OPC 客户端应用程序在其事件处理程序中接收从 OPC 服务器传来的数据。

异步数据访问的特点为：读取指定 OPC 标签对应的过程数据时，OPC 客户端应用程序发出读取请求后立即返回，读取完成时产生读取完成事件，OPC 客户端应用程序被调用；写入指定 OPC 标签对应的过程数据时，OPC 客户端应用程序发出写入请求后立即返回，写入完成时产出写入完成事件，OPC 客户端应用程序被调用。因此，异步数据访问方式的效率更高，能够避免多客户大数据请求的阻塞，并可以最大限度地节省 CPU 和网络资源。

（3）订阅式数据访问方式

此方式并不需要 OPC 客户端应用程序向 OPC 服务器发出请求，而是 OPC 服务器周期性地扫描缓冲区的数据，如果发现数据变化超过一定的幅度，则更新数据缓冲器，并自动通知 OPC 客户端应用程序，OPC 客户端应用程序自动接到 OPC 服务器送来的变化通知。

订阅（subscription）式数据访问方式实际上也属于异步数据访问方式的一种。采用订阅式数据访问方式的服务器按一定的更新周期（updateRate）更新客户端数据缓冲器的数值时，如果发现数据有变化，就会以数据变化事件（DataChange）通知 OPC 客户端应用程序。OPC 服务器支持死区（deadband），而且 OPC 标签的数据类型是模拟量。只有当前值与前次值的差的绝对值超过一定的限度时，才更新缓冲器数据并通知 OPC 客户端应用程序。由此可以无视模拟值的微小变化，从而减轻了 OPC 服务器和 OPC 客户端应用程序的负荷。

订阅式数据访问的特点为：OPC 服务器用一定的周期检查过程数据，发现数字数据变化或者模拟数据的变化范围超过不敏感区后，立刻通知 OPC 客户端应用程序，传递相应信息。订阅式技术基于"客户端 - 服务器 - 硬件设备"模型，在服务器的内部建立预定数据的动态缓存，并且当数据变化时对动态缓存给予刷新，并向订阅了这些数据的客户端发送。这使得网络上的请求包数大大减少，并有效降低了对服务器的重复访问次数。在数据点很多的情况下，这种通信方式的优势更能凸显出来。

5.3.3　OPC 工作过程与对象层次模型

在服务器端，数据存储通常采用线性存储结构和哈希式存储结构，当实时数据量大时，哈希式存储结构的访问效率明显高于线性存储结构。图 5-24 为 OPC 工作过程。

"SynchRead"从设备的缓冲区同步读取

"Write"向设备写入值

设备采样items(项)以RequestedUpdateRate存入缓冲区

client application (OPC client)

OPC server

cache

FB manager

fieldbus

fieldbus device　FB agent

fieldbus device　FB agent

周期性读取现场总线

通过现场总线同步访问终端设备

图 5-24　OPC 工作过程

OPC 逻辑对象模型包括 3 类对象：OPC server 对象、OPC group 对象、OPC item 对象，每类对象都包括一系列接口。

（1）OPC 服务器（OPC server）

OPC server 对象即 OPC 启动服务器，通过它获得其他对象和服务的起始类，并用于返回 OPC group 对象。OPC server 对象有多重属性，其中包含 OPC 服务器对象的状态和版本等信息。这种级别的对象由 OPC 客户端应用创建。OPC server 对象接口包含管理 OPC group 级别对象的方法，如将组加入服务器或从服务器中删除的方法。

IOPC browse server address space 接口包含查找服务器地址空间的方法。IOPC common 接口用于通知服务器语言设置和客户端名称。

（2）OPC 组（OPC group）对象

OPC 组对象提供满足 OPC 客户端应用程序要求的数据访问方法。OPC 组对象可以以 DLL 形式被 OPC 服务器对象聚合。OPC 组对象用于组织管理服务器内部的实时数据信息，它是 OPC 项对象的集合。正因为有了组对象，OPC 应用程序就可以成批地对所需要的数据进行访问，也可以以组为单位启动或停止数据访问。其主要功能：管理组对象内部的状态信息；创建和管理项对象；进行数据访问。

标准 OPC 组对象及其定制接口如图 5-25 所示，IOPCGroupStateMgt 接口用来管理组对象内部的状态信息、处理组专用的参数或复制组，如更新速率；IOPCItemMgt 接口用来创建和管理项对象，如接口提供将项加入组或从组中删除项的方法。

进行数据交换时使用的是 IOPCSyncIO 接口和 IOPCAsyncIO2 接口，前者用于同步数据传输，后者用于异步数据传输。

图 5-25　标准 OPC 组对象及其定制接口

一个 OPC 客户端能够创建多个组，各组的 OPC 项对象的刷新速率可以不同。一个组对象只能存在于一个 OPC 客户端中，不同的 OPC 客户端能够在同一个 OPC 服务器对象中创建各自的服务器对象和组对象，但是不能访问一个已经存在的服务器对象或组对象（公共组例外）。因此，一个组对象与一个 OPC 客户端相关联，通知数据变化而不管是否有多个连接数。因为实际数据在经常变化，组对象里的每个项对象需要将存储数值、时间戳和品质发送到 OPC 客户端。当一个组对象在回传数据时，它比较最近的品质和值，如果有不同，就回传到 OPC 客户端。

每个组对象有一个更新速率和一个死区。更新速率是指数据被评估和回传到 OPC 客户端的速率。如果 OPC 服务器对象在物理设备上扫描数据，此更新速率通常是对物理设备扫描的速率。当有多个组对象同时访问相同的数据块时，Cache 中的数据可以提高效率。死区是一种过滤数据变化的机制，可以有效减少发送到 OPC 客户端的数据数量。

（3）项（OPC item）对象

OPC item 存储具体 item 的定义、数据值、状态值等信息。OPC Item 级别的一个对象代表与一个过程变量的连接。该对象的唯一接口是 OPC item disp。关于 OPC Item 对象的信息可以在属性表中找到，例如数值（"Value"）属性或存取路径（"Access Path"）属性。

OPC 对象的层次模型如图 5-26 所示，OPCServer 是 OPCServer 对象的一个实例。在创建其他对象前，必先创成 OPC Server 对象，它包含了 OPCGroups（collection）集合和 OPCBrowser 对象。

图 5-26　OPC 对象的层次模型

一个 OPCGroups 集合包含所有的 OPCGroup 对象，在 OPCServer 的范围内，客户端可以生成 OPCGroup，通过 OPCServer.Connection 自动连接应用。

OPCGroup 是 OPCGroups 的一个实例，它包含自身的状态信息，同时提供 OPCItems 集合对数据的访问。它自动含有一个 OPCItems 集合，允许客户端来组织它们需要访问的数据。OPCGroup 可以作为一个单元来进行激活或停止激活操作。

OPCItems 集合包含客户端在此 OPCServer 中的 OPCItem 对象。

OPCItem 对象表示与 OPC 服务器对象内某个数据的连接。各项对象包含了数据值、质量标志以及采样时间。数据值的类型为 Variant。

5.3.4　OPC 客户端访问

OPCDaauto.dll 是对 OPC DA 接口的包装，它提供了自动化接口，方便客户端程序访问 OPC 服务器。图 5-27 为基于自动化接口的 OPC 客户端实时数据采集系统开发流程。首先在

Windows 系统中对其进行注册。图 5-28 为通过 OPCAutomation 的 OPCServer 对象遍历本机 OPC 服务器并对其 Item 进行管理的功能界面。

图 5-27　OPC 客户端实时数据采集系统开发流程

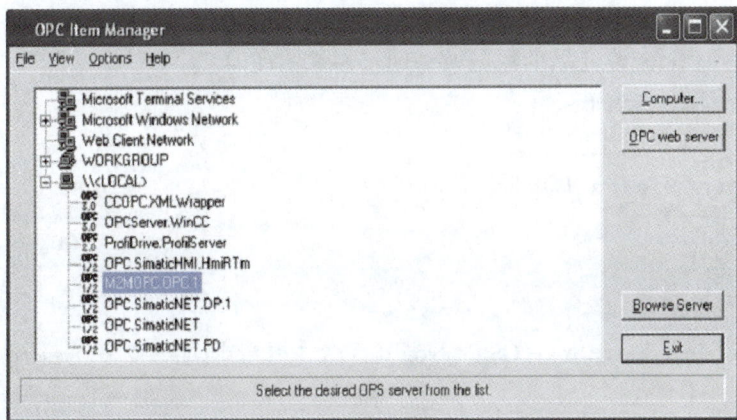

图 5-28　OPC 服务器及 Item 管理功能界面

其用 VB 的关键实现如下。

Dim WithEvents MyOPCServer As OPCServer// 变量及对象声明

Dim WithEvents MyOPCGroup As OPCGroup······

Private Sub CmdServerFind_Click（）// 遍历本机的 OPC Servers

Dim anOPCServer As New OPCAutomation.OPCServer

Dim ServerList As Variant

Dim I As Integer

ServerList=anOPCServer.GetOPCServers（"wangh01"）

List1.Clear

For I=Lbound（ServerList）To Ubound（ServerList）

List1.AddItem ServerList（i）

Next i

```
End Sub

Sub Intial（）// 初始化创建 OPCServer、OPCGroups、OPCItems 等对象的实例
      Set MyOPCServer=New OPCServer
      MyOPCServer.Connect "OPCServer.WinCC"，"wangh"
      ……
   MyOPCItemColl.AddItems TagCount，ItemIDs（），ClientHandles（），ServerHandles（），
Errors
         // 变量绑定：TagCount 绑定变量数量；ItemIDs 绑定变量 ID；ClientHandles 绑定客
户端名柄；ServerHandles 绑定服务器端名柄
      Exit Sub
      ErrorHandler：
         ……
End Sub
Private Sub MyOPCGroup_DataChange（ByVal TransactionID As Long，ByVal NumItems As
Long，ClientHandles（）As Long，ItemValues（）As Variant，Qualities（）As Long，TimeStamps（）
As Date）// 数据变更通知：TransactionID 任务号；NumItems 改变值的 tag 数量；ClientHandles
客户端名柄；ItemValues 改变后的数据值；通过参数传递值
      For I=1 To NumItems
      ……// 读取改变变量
      On Error GoTo ErrorHandler
      Next i
      Exit Sub
      ErrorHandler：
      TextBox1.Text=TextBox1 + CStr（Now（））& " 更新错误：" & Err.Description & vbCrLf
End Sub
```

5.3.5   OPC UA

为了应对标准化和跨平台的趋势，更好地推广 OPC，OPC 基金会近些年在 OPC 成功应用的基础上，推出了一个新的 OPC 标准——OPC UA，UA 全称是 unified architecture（统一架构）。OPC UA 协议包含了 A&E、DA、XML DA or HDA，只使用一个地址空间就能访问之前所有的对象，而且不受 Windows 平台限制，因为它是在传输层以上定义的，使得灵活性和安全性比之前的 OPC 都提升了。

OPC UA 实质上是一种抽象的框架，是一个多层架构，其中的每一层完全从其相邻层抽象而来。这些层定义了线路上的各种通信协议，决定线路能否安全地编码 / 解码包含有的数据、数据类型定义等内容信息。利用这一核心服务和数据类型框架，人们可以在其基础上（继承）轻松添加更多功能。

OPC UA 标准不再基于 COM/DCOM 技术，可以通过任何单一端口（经管理员开放后）进行通信，这使得 OPC 通信不再因防火墙而受到大量的限制。支持诸如 Window、Linux、

Apple OS X、实时操作系统或移动操作系统（Android 或 iOS），不特定应用于某个平台，并且针对高性能应用使用优化的基于 TCP 的二进制协议。

OPC UA 将成为一个转换工具，其他协议 / 标准可以非常轻松地转换为 OPC UA 内的一个子集。OPC UA 目前支持以下传输机制和协议。

① 通过 TCP/IP 将消息作为二进制流直接传输（S7-1200 支持）。

② 通过 TCP/IP 和 HTTP 采用 XML 形式传输消息。由于这种传输机制仅支持慢速传输，因此极少使用。

由于 OPC UA 标准独立于特定的操作系统，并采用安全传输机制和数据语义描述，因此尤其适合用于跨层级的数据交换。机器数据（受控变量、测量值或参数）也可以采用这种方式传输。

OPC UA 采用简单的客户端 / 服务器的机制进行通信。OPC UA 服务器可在网络中提供大量信息，如有关 CPU、OPC UA 服务器、数据和数据类型的信息。OPC UA 客户端访问这些信息。

在功能方面，OPC UA 不仅支持传统 OPC 的所有功能，还支持以下新功能。

① 网络发现：自动查询本 PC 和当前网络中可用的 OPC 服务器。

② 地址空间优化：所有的数据都可以以分级结构定义，使得 OPC 客户端不仅能够读取并利用简单数据，也能访问复杂的结构体。

③ 互访认证：所有的读写数据 / 消息行为都必须有访问许可。

④ 数据订阅：针对 OPC 客户端不同的配置与标准，提供数据 / 消息的监控，以及数值变化时的变化报告。

⑤ 方案功能：OPC UA 中定义了通过在 OPC 服务器中定义方案，来让 OPC 客户端执行特定的程序。

OPC UA 在工业自动化领域，安全性一直是至关重要的问题。因此，OPC UA 的安全等级成了一个重要的话题。OPC UA 的安全等级是指对 OPC UA 通信进行保护的级别。安全等级越高，表示对通信的保护措施越严格，系统的安全性也就越高。在工业自动化系统中，安全等级应该根据系统的安全需求来选择。

OPC UA 的安全等级分为四个级别：基本级别、传输级别、会话级别和应用级别。基本级别是最低的安全等级，提供了基本的保护措施，如身份验证和加密。传输级别在基本级别的基础上增加了消息完整性校验。会话级别在传输级别的基础上增加了会话安全性的保护。应用级别是最高的安全等级，提供了全面的安全保护，包括权限管理和审计跟踪等功能。

针对不同的安全等级，OPC UA 提供了一系列的安全措施。首先是身份验证机制，用于确认通信双方的身份。OPC UA 支持多种身份验证方式，包括用户名密码、数字证书等。其次是加密机制，用于保持通信内容的机密性。OPC UA 使用基于公钥密码学的加密算法，确保通信内容只有授权的用户才能解密。此外，OPC UA 还提供了消息完整性校验、会话管理、权限管理等功能，以提供全面的安全保护。

在选择 OPC UA 安全等级时，需要根据系统的安全需求进行评估。对于一些对安全要求较低的系统，可以选择基本级别或传输级别。对于一些对安全要求较高的系统，应选择会话级别或应用级别。同时，还需要考虑系统的性能和成本等因素。较高的安全等级通常会增加系统的开销，包括计算开销和网络传输开销。

5.4 ▪ S7-1200/1500 系列 PLC 与 Portal 软件

5.4.1 S7-1200/1500 系列 PLC 概述

S7-1200/1500 系列 PLC 主要面向以太网 /Profinet 技术，是 S7-200/300/400 的替代产品。S7-1200 设计紧凑、成本低廉且具有功能强大的指令集，这些特点使它成为控制各种应用的完美解决方案。S7-1200 PLC 和基于 Windows 的 TIA 博途编程工具提供了解决自动化问题时需要的灵活性。

S7-1200 和 S7-1500 的指令是兼容的，S7-1200 的指令是 S7-1500 的指令的子集，可以认为 S7-1200 是精简版的 S7-1500。如果没有条件使用 S7-1500，可先使用 S7-1200，为以后使用 S7-1500 打下基础。

1—电源接口；
2—存储卡插槽(在盖板下面)；
3—可拆卸的用户连接器(在盖板下面)；
4—集成I/O(输入/输出)的状态LED(发光二极管)；
5—Profinet以太网接口的RJ45连接器

图 5-29　S7-1200 的 CPU 模块

S7-1200、S7-1500 都使用梯形图（LAD）、功能块图（FDB）和结构化控制语言（SCL）编程。为了与 S7-300/400 兼容，S7-1500 还可以使用标准模板库（STL）。

S7-1200 主要由 CPU 模块（简称为 CPU）、信号模块、通信模块、编程软件组成，各种模块安装在标准 DIN 导轨上。S7-1200 的硬件组成具有高度的灵活性，用户可以根据自身需求确定 PLC 的结构，系统扩展方便。S7-1200 的 CPU 型号有 CPU 1211C、CPU 1212C、CPU 1214C、CPU 1215C、CPU 1217C 等。

（1）CPU 模块

S7-1200 将微处理器、电源、数字量输入 / 输出电路、模拟量输入 / 输出电路、Profinet 以太网接口、高速运动控制功能组合到一个设计紧凑的 CPU 模块中。如图 5-29 所示，CPU 模块结构如下。

每种 CPU 有 3 个具有不同电源电压和输入、输出电压的版本。

S7-1200 所有的 CPU 模块的正面都可以安装一块信号板，并且不会增加安装空间。有时添加一块信号板就可以增加需要的功能。例如，数字量输出信号板使继电器输出 CPU 具有高速输出功能。

S7-1200 集成的 Profinet 接口用于其与编程计算机、HMI（人机界面）、其他 PLC 或其他设备通信。

S7-1200 可以使用梯形图（LAD）、功能块图（FDB）和结构化控制语言（SCL）这 3 种编程语言。布尔运算指令、字传送指令和浮点数数学运算指令的执行速度分别为 0.08μs/ 指令、1.7μs/ 指令、2.3μs/ 指令。

S7-1200 集成了 150KB 的工作存储器、最大 4MB 的装载存储器和 10KB 的保持性存储器。CPU 1211C 和 CPU 1212C 的位存储器（M）为 4096B，其他 CPU 为 8192B。可以用可选的 SIMATIC 存储卡扩展存储器的容量和更新 PLC 的固件，还可以用存储卡将程序传输到其他 CPU。

S7-1200 集成的工艺功能包括高速计数与频率测量、高速脉冲输出、PWM 控制、运动控制和 PID 控制。S7-1200 有 2 路集成的模拟量输入（0 ～ 10V），10bit 分辨率，输入电阻大于或等于 100kΩ。表 5-2 给出 S7-1200 CPU 的技术规范。

表 5-2　S7-1200 CPU 的技术规范

特性	CPU 1211C	CPU 1212C	CPU 1214C	CPU 1215C	CPU 1217C
本机数字量 I/O 点数	6 入 /4 出	8 入 /6 出	14 入 /10 出	14 入 /10 出	14 入 /10 出
本机模拟量 I/O 点数	2 入	2 入	2 入	2 入 /2 出	2 入 /2 出
工作存储器 / 装载存储器	50KB/1MB	75KB/1MB	100KB/4MB	125KB/4MB	150KB/4MB
信号模块扩展个数	无	2	8	8	8
最大本地数字量 I/O 点数	14	82	284	284	284
最大本地模拟量 I/O 点数	13	19	67	69	69
高速计数器点数	3 点	5 点	6 点		6 点
单相	3 点 /100kHz	3 点 /100kHz，1 点 /30kHz	3 点 /100kHz，3 点 /30kHz		4 点 /1MHz，2 点 /100kHz
正交相位	3 点 /80kHz	3 点 /80kHz，1 点 /20kHz	3 点 /80kHz，3 点 /20kHz		3 点 /1MHz，3 点 /100kHz
脉冲输出（最多 4 点）/Hz	100k	100k 或 20k	100k 或 20k		1M 或 100k
上升沿 / 下降沿中断点数	6/6	8/8	12/12	14/14	14/14
脉冲捕获输入点数	6	8	14	14	14
传感器电源输出电流 /mA	300	300	400	400	400
外形尺寸 /mm × mm × mm	90 × 100 × 75	90 × 100 × 75	110 × 100 × 75	130 × 100 × 75	150 × 100 × 75

（2）信号模块

输入（Input）模块和输出（Output）模块简称为 I/O 模块。数字量（又称为开关量）输入模块和数字量输出模块简称为 DI 模块和 DO 模块，模拟量输入模块和模拟量输出模块简称为 AI 模块和 AO 模块，它们统称为信号模块，简称为 SM。

信号模块安装在 CPU 模块的右边，扩展能力最强的 CPU 可以扩展 8 个信号模块，以增加数字量和模拟量 I/O 点。

（3）通信模块

通信模块安装在 CPU 模块的左边，最多可以添加 3 个通信模块，可以使用点对点通信模块、Profibus 模块、工业远程通信模块、AS-i 模块和 IO-Link 模块。

S7-1200 具有非常强大的通信功能，提供了集成的 Profinet 接口、Profibus 通信与通信模块选项。还包括：通过点对点（PtP）通信，S7-1200 可以直接发送信息到外部设备，例如打印机；从其他设备接收信息，例如条形码阅读器、RFID（射频识别）读写器和视觉系统；可以与 GPS 装置、无线电调制解调器以及其他类型的设备交换信息。

AS-i（actuator sensor interface，执行器传感器接口）网络是用于现场自动化设备的双向数据通信网络，位于工厂自动化网络的最底层。AS-i 已被列入 IEC 62026 标准。

通过使用 GPRS 通信处理器 CP1242-7，S7-1200 CPU 可以与下列设备进行无线通信：中央控制站、其他远程站、移动设备（SMS，短消息服务）、编程设备（远程服务）和使用开放式用户通信（UDP）的其他通信设备。通过 GPRS 可以实现简单的远程监控。

IO-Link 是 IEC 61131-9 中定义的用于传感器 / 执行器领域的点对点通信接口，使用非屏蔽的三线制标准电缆。IO-Link 主站模块 SM 1278 用于连接 S7-1200 CPU 和 IO-Link 设备，它有 4 个 IO-Link 端口，同时具有信号模块功能和通信模块功能。

（4）编程软件

TIA 是 totally integrated automation（全集成自动化）的简称，TIA 博途（TIA Portal）是西门子工业自动化集团发布的工程设计软件平台。S7-1200 用 TIA 博途中的 STEP 7 Basic（基本版）或 STEP 7 Professional（专业版）编程。

S7-1200 不支持通电时在中央机架上插入或拔出模块（热插拔）。切勿在 CPU 通电时在中央机架上插入或拔出模块。

图 5-30　CPU 逻辑存储区

5.4.2　S7-1200 CPU 逻辑存储区

S7-1200 CPU 为用户提供的存储区有过程映像区 I 区和 Q 区、位存储器区 M 区、局部数据区 L 堆栈和数据块（DB），如图 5-30 所示。

（1）过程映像输入 I 区

过程映像输入 I 区：CPU 仅在每个扫描周期的循环 OB 执行之前对外围（物理）输入点进行采样，并将采样值写入到过程映像输入区。可以按位、字节、字或双字访问过程映像输入区。允许对过程映像输入区进行读写访问，但过程映像输入区通常为只读。I 存储器的绝对地址如表 5-3 所示。

表 5-3　I 存储器的绝对地址

位	I[字节地址].[位地址]	I0.1
字节、字、双字	I[大小].[起始字节地址]	IB4、IW6、ID10

通过在地址后面添加 " : P"（表 5-4），可以立即读取 CPU、SB、SM 或分布式模块的数字量输入和模拟量输入。使用 I_ : P 访问与使用 I 访问的区别是，前者直接从被访问点而非过程映像输入区获得数据。这种 I_ : P 访问称为 "立即读" 访问，因为数据是直接从源而非副本获取的，这里的副本是指在上次更新过程映像输入区时建立的副本。

使用 I_ : P 访问不会影响存储在过程映像输入区中的相应值。

表 5-4　I 存储器的绝对地址（立即）

位	I[字节地址].[位地址] : P	I0.1 : P
字节、字、双字	I[大小].[起始字节地址] : P	IB4 : P、IW6 : P、ID10 : P

（2）过程映像输出区 Q 区

过程映像输出 Q：

CPU 将存储在过程映像输出区中的值复制到物理输出点。可以按位、字节、字或双字访问过程映像输出区。过程映像输出区允许读访问和写访问。Q 存储器的绝对地址如表 5-5 所示。

使用 Q_ : P 访问既影响物理输出，也影响存储在输出过程映像中的相应值。

（3）位存储器区 M 区

位存储器区（M 存储器）用于存储操作的中间状态或其他控制信息。可以按位、字节、字或双字访问位存储区。M 存储器允许读访问和写访问。M 存储器的绝对地址如表 5-6 所示。

表 5-5　Q 存储器的绝对地址

位	Q[字节地址].[位地址]	Q1.1
字节、字、双字	Q[大小].[起始字节地址]	QB4、QW10、QD40

表 5-6　M 存储器的绝对地址

位	M[字节地址].[位地址]	M26.7
字节、字、双字	M[大小].[起始字节地址]	MB20、MW30、MD50

（4）局部数据区 L 堆栈

局部数据区用于存储代码块被处理时使用的临时数据。局部数据区类似于 M 存储器，两者的主要区别在于 M 存储器是全局的，而局部数据区是局部的。

① 所有的 OB、FC 和 FB 都可以访问 M 存储器中的数据，即这些数据可以全局性地供用户程序中所有的代码块使用。

② 在 OB、FC 和 FB 的接口区生成临时变量（Temp），它们具有局部性，只能在生成它们的代码块内使用，不能与其他代码块共享。

（5）数据块

数据块（data block，DB）用来存储代码块使用的各种类型的数据，包括中间操作状态或 FB 的其他控制信息参数指令，以及某些指令（例如定时器指令、计数器指令）需要的数据结构。

数据块可以按位（例如 DB1.DBX3.5）、字节（DBB）、字（DBW）和双字（DBD）来访问。在访问数据块中的数据时，应指明数据块的名称，例如 DB1.DBW20。DB 的绝对地址如表 5-7 所示。

表 5-7　DB 的绝对地址

位	DB[数据块编号].DBX[字节地址].[位地址]	DB1.DBX2.3
字节、字、双字	DB[数据块编号].DB[大小][起始字节地址]	DB1.DBB4、DB10.DBW2、DB20.DBD8

如果启用了块属性"优化的块访问"，不能用绝对地址访问数据块和代码块的接口区中的临时局部数据。

5.4.3　程序块

S7-1200 编程采用块的概念，块分为组织块 OB、功能 FC、功能块 FB、数据块 DB。S7-1200 提供了不同的块类型来执行自动化系统中的任务。表 5-8 给出了可用的块类型。

表 5-8　块类型

块类型	说明
组织块 OB	定义用户程序的结构
功能 FC	功能包含用于处理重复任务的程序例程。功能没有"存储器"
功能块 FB	功能块是一种代码块，它将值永久地存储在背景数据块中，从而即使在块执行完后，这些值仍然可用
背景数据块	调用背景数据块来存储数据时，该背景数据块将分配给功能块
全局数据块	全局数据块是用于存储数据的数据区，任何块都可以使用这些数据

图 5-31 结构化编程示意图

图 5-31 所示为一个结构化编程示意图；"Main1"程序循环 OB 依次调用一些子程序，它们执行所定义的子任务。

（1）组织块 OB

组织块（organization block，OB）是操作系统与用户程序的接口，由操作系统调用，用于控制扫描循环和中断程序的执行、PLC 的启动和错误处理等。组织块的程序是由用户编写的。

每个组织块必须有一个唯一的 OB 编号，123 之前的某些编号是保留的，其他 OB 编号应大于或等于 123。CPU 中特定事件触发组织块的执行，OB 不能相互调用，也不能被 FC 和 FB 调用。只有启动事件（例如诊断中断事件或周期性中断事件）可以启动 OB 的执行。

组织块由操作系统调用，可以控制下列操作。

① 自动化系统的启动特性；

② 循环程序处理；

③ 中断驱动的程序执行；

④ 错误处理。

可以对组织块进行编程并同时确定 CPU 的特性。根据使用的 CPU，提供各种不同的组织块。S7-1200 共有 7 种组织块：程序循环组织块、启动组织块、延时中断组织块、循环中断组织块、硬件中断组织块、时间错误中断组织块、诊断错误中断组织块。

① 程序循环组织块 程序循环 OB 在 CPU 处于 RUN 模式时，周期性地循环执行。可在程序循环 OB 中放置控制程序的指令或调用其他功能（FC）或功能块（FB）。主程序（Main）为程序循环 OB1，要启动程序的执行，项目中至少要有一个程序循环 OB。操作系统每个周期调用 OB1 一次，从而启动用户程序的执行。

S7-1200 允许使用多个程序循环 OB，如果用户程序生成了其他程序循环 OB，CPU 按 OB 编号的顺序执行它们，首先执行主程序 OB1，然后执行编号大于或等于 123 的程序循环 OB。OB1 是默认设置，其他程序循环 OB 的编号必须大于或等于 123。程序循环 OB 的优先级为 1，可被高优先级的组织块中断；程序循环组织块执行一次需要的时间即为程序的循环扫描周期的时间。最长循环时间默认设置为 150ms。如果用户程序超过了最长循环时间，操作系统将调用 OB80（时间故障 OB）；如果 OB80 不存在，则 CPU 停机。程序循环组织块没有启动信息。

② 启动组织块 当 CPU 的操作模式从 STOP 切换到 RUN 时（包括启动模式处于 RUN 模式时、CPU 断电再上电时和执行 STOP 到 RUN 的切换命令时），启动组织块（OB100）将被执行一次。启动组织块执行完毕后，才开始执行主程序循环 OB1。S7-1200 CPU 中支持多个启动组织块，按照编号顺序（由小到大）依次执行，OB100 是默认设置。其他启动组织块的编号必须大于或等于 123。

③ 中断组织块 中断处理用来实现对特殊内部事件或外部事件的快速响应。如果没有中断事件出现，CPU 循环执行 OB1 和它调用的块。如果出现中断事件（例如诊断错误中断和延时中断等），因为 OB1 的中断优先级最低，操作系统在执行完当前程序的当前指令（即断点处）后响应中断。CPU 暂停正在执行的程序块，自动调用一个分配给该事件的中断

组织块（即中断程序）来处理中断事件。执行完中断组织块后，返回被中断程序的断点处继续执行原来的程序。

这意味着部分用户程序不必在每次循环中处理，而是在需要时才被及时地处理。处理中断事件的程序放在该事件驱动的 OB 中。

循环组织块的中断调用如图 5-32 所示。

图 5-32　循环组织块的中断调用

各组织块的中断优先级如表 5-9 所示。

表 5-9　组织块的中断优先级

事件分类	编号	优先级	组
程序循环	1，≥123	1	1
启动	100，≥123	1	
延时中断	≥123	3	2
循环中断	≥123	4	
硬件中断	≥123	5	
		6	
诊断错误中断	82	9	
时间错误中断	80	26	3

（2）功能

功能（function，FC）是用户编写的子程序，它包含完成特定任务的代码和参数。

FC 是不含存储区的代码块，常用于对一组输入值执行特定运算。例如，可使用 FC 执行标准运算和可重复使用的运算（如数学计算）或者执行工艺功能（如使用位逻辑运算执行独立的控制）。FC 也可以在程序中的不同位置多次调用，简化了对经常重复发生的任务的编程。

FC 没有相关的背景数据块（DB），没有可以存储块参数值的数据存储器。因此，调用函数时，必须给所有形参分配实参。

（3）功能块

功能块（function block，FB）是用户编写的子程序。FB 是使用背景数据块保存其参数和静态数据的代码块。FB 具有位于数据块（DB）或背景 DB 中的变量存储器。背景 DB 提供与 FB 的实例（或调用）关联的一块存储区并在 FB 执行完后存储数据。可将不同的背景 DB 与 FB 的不同调用进行关联。通过背景 DB 可使用一个通用 FB 控制多个设备。

通过使一个代码块对 FB 和背景 DB 进行调用，来构建程序。然后，CPU 执行该 FB 中的程序代码，并将块参数和静态局部数据存储在背景 DB 中。FB 执行完后，CPU 会返回到调用该 FB 的代码块中。背景 DB 保留该 FB 实例的值。随后，在同一扫描周期或其他扫描周期中调用该 FB 时可使用这些值。

功能块包含总是在其他代码块调用该功能块时执行的子例程。可以在程序中的不同位置多次调用同一个功能块。因此，功能块简化了对重复发生的函数的编程。

① 功能块的实例　功能块的调用称为实例。功能块的每个实例都需要一个背景数据块，其中包含功能块中所声明的形参的实例特定值。

功能块可以将实例特定的数据存储在自己的背景数据块中，也可以存储在调用块的背景数据块中。

② 访问模式　S7-1200 提供了两种不同的背景数据块访问模式，可在调用功能块时分配给功能块。

a. 可优化访问的数据块。可优化访问的数据块无固定的存储器结构。在声明中，数据元素仅包含一个符号名，因此在块中没有固定的地址。

b. 可一般访问的数据块。可一般访问的数据块具有固定的存储器结构。声明元素在声明中包含一个符号名，并且在块中有固定地址。

调用功能块时，需要指定背景数据块，后者是功能块专用的存储区。CPU 执行 FB 中的程序代码，将块的输入、输出参数和局部静态变量保存在背景数据块中，以便在后面的扫描周期访问它们。

调用同一个功能块时使用不同的背景数据块，可以控制不同的对象。

S7-1200 的某些指令（例如符合 IEC 标准的定时器指令和计数器指令）实际上是功能块，在调用它们时需要指定配套的背景数据块。

（4）数据块

S7-1200 CPU 为用户提供的存储区有过程映像区 I 区和 Q 区、位存储区 M 区、局部数据区 L 堆栈和数据块。

数据块（data block，DB）用于存储程序数据。数据块分为全局数据块和背景数据块。全局数据块可以存取所有的数据块，其结构是用户定义的；一个背景数据块对应一个功能块，其结构和功能块的接口规格是一致的。

数据块的大小因 CPU 的不同而异。可以自定义全局数据块的结构，还可以选择使用 PLC 数据类型（UDT）作为创建全局数据块的模板。

图 5-33　S7-1200 CPU 数据块

每个功能块、功能或组织块都可以从全局数据中读取数据或向其中写入数据。即使在退出数据块后，这些数据仍然会保存在其中。可以同时打开一个全局数据块和一个背景数据块。

数据块是用于存放执行代码块时所需数据的数据区。与代码块不同，数据块没有指令，STEP 7 按变量生成的顺序自动地为数据块中的变量分配地址。

S7-1200 CPU 数据块如图 5-33 所示。

5.4.4　TIA Portal 软件

TIA Portal（博途）软件是西门子工业自动化集团发布的新一代全集成自动化软件，它几乎适用于所有的自动化任务。不同功能的软件包可以在这个平台上同时运行，例如 STEP 7、WinCC 等。博途软件是 S7-1200、S7-1500、S7-300、S7-400 PLC 的编程软件，同时也可以对 WinAC 以及 ET 200 智能分布式 I/O 站进行编程。借助于这个软件平台，用户能够快速直观地开发和调试自动化控制系统，与传统方法相比，无需花费大量时间集成各软件，明显地节省了时间，提高了设计效率。

西门子 STEP 7 Portal 用于硬件组态和编写 PLC 程序，支持 S7-1200、S7-1500、S7-300、S7-400，暂时不支持 S7-400H。

TIA 博途统一的工程平台具体的项目包括启动、设备与网络、PLC 编程、运动控制等工艺过程、可视化、在线与诊断。

在 TIA 博途统一的工程平台上可实现 SIMOTION 运动控制器、SINAMICS 驱动设备的工艺对象配置、用户编程、调试和诊断功能，支持 Profinet、OUC、Profibus、Modbus RTU 等通信协议的 PLCSIM 用于 PLC 仿真调试。

TIA 博途的运行环境为 Window 7 SP1 以上，其目前最新版本为 V19。硬件需求：处理器 i7，内存 8GB，显示器 15.6in。

SIMATIC WinCC 用来对西门子人机界面进行组态。在 TIA 博途面世之前，西门子人机界面的组态软件有 WinCC 和 WinCC Flexible 两款。在推出 TIA 博途平台之后，人机界面的组态软件都称为 WinCC。WinCC 有四个版本，分别是基本版（Basic）、精致版（Comfort）、高级版（Advanced）和专业版（Professional）。

WinCC 基本版：只能组态精简系列的面板（HMI）。

WinCC 精致版：可以组态所有系列面板（精简系列、精致系列、移动面板），但不能组态 PC 站。

WinCC 高级版：可以组态所有面板及 PC 站。

WinCC 专业版：用于组态 SCADA 系统，配合 WinCC Runtime 专业版使用。WinCC 专业版也可以组态面板和基于 PC 系统的可视化工作。WinCC Runtime 专业版是一种用于运行单站系统或多站系统（包括标准客户端或 Web 客户端）的 SCADA 系统。

5.5 ▪ S7-1200/1500 的以太网通信功能

5.5.1　Profinet IO 通信

（1）Profinet IO 通信过程

S7-1200 CPU 集成的以太网接口和 S7-1500 CPU 集成的第一个以太网接口（X1 口）为 Profinet 接口，可以实现 CPU 与编程设备、HMI、其他 S7-CPU 之间的通信，还可以作为 Profinet IO 系统中的 I/O 控制器和 I/O 设备。S7-1500 CPU 集成的第一个以太网接口还有介质冗余功能，支持等实时功能和介质冗余。

Profinet IO 主要用于模块化分布式控制，通过以太网直接连接现场设备。采用全双工点到点方式，一个 I/O 控制器最多可以和 512 个 I/O 设备进行点到点通信。按照设定的更新时间，双方对等发送数据，一个 I/O 设备（被控对象）只能够被一个 I/O 控制器控制。在共享 I/O 控制模式下，一个 I/O 站点上不同的 I/O 模块、同一个 I/O 模块的通道都可以被最多 4 个 I/O 控制器共享，但输出模块只能被一个 I/O 控制器控制，其他控制器可以共享信息。

Profinet 中 I/O 设备是分布式现场设备，相当于 DP 网络中的从站。ET 200 分布式 I/O、变频器、调节阀、变送器等都可以作为 I/O 设备。I/O 控制器相当于 DP 主站，S7-1200 可以带 16 个 I/O 设备，最多 256 个子模块。与 DP 相同，只需要对 Profinet 网络做简单的组态，不需要任何编程就可实现通信，以实现周期性的数据交换。

由于访问机制是点到点的方式，PLC 的以太网接口可以作为 I/O 控制器连接 IP 设备，又可作为 I/O 设备连接到上一级控制器。此方式的网络结构如图 5-34 所示。

图 5-34 Profinet I/O 网络的结构

现场设备通过 GSD 文件集成在 TIA 博途软件中，GSD 文件以 XML 格式保存。Profinet IO 控制器可以通过网关连接到 DP 网络。Profinet IO 有三种通信方式：非实时通信、实时通信与等实时通信。

TIA 博途软件无法仿真 PLC 的 Profinet 通信，但可以仿真基于 TCP 和基于 S7 的 OUC 通信。

以下以 S7-1500 为 I/O 控制器、S7-1200 为 I/O 设备举例双方 Profinet IO 通信的过程。实验软硬件要求如下。

① CPU1 1513 6ES7 513-1AL01-0AB0 V2.1。

② CPU2 1214C 6ES7 214-1BG40-0XB0 V4.0。

③ 通用交换机。

④ Windows 10 Professional。

⑤ Portal STEP 7 Professional V14 SP1。

具体步骤如下。

① 新建项目。

② 添加 CPU 1513，IP 地址为 192.168.0.1，子网掩码为 255.255.255.0。

③ 添加 CPU 1214，IP 地址为 192.168.0.2，子网掩码为 255.255.255.0。

④ 建立客户端与 I/O 设备的连接：PLC_1.PROFINET IO-System。

S7-1200 作为智能 I/O 设备，需要将其"操作模式"改为"IO 设备"，并且分配给对应的 I/O 控制器，配置所需的传输区，如图 5-35 所示。

"PN 接口的参数由上位 IO 控制器进行分配"复选框可指定是由智能设备本身还是由上位 I/O 控制器设置接口和端口。

智能 I/O 设备还支持"优先启动"，勾选后加快 I/O 设备的启动速度，详情可了解优先启动相关功能。

进入传输区视图，可以分配地址区所属组织块及过程映像，如图 5-36 所示为传输区_1 的配置画面，传输区_2 在这里略。

图 5-35　在 Profinet IO 设备中的组态过程

图 5-36　传输区 _1 的配置画面

做好在线操作的准备工作后，用鼠标右键单击网络视图中的 Profinet 总线，执行"分配设备名称"（图 5-37）。在 IEC 61158-6-10 标准中规定：为了使 Profinet 设备之间能正常通信，需要给各设备（如 CPU、I/O 模块）分配相应的设备名称（device name）。于是在组态

Profinet 时，就会有"分配设备名称"的选项。此处需要设备在线。

图 5-37 分配设备名称

（2）Profinet IO 网络的故障诊断

DeviceStates 指令用于查询 I/O 系统中所有模块的特定状态信息（图 5-38），即：

① Profinet IO 系统中所有 I/O 设备的状态信息或 DP 主站系统中所有 DP 从站的状态信息；

② 分布式 I/O 为 Profinet 从站时，可在网络概览中查看分布式 I/O 的设备编号，通过设备编号对应故障的从站。

使用 DeviceStates 指令对分布式 I/O 从站进行诊断的过程：创建全局数据块，用于存储状态数据，在全局数据块中创建数据类型为 Array of Bool 的数组，共计 1024 个数组。

在 OB1 中调用 DeviceStates 指令，DeviceStates 获取 I/O 子系统的 I/O 设备运行状态。指令执行后，STATE 参数将以位列表形式包含各个 I/O 设备的错误状态（针对分配的 LADDR 和 MODE 参数）。此信息与在 STEP 7 诊断视图中看到的设备状态一致。

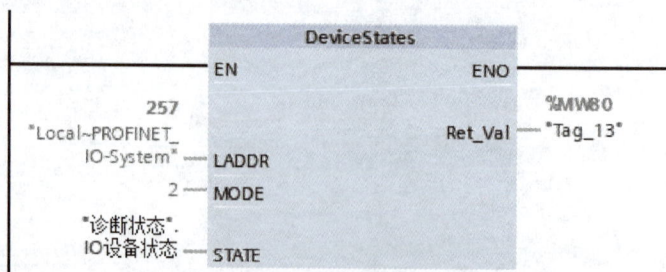

图 5-38 DeviceStates 指令

DeviceStates 的 LADDR 输入使用分布式 I/O 接口的硬件标识符。PLC 的硬件标识符可以通过在 PLC 变量表的"系统常数"（System Constants）选项卡中查找"Hw_IoSystem"数据类型找到。

MODE 参数为要读取的状态信息。可读取整个 Profinet IO 或 DP 主站系统的下列一条状态信息。

1：I/O 设备 /DP 从站已组态。

2：I/O 设备 /DP 从站故障。

3：I/O 设备 /DP 从站已禁用。

4：I/O 设备 /DP 从站存在。

5：出现问题的 I/O 设备 /DP 从站。

STATE 参数输出由 MODE 参数选择的 I/O 设备 /DP 从站的状态。

如果使用 MODE 选择的状态适用于 I/O 设备 /DP 从站，则在 STATE 参数中将下列位设置为"1"。

位 0=1：组显示。至少有一个 I/O 设备 /DP 从站的第 n 位设置为"1"。

位 n=1：通过 MODE 选择的状态将应用到 I/O 设备 /DP 从站。

对于 Profinet IO 系统，第 n 位对应于相应 I/O 设备的设备编号（可参见设备视图和网络视图中的 Profinet 接口属性）。

对于 Profinet DP 系统，第 n 位对应于 DP 从站的 Profibus 地址（可参见设备视图和网络视图中的 DP 从站属性）。

Ret_Val 参数为 Word 型错误代码，其具体含义参见在线帮助及手册。

"ModuleStates"指令可用来读取 Profinet IO 设备或 Profibus DP 从站的模块状态信息（图 5-39）。

输出的布尔值指示所选状态适用于的模块。例如，可以读取 Profinet IO 设备中当前禁用的模块。此信息的显示还依赖于要读取的状态信息是否适用于至少一个模块。

可在程序循环 OB 以及中断 OB（例如 OB82——诊断中断）中调用此指令。

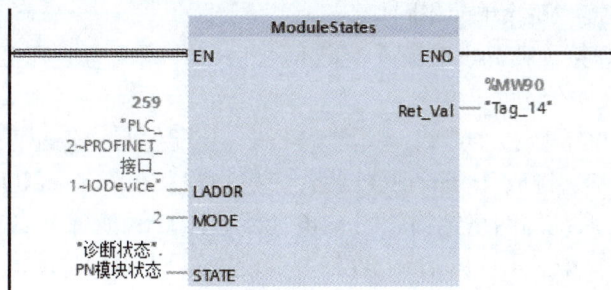

图 5-39　ModuleStates 指令

LADDR 参数：通过站硬件标识符选择 I/O 设备或 DP 从站。

硬件标识符位于 I/O 设备视图或 DP 从站属性的网络视图中，或数据类型为 Hw_Device（对于 I/O 设备）或 Hw_Dpslave（对于 DP 从站）所列系统常量的 PLC 变量表中。

MODE 参数：使用 MODE 参数可读取状态信息。可读取模块的下列一条状态信息。

1：模块已组态。

2：模块故障。

3：模块禁用。

4：模块存在。

5：模块中存在故障。例如，维护要求或建议，不可访问，不可用，出现错误。

STATE 参数：输出使用 MODE 参数选择的模块状态。

如果使用 MODE 选择的状态适用于某个模块，那么下列位将设置为"1"。

位 0=1：组显示。至少一个模块的第 n 位设置为"1"。

位 n=1：使用 MODE 选择的状态将应用到插槽 n-1（例如位 3 对应插槽 2）中的模块。

使用"Bool"或"Array of Bool"作为数据类型：如果只输出状态信息的组显示位，则可在 STATE 参数中使用 Bool 数据类型。如果输出所有模块的状态信息，可使用长度为 128 位的 Array of Bool 数据类型。

（3）Profinet IO 应用实例

教学生产线实验系统包括 3 个单元，分别是焊接生产线、喷涂生产线与装配生产线。生产线由 3 台 PLC 完成输送料、上下料、生产线运动等逻辑动作，并负责总体的协调，生产装配过程由 ABB 机器人完成。

各生产线控制流程如下。

① 上电后，控制柜上复位按钮指示灯以 1s 周期闪烁。

② 按下复位按钮后，焊接（喷涂、装配）单元自动复位。

③ 焊接（喷涂、装配）单元复位完下之后，机器人将自动复位到预定初始位置。

④ 复位完成之后启动按钮指示灯以 1s 周期闪烁。

⑤ 将手 / 自动旋钮旋到自动状态，按下启动按钮后启动指示灯常亮。

⑥ 3 个单元确认启动完毕后，等总控区启动按钮按下以后，焊接单元的升降机构下降，触碰到下降位传感器后停止下降，PLC 向机器人发送到位信号。

⑦ 机器人接收到小车到位信号后，开始按照既定的焊接（喷涂）线路模拟焊接，一面焊接完成后旋转汽缸继续焊接另一面，当两面都完成后提醒。当两面全都完成焊接（喷涂）后，机器人向 PLC 发送焊接（喷涂）完成信号。装配生产线配备视觉系统，判断是否已经安装车门。其他与焊接、喷涂单元相同。

⑧ PLC 接收到焊接（喷涂、装配）完成信号后，升降机构上升至上限位，等待喷涂（喷涂、装配）单元发送传送小车信号。

系统共计 4 个 PLC，焊接生产线、喷涂生产线、装配生产线各配置一片 CPU 1214，上位 PLC 采用 CPU 1513，构成 Profinet IO 网络，CPU 1513 为 Profinet IO 控制器，CPU 1214 为 Profinet IO 设备。系统的网络结构如图 5-40 所示，HMI 触摸屏与 CPU 1513 通信，完成命令下发，采集状态集中显示。Profinet IO 控制器设置如图 5-41 所示。

焊接单元的配置如图 5-42 所示，喷涂单元和装配单元的 CPU 设置与焊接单元的设置相似（略）。Profinet IO 网络的传输区地址对应关系如表 5-10 所示。

表 5-10 Profinet IO 网络的传输区地址对应关系

单元名称	传输区	I/O 控制器地址	本地地址	长度
焊接单元	传输区 _1	Q200 ～ Q299	I200 ～ I299	100 字节
	传输区 _2	I200 ～ I299	Q200 ～ Q299	100 字节
喷涂单元	传输区 _1	Q300 ～ Q399	I300 ～ I399	100 字节
	传输区 _2	I300 ～ I399	Q300 ～ Q399	100 字节
装配单元	传输区 _1	Q400 ～ Q499	I400 ～ I499	100 字节
	传输区 _2	I400 ～ I499	Q400 ～ Q499	100 字节

图 5-40 系统的网络结构

图 5-41 Profinet IO 控制器设置

图 5-42 焊接单元的配置

5.5.2 开放式用户通信

开放式用户通信（open user connection, OUC）是一种受程序控制的通信方式，其特点是传输数据的灵活性好。这种通信只受用户程序的控制，可以建立和断开事件驱动的通信连接，在运行期间也可以修改连接。

S7-1200 的开放式用户通信可以使用 TCP 和 ISO-on-TCP 连接方式，通信伙伴可以是 S7-1200 或 S7-300/400 或适当的第三方设备。

紧凑型指令 TSEND_C 与 TRCV_C 除了分别具有发送和接收功能外，还可以建立和断开连接。而非紧凑型指令 TSEND 与 TRCV 仅有发送与接收功能，它们需要配合 TCON 与 TDISCON 指令使用。在开放式用户通信中，一台 PLC 调用 TSEND_C 发送数据，另一台调用 TRCV_C 接收数据，只能在 OB 中调用这些指令。

以下以两台 S7-1200 为例，其组态过程如下：添加两台 PLC。在"设备和网络"→"网络视图"中，选中左侧 PLC 左下角表示以太网接口的绿色小方框，按住鼠标左键不放，拖到右侧 PLC 左下角表示以太网连接接口的绿色小方框，表示建立两者的连接，默认名字为 PN/1E_1。

创建 PLC_1 收发数据用数据块 DB1，如图 5-43 所示，PLC_1 自动生成的背景数据块如图 5-44 所示。

图 5-43 创建 PLC_1 收发数据用数据块 DB1   图 5-44 PLC_1 自动生成的背景数据块

在编写指令时，自动生成背景数据块 DB2 和 DB4，不需手动创建。其中，PLC_1_ Receive_DB 和 PLC_1_Send_DB 是 TCON_IP_v4 结构的数据块。

创建 PLC_2 收发数据用数据块 DB1，如图 5-45 所示，PLC_2 自动生成的背景数据块如图 5-46 所示。

图 5-45 创建 PLC_2 收发数据用数据块 DB1   图 5-46 PLC_2 自动生成的背景数据块

PLC_1、PLC_2 的 OB1 程序分别如图 5-47、图 5-48 所示。

图 5-47　PLC_1 的 OB1 程序

图 5-48　PLC_2 的 OB1 程序

下面介绍 TSEND_C 和 TRCV_C 指令中各参数。

在请求信号 REQ 的上升沿，根据 CONNECT 参数指定的连接描述数据块（DB3、DB5）中的连接描述，启动数据发送任务。发送成功后，DONE 参数在一个扫描周期内为 1 状态。

CONT（Bool）为 1 状态时建立和保持连接；为 0 状态时断开连接，接收缓冲区中的数据将会消失。CPU 进入 STOP 模式时，已有的连接被断开。

DATA 是发送区或接收区的起始地址和最大数据长度。

LEN 是 TSEND_C 要发送或 TRCV_C 要接收的数据的字节数。它为默认值 0 时，发送或接收用 DATA 参数定义的数据。

COM_RST（Bool）为 1 状态时，断开现有的通信连接，新的连接被建立。如果此时数据正在传输，可能导致丢失数据。

DONE（Bool）为 1 状态时表示任务执行成功，为 0 状态时表示任务未启动或正在运行。

① PLC_1 的组态过程。

PLC_1 的 TSEND_C 的"组态"→"连接参数"如图 5-49 所示。

图 5-49　PLC_1 的 TSEND_C 的"组态"→"连接参数"

PLC_1 的 TSEND_C 的"组态"→"块参数"如图 5-50 所示。

启动请求 REQ："Clock_2Hz"。

相关的连接指针（CONNECT）：PLC_1_Send_DB。

指定要发送的数据区的起始地址：DB1.DBX0.0。

指定要发送的数据区的长度：INT10。

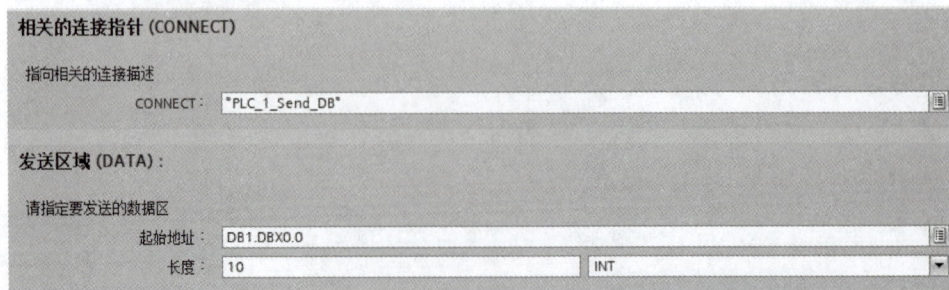

图 5-50　PLC_1 的 TSEND_C 的"组态"→"块参数"

PLC_1 的 TRCV_C 的"组态"→"连接参数"如图 5-51 所示。

图 5-51 PLC_1 的 TRCV_C 的"组态"→"连接参数"

PLC_1 的 TRCV_C 的"组态"→"块参数"如图 5-52 所示。
启动请求 REQ: "Clock_2Hz"。
相关的连接指针（CONNECT）: PLC_1_Receive_DB。
指定要接收的数据区域的起始地址: DB1.DBX20.0。
指定要接收的数据区域的长度: INT10。

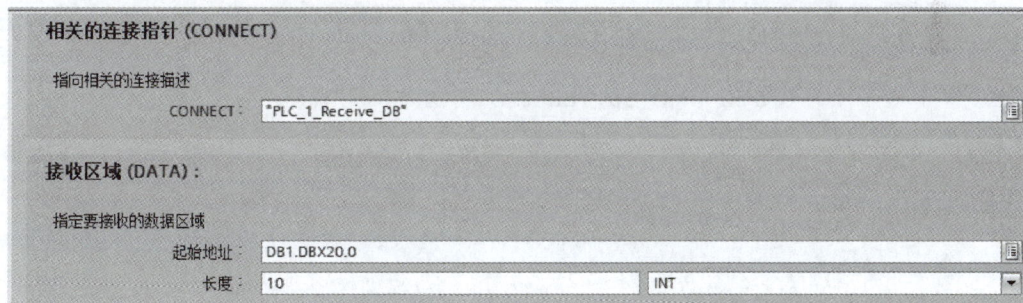

图 5-52 PLC_1 的 TRCV_C 的"组态"→"块参数"

PLC_1 的 DB1 如图 5-53 所示。

图 5-53 PLC_1 的 DB1

② PLC_2 的组态过程。
PLC_2 的 TSEND_C 的"组态"→"连接参数"如图 5-54 所示。

图 5-54　PLC_2 的 TSEND_C 的"组态"→"连接参数"

PLC_2 的 TSEND_C 的"组态"→"块参数"如图 5-55 所示。

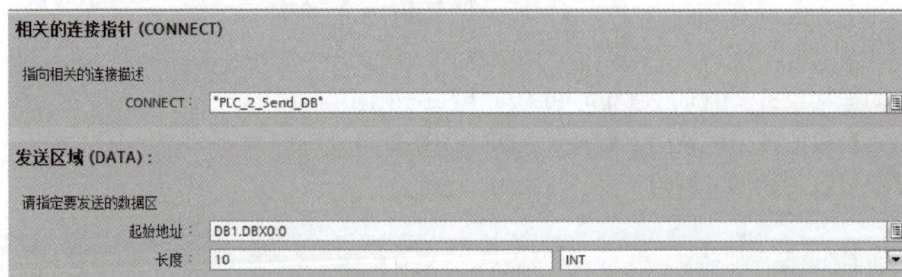

图 5-55　PLC_2 的 TSEND-C 的"组态"→"块参数"

PLC_2 的 TRCV_C 的"组态"→"连接参数"如图 5-56 所示。

图 5-56　PLC_2 的 TRCV_C 的"组态"→"连接参数"

PLC_2 的 TRCV_C 的"组态"→"块参数"如图 5-57 所示。

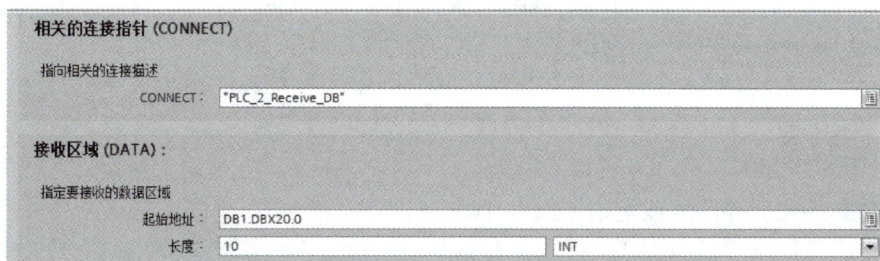

相关的连接指针 (CONNECT)

指向相关的连接描述

CONNECT : "PLC_2_Receive_DB"

接收区域 (DATA)：

指定要接收的数据区域

起始地址 : DB1.DBX20.0

长度 : 10　　　　　　　INT

图 5-57　PLC_2 的 TRCV_C 的"组态"→"块参数"

PLC_2 的 DB1 如图 5-58 所示。

名称	数据类型	偏移量	起始值	保持	可从 HMI/...	从 H...	在 HMI ...	设定值
▼ Static								
▶ send	Array[0..9] of Int	0.0		☐	☑	☑	☑	☐
▶ recieve	Array[0..9] of Int	20.0		☐	☑	☑	☑	☐

图 5-58　PLC_2 的 DB1

PLC_1 与 PLC_2 的对应关系如表 5-11 所示。

表 5-11　PLC_1 与 PLC_2 的对应关系

PLC_1	PLC_2
TSEND_C DB1.DBX0.0 INT10 →	TRCV_C DB1.DBX20.0 INT10
TRCV_C DB1.DBX20.0 INT10 ←	TSEND_C DB1.DBX0.0 INT10

③ 调试效果。PLC_1 在线观察如图 5-59 所示。

项目1 ▶ PLC_1 [CPU 1214C DC/DC/DC] ▶ 监控与强制表 ▶ 监控表_1

	i	名称	地址	显示格式	监视值	修改值	⚡	
1		"date".send[0]	%DB1.DBW0	带符号十进制	235	1	☑	⚠
2		"date".recieve[0]	%DB1.DBW20	带符号十进制	165	9	☑	⚠

图 5-59　PLC_1 在线观察

5.5.3　ISO-on-TCP 通信

ISO 传输（ISO transport）协议是西门子早期的以太网协议，位于 ISO/OSI 参考模型的第 4 层，属于传输层的协议。ISO 传输协议是基于消息的数据传输，允许动态修改数据长度；传输速率高，适合传输中等量或大量的数据；站点之间的 ISO 传输不使用 IP 地址，而是基于 MAC 地址，因此数据包不能通过路由器进行传输（不支持路由）；另外，ISO 传输协议是西门子内部的以太网协议，仅适用于 SIMATIC 系统。两个 SIMATIC 站点之间的数据发送和接收使用 Send/Recive，服务器的读写使用 Fetch/Write 服务。

ISO 传输协议在附加 RFC1006 协议后变为 ISO-on-TCP，ISO-on-TCP 的优势是能传输大量的数据并且支持路由功能，但是它仅适用于 SIMATIC 系统，只能在西门子产品内部使用，在一定程度上限制了其应用。西门子认识到这一问题，最终提供了对 TCP/IP 的全面支持。

TCP 与 ISO-on-TCP 的区别如下。

① 对于 TCP，具有适合传输大量数据、具有路由兼容性、使用端口号进行寻址、只能使用静态数据长度、大多设备可使用等特点。

② 对于 S7-1200 与 S7-300 的以太网 ISO-on-TCP，需要双方都建立连接，在双方都要进行 DB 的数据传输时才能完成通信，没有 TCP 自由。

ISO 发送端的长度不能大于接收端的数据报文长度。

ISO 协议是面向数据块的，TCP 是面向流的。TCP 包没有边界，ISO 发送的是离散的对象，需要有数据结束标志。

ISO-on-TCP 通信方式与 TCP 方式程序一样，设置略有不同。

PLC_1 与 PLC_2 中的程序同 5.5.2 节，此处略。

PLC_1 的 TSEND_C 的"组态"→"连接参数"如图 5-60 所示。

图 5-60　PLC_1 的 TSEND_C 的"组态"→"连接参数"

TSEND_C 的"组态"→"块参数"如图 5-61 所示。

启动请求 REQ："Clock_2Hz"。

相关的连接指针（CONNECT）：PLC_1_Send_DB。

指定要发送的数据区的起始地址：DB1.DBX0.0。

指定要发送的数据区的长度：INT10。

图 5-61　TSEND_C 的"组态"→"块参数"

PLC_1 的 TRCV_C 的"组态"→"连接参数"如图 5-62 所示。

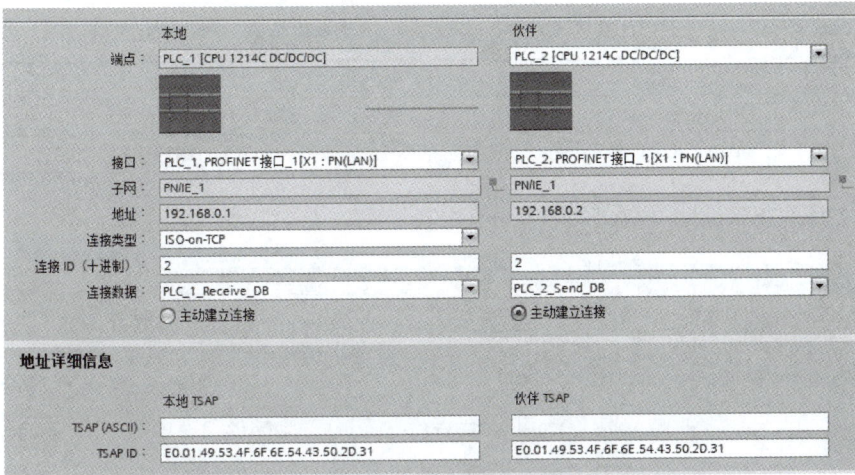

图 5-62　PLC_1 的 TRCV_C 的"组态"→"连接参数"

PLC_1 的 TRCV_C 的"组态"→"块参数"如图 5-63 所示。

启动请求 REQ："Clock_2Hz"。

相关的连接指针（CONNECT）：PLC_1_Receive_DB。

指定要接收的数据区域的起始地址：DB1.DBX20.0。

指定要接收的数据区域的长度：INT10。

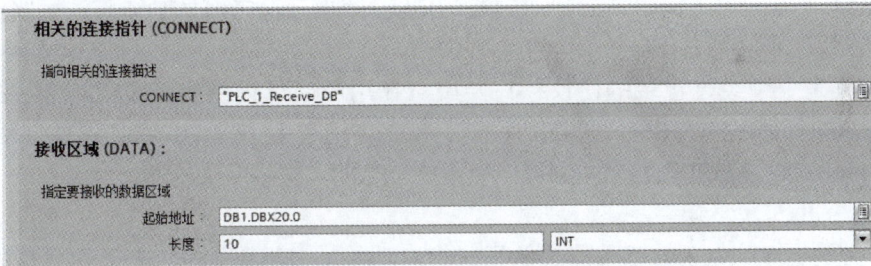

图 5-63　PLC_1 的 TRCV_C 的"组态"→"块参数"

PLC_1 的 DB1 如图 5-64 所示。

图 5-64　PLC_1 的 DB1

PLC_2 的组态过程同 PLC_1，这里省略。

PLC_2 的 DB1 如图 5-65 所示。

图 5-65　PLC_2 的 DB1

PLC_1 与 PLC_2 对应关系如表 5-12 所示。

表 5-12 PLC_1 与 PLC_2 对应关系

PLC_1	PLC_2
TSend_C DB1.DBX0.0 INT10 →	TRCV_C DB1.DBX20.0 INT10
TRCV_C DB1.DBX20.0 INT10 ←	TSend_C DB1.DBX0.0 INT10

PLC_1 在线观察如图 5-66 所示。

	i	名称	地址	显示格式	监视值	修改值	𝄐	
1		"date".send[0]	%DB1.DBW0	带符号十进制	235	1	☑	⚠
11		"date".recieve[0]	%DB1.DBW20	带符号十进制	165	9	☑	⚠

图 5-66 PLC_1 在线观察

5.5.4 S7 通信

S7 协议是专门为西门子控制产品优化设计的通信协议，主要用于 CPU 之间的主/主通信、CPU 与西门子人机界面和编程设备之间的通信。所有 S7-1200、S7-1500 的以太网接口都支持 S7 通信。

S7 通信协议是面向连接的应用层协议。在进行数据交换之前，必须与通信伙伴建立连接，面向连接的协议具有较高的安全性。

S7 协议是一个经过包装的协议，只要用户在用西门子提供的特定 FB 或者 SFB 实现 PUT、GET 功能（编程软件中有写明 S7 通信），就是在用 S7 协议了。S7 协议更像是一个功能，以太网、Profibus 和 MPI 等网络中都可以使用这个功能。这些网络的通信和组网的方法基本相同。

以下为两台 S7-1200 单端通信的例子，GET 功能的"组态"→"连接参数"如图 5-67 所示。

图 5-67 GET 功能的"组态"→"连接参数"

GET 功能的"组态"→"块参数"如图 5-68 所示。

图 5-68　GET 功能的"组态"→"块参数"

伙伴 CPU 中的区域设置如图 5-69 所示。

REQ："Clock_1Hz"。

指定本地 CPU 地址区用于接收读取数据的起始地址：DB1.DBX0.0。

指定本地 CPU 地址区用于接收读取数据的长度：INT10。

图 5-69　伙伴 CPU 中的区域设置

PUT 功能的"组态"→"连接参数"如图 5-70 所示。

图 5-70　PUT 功能的"组态"→"连接参数"

S7 通信中的地址对应关系如表 5-13 所示。

表 5-13　S7 通信中的地址对应关系

操作	PLC 角色	
	PLC_1（192.168.0.1）客户端	PLC_2（192.168.0.2）服务器
PLC_1 GET 功能	DB1.DBX0.0 INT 10 ←	DB1.DBX20.0 INT 10
PLC_1 PUT 功能	DB1.DBX20.0 INT 10 →	DB1.DBX0.0 INT 10

PLC_1 的 OB1 程序如图 5-71 所示。

PLC_2 中只有一条 INC，同图 5-71 中程序段 2。由于为单边通信，PLC_2 作为服务器不用另写通信程序。

PLC-2 在线监控如图 5-72 所示。

图 5-71　PLC_1 的 OB1 程序

图 5-72　PLC_2 在线监控

5.5.5　Modbus TCP 通信

Modbus TCP 是 Modbus 系列通信协议的派生协议，覆盖了使用 TCP/IP 的 Internet / Intranet 环境。Modbus TCP 是为诸如 PLC、I/O 模块以及连接其他简单域总线或 I/O 模块的网关服务的。

Modbus TCP 使 Modbus RTU 协议运行于以太网，Modbus TCP 使用 TCP/IP 和以太网在站点间传送 Modbus 报文。Modbus TCP 结合了以太网物理网络和网络标准 TCP/IP 以及以 Modbus 作为应用协议标准的数据表示方法。Modbus TCP 通信报文被封装于以太网 TCP/IP 数据包中。与传统的串口方式不同，Modbus TCP 插入一个标准的 Modbus 报文到 TCP 报文中，不再带有数据校验和地址。

Modbus TCP 支持 Ethernet II 和 IEEE 802.3 两种帧格式。数据帧包含报头、功能代码和数据三部分。

现以两台 PLC 为例，要求从设备 1 发送 20 个字到设备 2 中，要求采用 Modbus TCP 通信。实验软硬件要求如下。

① CPU 1513-1 PN 6ES7 513-1AL01-0AB0 V2.1。

② CPU 1214C 6ES7 214-1BG40-0XB0 V4.0。

③ 通用交换机。

④ Windows 10 Professional。

⑤ Portal STEP 7 Professional V14 SP1。

下面详细阐述客户端与服务器端如何编程与通信的过程。

首先，在博途软件"项目视图"的"项目树"中双击"添加新设备"，添加 CPU 1513-1 PN，再添加 CPU 1214C。接着选择 PLC_1 的"设备视图"（选项卡标号 1 处），再选择 CPU 1513-1 PN 模块绿色 PN 接口（标号 2 处），选中"属性"选项卡（标号 3 处），再选择 "以太网地址"（选项标号 4 处），设置"IP 地址"（标号 5 处）。CPU 1513-1 PN 的地址如图 5-73 所示，CPU 1214C 的地址为 192.168.0.2。

图 5-73 Modbus TCP 设置步骤

（1）CPU 1513-1 PN 服务器端

DB1 待发送和接收的数据块如图 5-74 所示。

图 5-74 服务器端用于通信的数据块

在数据块 DB1"属性"中去掉"优化的块访问"前面的对号。

新建 DB3，将其中变量"connect"定义为"TCON_IP_v4"数据类型。如图 5-75 所示。

图 5-75　TCON_IP_v4 结构初始值

S7-1200 V4.0 和更高版本以及 S7-1500 的 CPU 可通过带有与 TCON_IP_v4 数据类型相符的连接描述 DB 为 TCP 和 UDP 通信连接进行参数分配。TCON_IP_v4 的固定数据结构包含了建立连接时所需的全部参数，如图 5-75 所示。TCON_IP_v4 数据类型的各参数设置如下。

InterfaceId：硬件标识符。

ID：连接 ID，取值范围为 1 ～ 4095。

ConnectionType：连接类型，TCP 连接默认为 16#0B。

ActiveEstablished：建立连接，主动为 1（客户端），被动为 0（服务器）。

ADDR：服务器侧的 IP 地址，默认地址为 0.0.0.0（任何 IP 地址），但也可输入具体 IP 地址，以便服务器仅响应来自该地址的请求。

RemotePort：远程端口号。

LocalPort：本地端口号。

MB_SERVER_DB 的格式如图 5-76 所示。

MB_SERVER_DB 中各参数说明如下。

DISCONNET：为 0 表示被动建立与客户端的通信连接，为 1 表示终止连接。

图 5-76　MB_SERVER_DB 的格式

MB_HOLD_REG：指向 Modbus 保持寄存器的指针。

CONNECT：指向连接描述结构的指针。S7-1200 的类型为 TCON_IP_v4。

NDR：为 0 表示无数据，为 1 表示从 Modbus 客户端写入新数据。

DR：为 0 表示无读取的数据，为 1 表示从 Modbus 客户端读取数据。

ERROR 错误位：为 0 表示无错误；为 1

表示出现错误，错误原因可查看 STATUS。

STATUS：指令的详细状态信息。

此处 MB_SERVER 的版本为 V4.0，Modbus 功能有多种版本，当前常用的为 V3.0、V4.0。这里服务器端以 V4.0 为例，V3.0 略有改变，但基本相同。

MB_SERVER_DB 为 MB_SERVER 背景数据块，自动生成，在此不必改动（内容略）。

（2）CPU 1214 客户端

MB_CLIENT 的格式如图 5-77 所示。

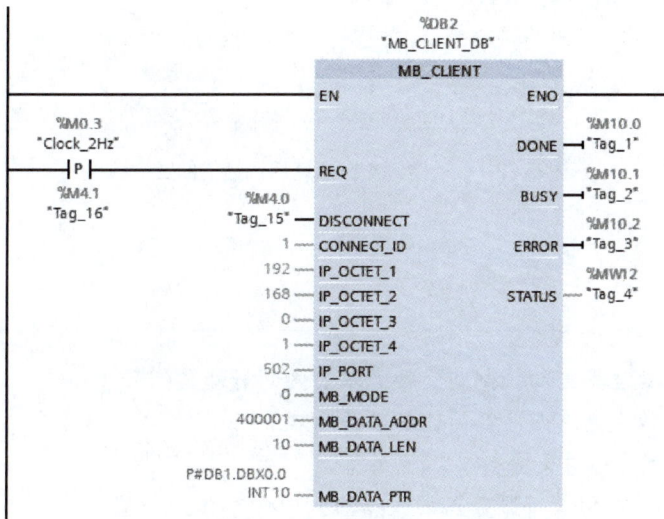

图 5-77 MB_CLIENT 的格式

MB_CLIENT_DB 为背景数据块，自动生成，不必改动。

MB_CLIENT_DB 中参数说明如下。

REQ：使能，False 表示无 Modbus 通信请求；True 表示请求与服务器通信，DONE 完成位到来后才可以执行下次请求，建议采用上升沿触发请求。

DISCONNECT：控制与服务器建立和终止连接，0 表示建立与指定 IP 地址和端口号的通信连接，默认为 0；1 表示断开通信连接，在终止连接的过程中不执行任何其他功能。

CONNECT_ID：连接的 ID 号，每个连接只有一个唯一的 ID 号。

IP_OCTET_1 ～ 4：服务器的 IP 地址。本例中对方的 IP 地址是 192.168.0.1。

IP_PORT：服务器使用 TCP/IP 与客户端建立通信的 IP 端口号，默认值为 502。

MB_MODE：选择请求模式（读取、写入或诊断）。

MB_DATA_ADDR：访问数据的起始地址。

MB_DATA_LEN：数据长度，数据访问的位数或字数。

MB_DATA_PRT：指向 Modbus 数据寄存器的指针，用于缓存从 Modbus 服务器接收的数据或将发送到 Modbus 服务器的数据，可以是 DB 或 M 区。如果是 DB，则需要定义为"标准与 S7-300/400 兼容"的类型。

DONE：完成位，作业完成，无错误，该位置 1。

BUSY：作业状态位，0 表示当前没有正在处理的"MB_CLIENT"作业；1 表示"MB_CLIENT"作业正在处理。

ERROR：错误位，0 表示无错误；1 表示出现错误，错误原因可查看 STATUS 参数。

STATUS：错误代码。

本例为读取服务器（从站）的 10 个整数数据到 DB1.DBX0.0 开始的地址中。

CPU 1214 客户端用于通信的数据块如图 5-78 所示。

图 5-78　CPU 1214 客户端用于通信的数据块

思考题

1. 简述交换机处理报文的机制。交换式以太网的好处是什么？

2. 常用的工业以太网有哪些？简述其工作原理。

3. 简述 Profinet 的结构及特点。

4. OPC 客户端是如何获得服务器的数据的？

5. TCP/UDP、IP、MAC 报文的协议头格式分别是什么？

6. 在博图环境下，建立 S7-1200 为 I/O 控制器，两台 S7-1200 为 I/O 设备。

7. 在博图环境下，建立 S7-1200 与一个 ABB 变频器或机器人的 Profinet 通信（GSD 可以在网上搜索），并简述关键步骤。

8. 在博图环境中，独立完成 TCP 系统、S7 系统、Modbus TCP 通信的仿真。

9. 简述 EtherCat 为什么能够从伺服总线中异军突起。

第**6**章

HMI/SCADA 软件

HMI（human machine interface，人机交互界面）是系统和用户之间进行信息交互的媒介。触摸屏如果包含用户开发的用于具体项目的软件，就是一类 HMI。

SCADA（supervisory control and data acquisition，监视控制与数据采集）是上位机软件的一种，国内俗称组态软件，具有高于 HMI 的功能，是数据采集与过程控制的专用软件。

HMI 与 SCADA 都具有与 PLC 通信、实时操控 PLC 并实时反映 PLC 状态的功能。两者区别如下：基于触摸屏的 HMI 简单、方便、经济、安装空间小，相当于按钮站；HMI 支持多页面，通常通信点数不受限制，但在数据的共享方面受到限制。而基于计算机的 SCADA 与 HMI 正相反，画面丰富，价格高，基于计算机和 Windows 操作系统，功能扩展性好。本章侧重以用于上位机的组态软件进行介绍。

HMI/SCADA 必备的基本功能应该包括以下内容。

① 稳定的、广泛的（与 PLC）通信，实时数据库管理功能。

② 丰富的表现画面，丰富的动画效果（包括实体的颜色、位置、形状、可见性的变化），丰富的图库，必要时需要脚本的配合。

③ 其他表现功能：实时历史趋势图、数据记录、故障报警、控件使用。

④ 开放性的历史数据库，作为接入 MES 系统的基本条件，向 MIS 系统提供历史数据。

⑤ OPC 功能保证方便的系统互联，向 MES 提供实时数据。

数据的提供者作为服务器（server），数据请求者作为客户端（client），服务器和客户端之间通过 DCOM 接口进行通信，而无需知道对方的内部实现细节。在支持 OPC 的系统中，由于 COM 技术是在二进制代码级实现的，所以服务器和客户端可以由不同的厂商提供。这从根本上解决了以前采用的专用格式驱动程序总是滞后于硬件更新的问题。

常用的组态软件有 InTouch、iFIX、WinCC、Citech、组态王、力控、昆仑通态等，下面对几种组态软件分别进行介绍。

① InTouch：Wonderware 的 InTouch 软件是最早进入我国的组态软件，其提供了丰富的图库。早期的 InTouch 软件采用 DDE 方式与驱动程序通信，性能较差，现在提供了 OPC 支持。

② iFIX：Intellution 公司以 Fix 组态软件起家，Fix6.x 提供了工控人员熟悉的概念和操

作界面，并提供了完备的驱动程序（需单独购买）。Intellution 公司将最新的产品系列命名为 iFIX。在 iFIX 中，Intellution 提供了强大的组态功能，但新版本与以往的版本并不完全兼容。原有的 Script 语言改为 VBA，并且在内部集成了微软的 VBA 开发环境。在 iFIX 中，Intellution 的产品与 Microsoft 的操作系统、网络进行了紧密的集成。Intellution 也是 OPC 组织的发起成员之一。iFIX 的 OPC 组件和驱动程序需要单独购买。

③ WinCC：SIEMENS 的 WinCC 是一套完备的组态开发环境。SIEMENS 提供了类 C 语言的脚本功能及 VB 的脚本功能。WinCC 内嵌 OPC 支持，并可对分布式系统进行组态，也可构成复杂的冗余系统。虽与 Windows 操作系统结合紧密，功能很强大，但 WinCC 的结构较复杂。

④ Citech：CiT 公司的 Citech 也是较早进入我国市场的产品。Citech 具有简洁的操作方式，但其操作方式更多的是面向程序员，用户进行二次开发有一定的难度。

⑤ 组态王：亚控科技是国内第一家较有影响的组态软件开发公司，历经近 30 年的发展。组态王的风格借鉴了 InTouch。组态王也提供多种硬件驱动程序。

⑥ 力控也是不错的过程组态软件，昆仑通态、台湾维伦更多关注于 HMI 领域。

其他常见的组态软件还有 GE 的 Cimplicity、Rockwell 的 RSview、NI 的 Lookout，也都各有特色。全面支持 ActiveX、控制功能强、扩展性能好、支持 OPC 等工业标准、能通过 Internet 进行访问的开放式系统、有系统冗余等基本是它们共同特点。

6.1 ▪ 组态王

组态王软件由工程管理器、工程浏览器及运行系统三部分构成。

① 工程管理器用于新工程的创建和已有工程的管理，具有对已有工程进行搜索、添加、备份、恢复以及实现数据词典的导入和导出等功能。

② 工程浏览器是工程开发设计工具，是用于创建监控画面，监控设备及其相关变量、动画链接、命令语言以及设定运行系统配置等的系统组态工具。

③ 运行系统是工程运行界面，从采集设备中获得通信数据，并依据工程浏览器的动画设计显示动态画面，实现人与控制设备的交互。

在通常情况下，建立一个应用工程的大致步骤如下。

（1）建立变量

在数据字典中创建 PLC 中的变量，确定其数据类型、数据的各属性（如死区大小、记录方式、数据精度、是否工程转换等）。

组态王中的基本变量类型共有两类：I/O 变量、内存变量。

I/O 变量：指可与外部数据采集设备和程序直接进行数据交换的变量，如下位机数据采集设备（如 PLC、仪表等）或其他应用程序（如 DDE、OPC 服务器等）。这种数据交换是双向的、动态的，就是说在"组态王"系统运行过程中，每当 I/O 变量的值改变时，该值就会自动写入下位机或其他应用程序；每当下位机或应用程序中的值改变时，"组态王"系统中的变量值也会自动更新。所以，从下位机采集来的数据、发送给下位机的指令，都需要设置成"I/O 变量"。

内存变量：指那些不需要和其他应用程序交换数据，也不需要从下位机得到数据，只在"组态王"内需要的变量。例如计算过程的中间变量就可以设置成"内存变量"。

组态王中的变量类型与一般程序设计语言中的变量比较类似，主要有以下几种。

① 实型变量：类似于一般程序设计语言中的浮点型变量，用于表示浮点（float）型数据，取值范围为 $-3.40E+38 \sim +3.40E+38$，有效值为 7 位。

② 离散变量：类似于一般程序设计语言中的布尔（bool）型变量，只有 0 与 1 两个取值，用于表示开关量等。

③ 字符串型变量：类似于一般程序设计语言中的字符串型变量，用于记录有特定含义的字符串，如名称、密码等，该类型变量可以进行比较运算和赋值运算。字符串长度最大值为 128 个字符。

④ 整数变量：类似于一般程序设计语言中的有符号长整数型变量，用于表示带符号的整型数据，取值范围为 $-2147483648 \sim 2147483647$。

⑤ 结构变量：当组态王工程中定义了结构变量时，在变量类型的下拉列表框中会自动列出已定义的结构变量，一个结构变量作为一种变量类型，结构变量下可包含多个成员，每一个成员就是一个基本变量。成员类型可以为内存离散、内存整型、内存实型、内存字符串、IO 离散、IO 整型、IO 实型、IO 字符串。

⑥ 特殊变量：有报警窗口变量、历史趋势曲线变量、系统预设变量三种。系统预设变量中有以下 8 个时间变量是系统已经在数据库中定义的，用户可以直接使用。

a. $ 年：返回系统当前日期的年份。

b. $ 月：返回 $1 \sim 12$ 之间的整数，表示当前日期的月份。

c. $ 日：返回 $1 \sim 31$ 之间的整数，表示当前日期的日。

d. $ 时：返回 $0 \sim 23$ 之间的整数，表示当前时间的时。

e. $ 分：返回 $0 \sim 59$ 之间的整数，表示当前时间的分。

f. $ 秒：返回 $0 \sim 59$ 之间的整数，表示当前时间的秒。

g. $ 日期：返回系统当前日期字符串。

h. $ 时间：返回系统当前时间字符串。

以上 8 个时间变量由系统自动更新，工程人员只能读取时间变量，而不能改变它们的值。

系统预设变量还有 $ 用户名、$ 访问权限、$ 启动历史记录、$ 启动报警记录与 $ 新报警。

打开"工程管理器"，关闭组态王开发和运行系统，在工程管理器的工程列表中选择要导出数据词典的工程。单击"工程管理器"工具条上的"DB 导出"按钮，或选择菜单"工具"→"数据词典导出"命令。

注意：在删除不用的变量时，一定要先更新变量计数器。

（2）制作动画效果

通常将位置、颜色、是否可见等效果关联到 PLC 变量。

脚本语言是扩充组态系统功能的重要手段。因此，组态软件提供了脚本语言的支持。具体的实现方式可分为三种：一是内置的类 C/Basic 语言；二是采用微软的 VBA 的编程语言；三是有少数组态软件采用面向对象的脚本语言。组态王采用第一种。

组态王除了在定义动画连接时支持连接表达式，还允许用户编写命令语言来扩展应用程序的功能，极大地增强了应用程序的可用性。组态王的命令语言编辑环境已经编好，用户只要按规范编写程序段即可。命令语言包括应用程序命令语言、数据改变命令语言、事件

图 6-1 命令语言的种类

命令语言、热键命令语言、自定义函数命令语言和画面命令语言等，如图 6-1 所示。组态王具有完备的命令语言语法查错功能和丰富的运算符、数学函数、字符串函数、控件函数、SQL 函数和系统函数。命令语言通过"命令语言编辑器"编辑输入并进行语法检查，在运行系统中进行编译并执行。

① 应用程序命令语言　应用程序命令语言是指在组态王运行系统启动时、运行期间或程序退出时，执行的命令语言程序。如果是在运行系统运行期间，该程序按照指定时间间隔定时执行。如图 6-2 所示。

② 数据改变命令语言　数据改变命令语言触发的条件为连接的变量或变量的域的值发生了变化。

图 6-2 "应用程序命令语言"对话框

这里可以连接任何类型的变量和变量的域，如离散型、整型、实型、字符串型等。当连接的变量的值发生变化时，系统会自动执行该命令语言程序。

数据改变命令语言可以按照需要定义多个。

③ 事件命令语言　事件命令语言是指当规定的表达式的条件成立时执行的命令语言。如某个变量等于定值，某个表达式描述的条件成立。如图 6-3 所示，事件命令语言有以下三种类型。

发生时：事件条件初始成立时执行一次。

存在时：事件存在时定时执行，在"每…毫秒"编辑框中输入执行周期，则在事件条件成立存在期间周期性地执行命令语言。

消失时：事件条件由成立变为不成立时执行一次。

"事件描述"指定命令语言执行的条件，"备注"对该命令语言作一些说明。

图 6-3　"事件命令语言"对话框

④ 热键命令语言　热键命令语言可以链接到工程人员指定的热键上，软件运行期间，工程人员随时按下键盘上相应的热键都可以启动这段命令语言程序。热键命令语言可以指定使用权限和操作安全区。输入热键命令语言时，在"工程浏览器"的目录显示区，选择"文件"→"命令语言"→"热键命令语言"，双击右边的内容显示区出现"新建…"图标，弹出"热键命令语言"编辑器，如图 6-4 所示。

图 6-4　"热键命令语言"编辑器

⑤ 自定义函数命令语言　如果组态王提供的各种函数不能满足工程的特殊需要，组态王还提供用户自定义函数功能。用户可以自定义各种类型的函数，通过这些函数能够实现工程特殊的需要。如特殊算法、模块化的公用程序等，都可通过自定义函数来实现。

自定义函数是利用类似 C 语言编写的一段程序，其自身不能直接被组态王触发调用，必须通过其他命令语言来调用执行。"自定义函数命令语言"对话框，如图 6-5 所示。

图 6-5　"自定义函数命令语言"对话框

本例自定义一个角度转弧度的功能——FLOAT 弧度转换（float Ref），输入值是 Ref，浮点数，输出返回值也是浮点数。使用时：\\ 本站点 \hudu= 弧度转换（\\ 本站点 \YY）；。

⑥ 画面命令语言　画面命令语言就是与画面显示与否有关系的命令语言程序。画面命令语言定义在"画面属性"中。打开一个画面，选择菜单"编辑"→"画面属性"，或用鼠标右键单击画面，在弹出的快捷菜单中选择"画面属性"菜单项，或按下"Ctr+W"键，打开"画面属性"对话框，在对话框中单击"命令语言…"按钮，弹出"画面命令语言"编辑器。

画面命令语言分为三个部分：显示时、存在时、隐含时。

显示时：打开或激活画面为当前画面，或画面由隐含变为显示时执行一次。

存在时：画面在当前显示时，或画面由隐含变为显示时周期性地执行，可以指定执行周期，在"存在时"中的"每…毫秒"编辑框中输入执行的周期时间。

隐含时：画面由当前激活状态变为隐含或被关闭时执行一次。

只有画面被关闭或被其他画面完全遮盖时，画面命令语言才会停止执行。

只与画面相关的命令语言可以写到画面命令语言中（如画面上动画的控制等），而不必写到后台命令语言中（如应用程序命令语言等），这样可以减轻后台命令语言的压力，提高系统运行的效率。

⑦ 动画连接命令语言　对于图素，有时一般的动画连接表达式完成不了工作，而程序需要点击一下画面上的按钮等图素才执行，如点击一个按钮执行一连串的动作或执行一些运算、操作等。这时可以使用动画连接命令语言。该命令语言是针对画面上图素的动画连接的，组态王中的大多数图素都可以定义动画连接命令语言。

其他可选的功能：数据库、报警、历史曲线、报表、ActiveX 控件。

6.2 ▪ 组态王工程实例

在组态王的 DEMO 程序中，很详尽地展示了上述功能的用法，本书则在此基础上，设计更为简化的具有代表性的例子（如虚拟开关、椭圆运动轨迹、数据库、XY 曲线），进一步说明组态软件功能与设计步骤。

（1）虚拟开关

建立变量：在"数据库"→"数据字典"中建立六个变量，如图 6-6 所示。建立时无报警，无记录。start 为启动指令，going_left（going_right）为运动标志，X 为物体的 X 坐标，虚拟 SQ1 左、虚拟 SQ2 右为两侧的限位开关（物体运动到限位开关时，发出到位信号）。物体受到画面命令语言的控制，实现在两个限位内的往复运动。

虚拟开关信号自动发出，这样就可以在组态王中建立一个工程以替代实际的实验系统，来仿真 PLC 程序。这对于逻辑运算功能的验证有很实际的用处。

start	内存离散	21
going_left	内存离散	22
going_right	内存离散	23
X	内存整型	24
虚拟SQ1左	内存离散	25
虚拟SQ2右	内存离散	26

图 6-6　组态王中虚拟开关实验相关的变量

虚拟开关功能画面如图 6-7 所示。

相关的动画连接命令语言如下。

启动按钮："按下时"：\\ 本站点 \start=1;

停止按钮："按下时"：\\ 本站点 \start=0;

在"画面属性"→"命令语言"→"存在时"添加往复运动的画面命令语言，如图 6-8 所示。

图 6-7　虚拟开关的功能画面

图 6-8　往复运动的画面命令语言

运动物体在启动后变为绿色，"动画连接""填充属性"关联 start，0 为深灰色，1 为绿色，如图 6-9 所示。

图中限位开关"虚拟 SQ1 左""虚拟 SQ2 右"的"动画连接""填充属性"关联各自变量，设置同上，表示限位开关的小圆设置 0 为深灰色，1 为绿色。

文本"SQ1 被压下"动画连接选择"隐含"→"隐含连接"，如图 6-10 所示。

图 6-9　颜色设置

图 6-10　文本显示设置

（2）椭圆运动轨迹

本例设计一个小球沿着预定的椭圆轨迹运动，并说明其位置、颜色等变化效果。变量定义如图 6-11 所示。

xita	内存实型	27
XX	内存实型	28
YY	内存实型	29
Xtu	内存实型	32
Ytu	内存实型	33

图 6-11 组态王中椭圆运动轨迹实验相关的变量

椭圆的参数方程为

$X=$ 半长轴 $a \times \cos\theta$；

$Y=$ 半短轴 $b \times \sin\theta$

画面命令语言的"存在时"安排下列脚本，500ms 刷新周期。

if（start==1）

{

if（xita>=360.0）{xita=0.0；} //θ 循环

xita=xita+10.0；

XX=100.0*cos（xita）+100.0； // 半长轴 100，加 100 是为了屏幕显示完整：平移图形至
第一象限，屏幕左上角为（0，0）

YY=80.0*sin（xita）+80.0；

}

椭圆运动轨迹的效果如图 6-12 所示。

图 6-12 椭圆运动轨迹的效果

运动小球的动画连接如图 6-13 所示。

图 6-13 运动小球的动画连接

小圆的"填充属性"连接：关联（表达式）start（上个例子中公用），0 表示灰色，1 表

示绿色。

运动小球的"水平移动连接""垂直移动连接"分别如图 6-14、图 6-15 所示。

图 6-14　运动小球的"水平移动连接"

图 6-15　运动小球的"垂直移动连接"

中心棒状旋转部分的脚本为"动画连接""旋转"，如图 6-16 所示。

（3）数据库

将实时生产数据保存到数据库，供给管理信息系统使用，是现今控制系统的重要任务。通过本例熟悉组态王中数据库写入的过程。经实验，组态王软件在没有授权时，数据库访问也能进行。

首先外建一个数据库，可用 Access、SQL Server、Oracle，这里选用 Access，文件名 whKVall.mdb，建表名 table1，table1 的结构如图 6-17 所示，时间字段大小 15 字节。为方便，将此文件放在组态王的工程文件夹下。

图 6-16　旋转部分的动画连接

图 6-17　table1 的结构

然后，用 Windows 控制面板中自带的"ODBC Data Sources（32bit）"管理工具在系统 DSN 中新建一个 Microsoft Access Driver（*.mdb）驱动的数据源，名为 whODBC，接着配置该数据源，指向刚才建立的 Access 数据库。

组态王 SQL 访问管理包括表格模板和记录体两部分功能，如图 6-18 所示。当组态王执行 SQLCreateTable() 指令时，使用的表格模板将定义创建的表格的结构；当执行 SQLInsert()、SQLSelect() 或 SQLUpdate() 指令时，记录体中定义的连接将使组态王中变量和数据库中变量相关联。这样可以让不熟悉 SQL 语句和数据库的用户按照模板建立表（图 6-19 与图 6-20），给用户提供了方便。

组态王的SQL访问管理

表格模板Table		
列名	数据类型	长度
时间		
X坐标		
Y坐标		

记录体BIND1	
列名	组态王变量
时间	
X坐标	
Y坐标	

SQLCreateTable
按照表格模板建新表

SQLInsert
将记录体中的变量写入数据库表格

列名	数据类型	长度
时间		
X坐标		
Y坐标		

列名	组态王变量

图 6-18 组态王中的 SQL 访问管理

图 6-19 组态王中建立的表格模板

图 6-20 组态王中建立的记录体模板

当组态王中调试 SQL 语句，可以在如图 6-21 所示的信息窗口跟踪每个指令的执行情况，判断分析执行的结果。

图 6-21 信息窗口工程数据库执行情况

　　数据库例子的运行画面如图 6-22 所示，左侧为数据库操作的按钮（其脚本程序见下），右侧为数据库显示控件。

时间	X坐标	Y坐标
8:51:57	22	29
8:52:34	6	53
9:06:57	1	66
9:07:02	127	5
9:07:05	184	53
9:07:07	177	120
13:19:20	100	0
13:19:23	177	29
13:19:30	66	155

（断开数据库连接　连接数据库　创建数据库表　记录写入表　刷新）

图 6-22　数据库例子运行画面

　　断开数据库连接：SQLDisconnect（\\ 本站点 \DeviceID）；。

　　连接数据库：SQLConnect（ DeviceID，"dsn=whODBC0610；uid=；pwd="）；// DeviceID 是用户创建的内存整型变量。注意：在执行 SQLDisconnect（断开和数据库的连接函数）之前，重复执行 SQLConnect 将会增加 DeviceID，DeviceID 最多为 255。

　　创建数据库表：SQLCreateTable（DeviceID，"table100"，"kvtable1"）；//kvtable1 为组态王中创建的表格模板名。

　　记录写入表：SQLInsert（DeviceID，table1"，"BIND1"）；//Table1 为 Access 数据库中表名。

　　利用组态王提供的 KVADODBGrid Class 控件，可方便地实现数据库查询工作。单击工具箱中的通用控件，找到 KVADODBGridClass 控件并插入。控件名称为 Ctrl01。

　　在 Ctrl01 的"控件属性"中可视化添加有效字段到显示控件，如图 6-23 所示。

　　"刷新"按钮的命令语言为：

　　Ctrl4.FetchData();

　　Ctrl4.FetchEnd();

　　（4）XY 曲线

　　每款组态软件都有历史趋势曲线功能，组态王也不例外。但 XY 曲线控件适合于更灵活的任务。另外，控件是扩展组态软件功能的重要方法，是深入开发 / 使用组态软件的基本技能。故在此介绍 XY 曲线控件，本例实验通过 XY 曲线展示控件使用方法。

图 6-23　数据库显示控件的设置

　　画面命令语言的"存在时"安排下列脚本，刷新周期为 500ms。

　　XYAddNewPoint（"Ctrl1"，\\ 本站点 \XX，\\ 本站点 \YY，1 ）；

　　XYAddNewPoint（"Ctrl1"，\\ 本站点 \Xtu，\\ 本站点 \Ytu，2 ）；

　　XY 曲线控件的设置画面如图 6-24 所示。

在图 6-25 中，右侧滚动条可确定手动时画点的位置。

图 6-24 XY 曲线控件的设置画面

图 6-25 XY 曲线效果

（5）报警与事件

报警是指当系统中某些量的值超过了所规定的界限时，系统自动产生相应警告信息，表明该量的值已经超限，从而提醒操作人员。例如，往炼油厂的油品储罐中输油时，如果没有规定油位的上限，系统就产生不了报警，无法有效提醒操作人员，则可能造成"冒罐"，形成危险。有了报警，就可以提示操作人员注意。报警允许操作人员应答。

事件是指用户对系统的行为、动作；如修改了某个变量的值，用户的登录、注销，站点的启动、退出等。事件不需要操作人员应答。

组态王中报警和事件的处理方法是：当报警和事件发生时，组态王把这些信息存于内存的缓冲区中，报警和事件在缓冲区中以先进先出的队列形式存储，所以只有最近的报警和事件在内存中。当缓冲区达到指定数目或记录定时时间到时，系统自动将报警和事件信息进行记录。报警的记录可以是文本文件、开放式数据库或打印机。另外，用户可以从人机界面提供的报警窗口中查看报警和事件信息。

往往在监控系统中为了方便查看、记录和区别，要将变量产生的报警信息归到不同的组中，即使变量的报警信息属于某个规定的报警组。组态王中提供报警组的功能，最多可以定义 512 个节点的报警组。

报警组是按树状组织的结构，默认时只有一个根节点，默认名为 RootNode（可以改成其他名字）。可以通过"报警组定义"对话框为这个结构加入多个节点和子节点。这类似于树状的目录结构，每个子节点报警组下所属的变量，不仅属于该报警组，也属于其上一级父节点报警组。如在 RootNode 报警组下添加一个报警组"A"，则属于报警组"A"的变量同时属于"RootNode"报警组。报警组的配置图如图 6-26 所示。

图 6-26 报警组的配置图

通过报警组名可以按组处理变量的报警事件，如报警窗口可以按组显示报警事件，记录报警事件也可按组进行，还可以按组对报警事件进行报警确认。

定义报警组后，组态王会按照定义报警组的先后顺序为每一个报警组设定一个 ID 号，在引用变量的报警组时，系统显示的都是报警组的 ID 号，而不是报警组的名称［组态王提供获取报警组名称的函数 GetGroupName()］。每个报警组的 ID 号是固定的，当删除某个报警组后，其他的报警组 ID 不会发生变化，新增加的报警组也不会再占用这个 ID 号。

在使用报警功能前，必须先对变量的报警属性进行定义。组态王的变量中的模拟型（包括整型和实型）变量和离散型变量可定义报警属性。

事件是不需要用户来应答的。根据操作对象和方式等的不同，组态王中事件分为以下几类。

操作事件：用户对变量的值或变量其他域的值进行修改。

登录事件：用户登录到系统，或从系统中退出登录。

工作站事件：单机或网络站点上组态王运行系统的启动和退出。

应用程序事件：来自 DDE 或 OPC 的变量的数据发生了变化。

事件在组态王运行系统中人机界面的输出显示是通过历史报警窗口实现的。

📚 思考题

1. 利用国产组态软件组态王完成小车往复运动的控制，采用书中所做的两个极限位置限位 SQ1、SQ2 完成 10 次循环。功能在组态王中实现。

2. 利用国产组态软件组态王完成机械手取送料或工进快进功能，完成 10 次循环。

① 功能在组态王中实现；

② 可连接 PLCSIM，将控制功能在 PLC 中实现；

③ 有条件的可连接 PLC 实物。

参考文献

［1］ 阳宪惠.工业数据通信与控制网络［M］.北京：清华大学出版社，2003.

［2］ 阳宪惠.现场总线技术及其应用［M］.2版.北京：清华大学出版社，2008.

［3］ 夏继强，邢春香.现场总线工业控制网络技术［M］.北京：北京航空航天大学出版社，2005.

［4］ 李正军.现场总线及其应用技术［M］.2版.北京：机械工业出版社，2019.

［5］ 陈在平.现场总线及工业控制网络技术［M］.北京：电子工业出版社，2008.

［6］ 杨卫华.现场总线网络［M］.北京：高等教育出版社，2004.

［7］ 瞿坦.数据通信及网络基础.武汉：华中理工大学出版社，1996.

［8］ 罗伟雄，韩力，原东昌，等.通信原理与电路［M］.北京：北京理工大学出版社，1999.

［9］ 邬宽明.现场总线技术应用选编［M］.北京：北京航空航天大学出版社，2004.

［10］ 张益.现场总线技术与实训［M］.北京：北京理工大学出版社，2008.

［11］ 孙鹤旭，梁涛，云利军.Profibus现场总线控制系统的设计与开发［M］.北京：国防工业出版社，2007.

［12］ 龚仲华.S7-200/300/400 PLC应用技术——通用篇［M］.北京：人民邮电出版社，2007.

［13］ 潘新明.计算机通信技术［M］.2版.北京：电子工业出版社，2006.

［14］ 周廷显，王木坤.数据通信基础［M］.北京：宇航出版社，1992.

［15］ 李旭.数据通信技术教程［M］.北京：机械工业出版社，2001.

［16］ 倪维祯，高鸿翔.数据通信原理［M］.北京：北京邮电大学出版社，1996.